建 筑 杂 谈

邓学才 编著

U0345354

中国建筑工业出版社

图书在版编目（CIP）数据

建筑杂谈 / 邓学才编著；— 北京：中国建筑工业出版社，2017.1

ISBN 978-7-112-20317-8

Ⅰ.①建… Ⅱ.①邓… Ⅲ.①建筑学－基本知识 Ⅳ.①TU

中国版本图书馆CIP数据核字（2017）第010577号

本书语言形象生动，内容丰富多彩，主要包括建筑谚语浅释、建筑术语与成语、建筑与养生、建筑与风水、建筑与抗震、城市"摩天大楼"谈、建筑杂谈、古建筑杂谈、建筑与桥、建筑与塔等十章内容。

本书向您揭起了建筑的一角面纱，向您讲述了建筑领域里一些有趣的事件和故事，也给您传输了建筑业方面的一些基本知识，希望能拓宽您的视野，增添生活的乐趣，成为您生活中的一位好朋友。

责任编辑：郦锁林 王华月
责任设计：韩蒙恩
责任校对：焦 乐 姜小莲

建 筑 杂 谈
邓学才 编著

*

中国建筑工业出版社出版、发行（北京海淀三里河路9号）
各地新华书店、建筑书店经销
北京京点图文设计有限公司制版
北京圣夫亚美印刷有限公司印刷

*

开本：850×1168毫米 1/32 印张：10¾ 字数：269千字
2017年6月第一版 2017年6月第一次印刷
定价：28.00元
ISBN 978-7-112-20317-8
（29732）

　　在人们的心目中，建筑既是一个古老的行业，也是一个充满活力的现代化行业。建筑总是与艺术联系在一起的，人们常把建筑比喻为写在地球大地上的诗句，绘在地球大地上的彩画，是"凝固的音乐"，是"放大了的雕塑"。

　　建筑，也是人类衣、食、住、行四大生活要素之一，从远古时代的人类山洞、穴居生活的御寒暑、避风雨的实用功能，到现代人类的摩天高楼生活的方便、舒适、美观的艺术功能需求，建筑始终与人的生活紧密相连，息息相关。建筑既影响着人的生理健康，也影响着人的心理健康。

　　建筑，既是一门古老的艺术，也是一门现代化的艺术。从某种程度上讲，建筑也蕴含了文学，揉进了一个时代的人文精神和美学追求。建筑也是一本历史教科书，它承载着文明与艺术。有了建筑，人类才不乏抵御自然的伟力；有了建筑，人间才增添了奇美和壮观；有了建筑，大地才变得丰富多彩。

　　建筑是商品，建筑是既有使用价值又有欣赏审美价值两重性的一种社会大产品，是一种极其耐用的消费品。建筑行业有句独有的经典口号——百年大计，质量第一。这是从事建筑行业的人的骄傲和荣耀。建筑使人类进入到一个生活里外都温馨的境界。

　　建筑是城市的骨架，建筑也是成为城市形象的标志，是城市特色的重要载体，向人们诉说着城市的个性，诉说着它的过去和未来。

　　本书向您撩起了建筑的一角面纱，向您讲述了建筑领域里一些有趣的事件和故事，也给您传输了建筑业方面的一些基本知识，希望能给您的生活拓宽视野、增长知识、增添乐趣，成为您生活中的一位好朋友。

\目 录\

一、建筑谚语浅释

建筑谚语是建筑施工活动中经过长期实践积累的经验之谈，十分精练的语言，是一束智慧之花。

1. 凹天花　凸地坪

"凹天花，凸地坪"是在建筑工人中广泛流传的一句谚语。就是说，在做顶棚的时候，中间要适当向上凹一点（俗称起拱），而在做地面的时候，中间要适当地向上凸起一点。这是有它一定科学道理的。

对于顶棚来讲，中间适当凹一点，不但使顶棚结构受力合理（特别是木结构吊顶），而且也满足了人的视觉要求。因为绝对水平的顶棚，人眼看上去有下垂的感觉。跨度越大，下垂感觉也越大。这是人的视觉误差，但对人的心理状态来讲是很不舒适的，会产生一种不安全感。因此，在吊顶时，中间一般应有 1/200 跨度的起拱高度。

对于地面，也是如此，由于人的视觉误差的影响，绝对水平的地面，看上去就像下凹一样，觉得不舒服，不美观。地面面积越大，下凹的感觉也越大。因此，做地面时，中间应当适当提高一点。这不仅满足了人们的视觉感受要求，对于有排水要求的地面，由于排水沟常常设置在四周墙边，所以中间适当提高一点也有利于排水。地面的起坡尺寸，无排水要求时，可取跨度的 0.5%；有排水要求时，则要看面层材料光滑程度以及液体流量、稠度等情况而定，一般为 1%～3%。

2. 复尺不为低

在华东地区的建筑工人中，广泛流传着一句谚语："复尺不为低"。"复尺"就是请人复核尺寸；"不为低"，就是不显得自己水平低。这既是一句谦虚谨慎的警句，也是一句加强施工管理的格言。

这句谚语，含意很深。作为好的操作者，对自己生产的产品质量应该认真负责，但由于技术水平、操作环境等主观和客观条件的影响，产品质量往往会发生一些偏差，特别是一些手工操作的产品，更是如此。因此，复尺是十分必要的。它是避免差错、确保工程质量的一项有效措施。

"复尺不为低"，首先要求操作者具有认真负责、一丝不苟的精神。在施工中，每砌一块砖，每钉一根钉子，都要严格按照操作规程和验收规范办事，并经常进行自检。如果认为反正有人复尺，因而操作时马马虎虎，就会容易发生差错，甚至发生质量或安全事故。其次，复尺者也应该具有认真负责、一丝不苟的精神，要查细查实。那种敷衍潦草、不负责任的复尺是发现不了问题的，也是十分有害的。有些质量或安全事故的发生，既反映了操作者马虎草率的态度，也是缺少复尺制度或复尺者不负责任的结果。

"复尺不为低"这句谚语，是历代老师傅提高技术水平、加强施工管理的经验总结。自检、互检、交接班检等制度就是复尺工作的发展和具体化，应当成为一种良好的风气和有效制度。坚持复尺检查，加强施工管理，促进工程质量的提高。

3. 五九分六线

我国建筑工人在施工放样上有着丰富的实践经验，创造了很多简单而又科学的放样作图方法。"五九分六线"就是在建筑工人中广泛流传的一句正六边形的放样作图口诀。

什么是五九分六线呢?

如图 1-1 所示,先作长方形 *ABCD*,使 *AB*=9,*BC*=5,连接 *AC*、*BD* 相交于 *O* 点,过 *O* 点作 *AB*、*CD* 的垂线,并在其上取 *OE*=*OF*=*OA*,连接 *AE*、*BE*、*CF*、*DF*,就可得到一个正六边形的近似图形。

尽管这样得到的六边形不是一个真正的正六边形,但却是一个较为良好的近似图形。它的精确度如何呢?让我们从边长和角度两个方面来验算一下吧。

根据勾股定理,可算出 *AE*=*BE*=*CF*=*DF*=5.221,它与 *AD*=*BC*=5 相比较,其边长误差率为 4.42%。这个值在一般建筑施工的放样作图中,是个很小的数字。

再看角度,通过三角函数计算,可以知道 ∠*AOE*= ∠*BOE*= ∠*DOF*= ∠*COF*=60°57′,比正六边形每只角 60° 大了 57′;而 ∠*AOD*= ∠*BOC*=58°6′,比 60° 小了 1°54′。拿 1°54′ 与 60° 相比,其误差率为 3.16%,这个值也是很小的。因此,用"五九分六线"的口诀作正六边形是有一定的精确度的,也是一种通俗易懂的作图方法,容易学会和记住。

当然,如果正六边形的面积较大,而放样作图的精确度要求又高,则"五九分六线"就不能满足要求了。通过对正六边形的精确计算可知:当 *AB*=9 时,*BC*=5.193。如果取 *BC*=5.2,

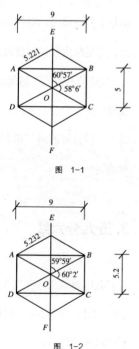

图 1-1

图 1-2

那么所作的正六边形的精确度就更高了（图1-2）。

4. 巧眼不如拙线

"巧眼不如拙线"，是在建筑工人中流传的一句谚语，也是老师傅教育年轻工人重视施工质量的一句口头禅。这里"巧眼"可看作视力好的、有一定施工实践经验的人的眼睛，"拙线"是指质量比较差的线，从广义上讲，指的是检查和测量工具。因此，这句话的含意是说，经验再多，用眼睛观测质量总不如用工具检查来得准确。

"巧眼不如拙线"说明在工程质量检查时应严格要求，一丝不苟。在检查各分项工程质量时，应根据施工质量验收规范和操作规程要求，认真检查和测量，不能怕费事、图方便。那种只用眼睛看看，大致估估，走马看花式的检查，不能正确反映质量好坏情况，也查不出问题所在，指不出要害，不能及时吸取经验教训，结果也提不高质量，因此是十分有害的。

"巧眼不如拙线"也告诉我们，在工程质量检查中要重视检查工具的作用。不论是具体操作人员还是质量检查人员，不仅要熟悉各分项工程的质量标准和技术指标，而且要熟悉测定各项技术指标所用的工具，并加以正确运用。同时，要加强检查工具的管理，做到各项检查工具齐全，并经常检查其完好程度和精确度。

"巧眼不如拙线"常常出于富有经验而又谦虚谨慎的老师傅之口，对于略知皮毛便骄傲自满的人则是一副清凉剂，它不愧是质量管理中的一句名言。

5. 直木顶千斤

常常听到木工老师傅讲"直木顶（抵）千斤"，意思是说直立的木料可以承受很大的荷重。这句话有它一定的科学道理，但也不能一概而论，其实，直立的木料并不是都能承受很大的荷重的。

我们不妨先做一个试验，用同一材料做两根木杆，它们的截面形状和截面尺寸均相同，但长度不同，一根细长，一根矮短，如图 1-3 所示。在两根木杆中心分别加上压力（轴心压力）使之破坏。这时我们会发现，它们的破坏现象是截然不同的。短木杆在加压过程中自始至终保持直线状态，破坏时木材纤维达到强度极限而发生皱褶，它能承受较大的压力。长木杆则不同，在压力较小时，基本上保持垂直的，但当压力增大到一定数值时木杆会发生突然弯曲，从直线状态突然变成曲线状态。压力再增大少许后，木材就发生很大的弯曲变形而折断，破坏时的压力要比短木杆小得多。

这个试验告诉我们，同一材料、同一截面尺寸的杆件，当长度不同时，其承受的轴心压力值是不同的。构件在结构计算中，有一个重要特性，即计算长度的影响。长度越大，构件的计算长度也越大，承受的轴心压力值越小，这是直木承受轴心压力的一个重要特征。因此，笼统地说"直木顶（抵）千斤"就不合乎实际情况了。

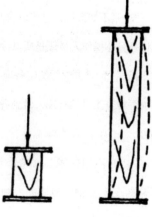

图 1-3 短木杆和长木杆的受压破坏情况

　　轴心受压杆件从直线状态突然变为曲线状态的现象，在结构上称为失去稳定，俗称"失稳"现象，这种情况对结构安全是极为不利的，也是必须避免的。

　　人们在长期的生产实践中，还发现木杆承受轴心压力的值，不仅与木杆的长度有关，而且与截面形状有很大关系。如果拿三根相同材料、相等长度和相等截面积，但截面形状分别为长方形、正方形和圆形的木杆来作轴心受压试验（图1-4），则它们承受轴心压力的值也不相同，正方形截面比长方形截面的承压力大，而圆形截面又比正方形截面的承压力大，这说明了截面积在沿截面重心轴周围分布均匀的木杆（如圆形、正方形截面）承压力大；反之，截面积在沿截面重心轴周围分布不均匀的木杆（如长方形截面）承压力就小，并且容易沿长方形截面的短边方向发生弯曲失稳。截面积沿截面重心轴的分布特征，在结构计算上称为回转半径，用符号 r 表示，它与截面形状有关，圆形截面的回转半径 $r=\dfrac{d}{4}$（d——圆的直径）；方形截面的回转半径 $r = 0.289b$（b——方形边长）；长方形截面的回转半径 $r=0.289b$（b——长方形短边边长）。截面的 r 值越大，各个方向分布越均匀，承受的压力值也越大。这也是为什么在选择木柱等轴心受压杆件时，一般都选用圆木或方木，而不选用长方形木料的缘故。这是直木承受轴心压力时又一个重要的特征。

　　为了确保木杆在承受轴心压力时不致失去稳定而折断，人们在生产实践中也积累了一些经验，对于一些比较细长的木杆，在适当的部位增加些水平的或斜向的支撑，保证不致发生弯曲变形，

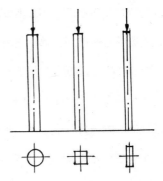

图1-4　三种不同截面形状的木杆作轴心受压试验图示

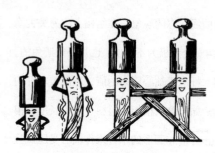

图 1-5 有拉结料的顶撑承载力高

从而提高承受荷重的能力。因为坚固的节点，还能有效地缩短杆件的计算长度。

施工现场各种模板的顶撑，也都属于轴心受压杆件，在选料上宜采用圆木或方木制作。支模时，常设置一定数量的水平或斜向的拉结料，这样就增强了顶撑承受荷重后的稳定性，如图1-5所示。当单根顶撑高度较高时，可分节设立，以减少每节顶撑的高度。

总之，"直木顶（抵）千斤"这句话是木工老师傅长期生产实践的经验总结。通过上述分析，使我们对这句话有了比较全面的、科学的认识，在施工中选料和用料上应克服盲目性，讲究科学性，这样才能最大限度地发挥材料的潜力，并确保其结构和施工的安全。

6. 长木匠，短铁匠，不长不短是石匠

"长木匠，短铁匠，不长不短是石匠"这句谚语是建筑工人在长期的生产实践中选料配料的经验总结，也是确保工程质量的一个具体措施。

"长木匠"的意思是，用于木结构的各种木料，在选（配）料时，应该比设计的尺寸要放长一点（图1-6）。木结构的连接，大多采用榫接。在加工制作过程中，要经过锯、刨、凿、拼和刹等很多道工序。同时，为了防止在凿眼、拼装和刹榫等操作过程中，因受力过猛而发生崩裂等现象，因而在下料时，除了在截面尺寸上适当放大以外，还要在长度方面放大一定的尺寸（3 ~ 5cm），

等到拼装完毕受力稳定后，再把多余的部分锯掉。这样做，既便于操作，又能确保质量。

图1-6

铁匠师傅在下料时，与木匠师傅就完全不同了。坚硬的钢铁，在高温下烧红以后，就会变得像面团那样柔软，有了可塑性，可以捶打成设计所需要的各种形状和尺寸。同时，在加热捶打过程中，钢铁的晶体结构发生错动而重新排列，因而能改善钢铁的性能。所以，铁匠师傅在下料时，一般都比设计尺寸选得粗短一点，经过加热捶打后达到符合设计尺寸。

至于石匠砌石墙，因石料既不易锯割，也不能加热捶打，只能适量地斩凿加工，因此，砌石墙所需的各种石料，如角石、面石、腹石和拉结石等，一定要选配适当，恰到好处。否则，不仅增加斩凿的加工量，还将影响石墙的砌筑质量。

7. 干千年，湿千年，干干湿湿两三年

"干千年，湿千年，干干湿湿两三年"这句谚语，说的是木材含水率与木材使用年限的关系。木材含水率很小或很大时，木材使用的年限都较长。而处于半干半湿或时干时湿情况下的木材，则因容易引起腐朽，使用年限就很短，往往3～5年就可能破坏。因此木结构不宜用在半干半湿或时干时湿的环境中。

木材的一个严重缺陷就是易于腐朽。引起木材腐朽的主要原因是木腐菌的寄生繁殖所致。木腐菌在木材中繁殖生存要有三个条件：（1）少量的空气；（2）

一定的温度（5 ~ 40℃，以 25 ~ 30℃最为适宜）；（3）水分。在一般房屋中，空气和温度这两个条件是很容易得到满足的，只要木材所含水分适当，腐朽就会发生。浸泡在水中的木桩，含水率虽然很大，但因缺少空气，所以不易腐朽。木桩在水面附近的部分，因为木腐菌繁殖的三个条件都具备，所以很容易腐朽。

1978 年 2 月，在湖北省随州城郊发现了战国时期的曾侯乙古墓。该墓所处地层位于地下水水平面之下，古墓埋藏后不久，地下水就渗入墓室，高度达墓室的三分之二。当揭开椁盖板，抽掉积水后，发现沉睡地下 2430 年、总重达 2567kg 的 65 个大小编钟整齐地挂在木质的钟架上。这是一个奇迹，它验证了木材浸在水中而长期不腐烂的科学道理。

当然，时干时湿的木材除了引起腐烂以外，还使木材处于收缩膨胀的反复交替之中，造成木材的开裂和结构的松弛以及翘曲变形等极为不利的现象，也将严重降低木材结构的寿命。

由上可知，用于木结构的木材，应控制其含水率。试验证明，当木材含水率控制在 20% 以下时，木腐菌的活动将受到抑制，腐朽就难以发生。另外，从建筑构造上应保证有良好的通风条件。在木结构施工及验收规范和有关施工操作规程上，都明确规定了用于木结构木材的含水率限值和设置通风洞等措施，也就是这个道理。

8. 瓦匠看边　木匠看尖

"瓦匠看边，木匠看尖"，这是评价瓦木工人技术水平高低的一句经验之谈（图 1-7）。

所谓"瓦匠看边",这个"边",是指建筑物或构筑物的外观轮廓以及各种线角装饰。瓦匠看边就是说可以根据线角的施工操作质量，来判断瓦工技术水平的高低。一般来说，各种线角，特别是各种艺术性装饰线角，因为质量要求较高，所以施工操作也比较困难，需要有较好的基本功和较高技术水平的老师傅来完成。因此，能否完成各种线角的施工操作，往往成为衡量瓦工师傅技术水平高低的一个标志。建筑工人技术等级标准中，也规定了不同等级的瓦工在这方面"应知应会"的具体内容。

图1-7

建筑物的外观轮廓和各种线角是建筑设计艺术的组成部分。施工操作中，应根据图纸要求精心施工，该圆的要圆，该方的要方，该直的要直，瓦工应重视和讲究这方面的操作质量，使完工后的建筑物能够成为一件艺术品，给人们以美的享受。

至于"木匠看尖"，这个"尖"，一般是指木结构中相互连接的榫接的割肩拼缝。和"瓦匠看边"一样，木匠看尖就是观察木工师傅榫接操作中割肩拼缝的操作质量，来判断技术水平的高低。榫接是木结构中主要的、也是最常用的连接构造措施之一，割肩削榫拼缝严密与否，不仅影响到外观质量，而且影响到内在的连接质量。完成一个榫接操作，综合反映了木工师傅在识图、翻样、选料、画线和锯、刨、削、凿、拼、刹等多方面的知识水平和操作技术水平。因此，完成各种榫接施工操作，也往往成为评价木工师傅技术水平高低的一个标准。

总之，"瓦匠看边，木匠看尖"这句话，既是检查施工操作质量的关键所在，也是判断操作工人技术水平高低的一个标志。

9.桁条一丈三　不压自来弯

"桁条一丈三，不压自来弯"，是流传在木工老师傅中间的一句谚语。这里所说的"桁条"即檩条，指的是木桁条。意思是说，当木桁条的跨度达到一丈三尺（4.33m）时，单单自身重量就将产生一定的挠度。也就是说，木桁条的跨度是有一定限度的，不能过大。这是木桁条使用的一个经验总结。

桁条在屋盖木基层中，是最重要的承重构件。它是承受屋面均布荷重的简支结构的受弯构件。在结构计算中，它应该满足两个方面的要求：一是强度要求，由荷重引起的正截面的弯曲应力小于木材的允许抗弯强度；二是挠度要求，即向下挠曲的变形值应控制在一定范围内，同时不允许出现侧向弯曲。

那么跨度和强度、挠度之间又是怎么一个关系呢？通过结构计算，我们可以知道，在屋面荷重不变的情况下，跨度越大，由荷重引起的正截面的弯矩值也越大，其增加幅度是与跨度的平方值成正比的。如图 1-8 所示，当桁条跨度从 4m 增加到 4.4m 时，长度增长了 10%，而跨中弯矩值经计算则增加了 21%。

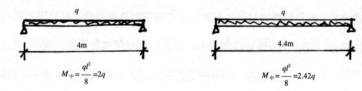

$$M_{中} = \frac{ql^2}{8} = 2q$$

$$M_{中} = \frac{ql^2}{8} = 2.42q$$

2.42q÷2q=1.21，即增加 21%

图 1-8　弯矩计算

至于跨度对挠度的影响就更大了。其挠度增长幅度是与跨度的 4 次方值成正比的，跨度增大，挠曲值将迅速增加，这就说明了当桁条跨度增大时，为了满足强度特别是挠度的要求时，桁条必须具有较高的截面高度。同时为了防止侧向弯曲，又必须相应增加截面宽度。这样，过大的截面尺寸，不仅对木桁条的选配料造成很大困难，而且在用料上也很不合算。如某地 3m 跨度的木桁条，截面尺寸（宽度 × 高度）为 8cm×12cm（正放）；而当跨度增加到 4.5m 时，断面尺寸将增大为 10cm×18cm。很明显，跨度增加 50%，而断面面积却增大了将近一倍。所以木桁条的跨度是不宜做得太大的，一般应控制在 4m 以内，而以 3 ~ 3.6m 为常见。在北方严寒地区，由于屋面荷重较大，跨度一般为 2 ~ 3m。

10. 造屋步步紧　拆屋步步松

"造屋步步紧，拆屋步步松"是广泛流传在建筑工人中的一句谚语。它的意思是说，建筑物在施工过程中，随着各道工序的相继完成，建筑物也逐步地坚固和稳定。而拆除房屋时则相反，越拆越松散，越拆越不稳定。这句谚语十分确切地说明了建筑物的构造原理。对于拆除旧房施工来讲，也是一句安全生产的警句。

建造一座建筑物，需要用很多建筑材料，操作很多道工序，并且要根据房屋的结构承重情况，按照一定的顺序将各种构件进行搭接结合，也就是说，建筑物是逐步形成的，从开始时局部的一根柱、一道墙的单体结构，也是不稳定结构，逐步变成平面结构，变成稳定结构，到最终形成整体的空间结构，即固定结构，如图 1-9 所示。

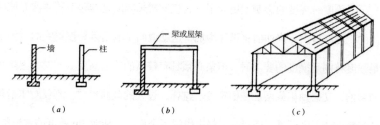

图1-9 房屋建造过程示意图

(a) 单体结构（不稳定结构）；一根柱、一道墙；(b) 平面结构（稳定结构）；(c) 空间立体结构（固定结构）

　　拿普通砖混结构的单层厂房来说，随着砂浆强度的增长，砖砌体的强度也逐步提高。但砌到顶部敞口的砖墙，由于空间作用较差，所以还是不够稳定的。当放上屋架或大梁后，就形成了平面结构，砖墙就稳定多了。当桁条及屋面基层施工结束后就形成了空间结构，整个屋面获得了足够的刚度，整个建筑物的空间作用大大加强，越来越坚固和稳定。任凭风吹雨打，仍是巍然不动。

　　对于拆除旧（危）房施工来讲，情况完全相反。它是将建筑物由开始时的整体空间结构逐步变为平面结构和单体结构。也就是说，由稳定结构变为不稳定的结构。因此，房子越拆越松散，越拆越不稳定。了解这一点是十分重要的。特别是拆除具有横向推力的拱形结构，更要慎重。如果思想麻痹，认为拆房子只是撬撬敲敲凭力气的简单工作，因而乱拆一通，往往会造成安全事故。因此，拆除旧（危）房，也应认真制订施工方案，认真进行技术交底和检查，并应设置必要的支撑，确保安全拆除。

　　"造屋步步紧，拆屋步步松"这句谚语，在建筑工地上还经常被作为安全生产教育的警句。房子高一层，思想紧一分；脚手架下一层，思想松一寸。这是一般人的心理状态。因此，在工程收尾阶段，更应加强安全生产的思想教育和检查工作。

"造屋步步紧，拆屋步步松"这句谚语，也常常被架子工用作搭拆脚手架时的安全术语。施工主体结构时，脚手架步步升高，依靠斜撑和各种拉结设施，使脚手架步步紧固；但进行外装饰施工时，随着脚手架的逐步拆除，脚手架变得越来越不稳定，这时，应特别注意做好安全教育和检查工作，防止发生安全事故。

11. 漏屋不漏脊　漏脊四面滴

"漏屋不漏脊，漏脊四面滴"是流传在瓦工师傅中的一句谚语。它揭示了平瓦屋面漏雨这一质量通病的一个重要"病源"。

造成平瓦屋面漏雨主要有以下几个方面的原因：

（1）挂瓦条间距过大，上下层瓦片搭接太少，雨水从搭缝中进入，造成大面积渗漏；

（2）屋面坡度过小，在暴风雨袭击下，雨水倒灌而漏水；

（3）屋面基层局部挠曲过大，瓦片无法铺平，造成滴漏；

（4）平瓦本身的质量有缺陷，如裂缝、掉角、翘曲和砂眼等，造成局部滴漏；

（5）屋脊处漏雨，造成滴漏。

上述前四种原因造成的屋面滴漏，各有其特点，也比较容易查找原因，便于采取相应的防漏措施。而唯独屋脊处漏雨的原因是比较难于寻找的。所谓"四面滴"，是说雨水不仅在屋脊处漏下，而且往往顺着屋面基层到处流淌、乱滴。

那么，屋脊处是怎样漏水的呢？由图 1-10 可知，平瓦屋面的屋脊是由脊瓦搭盖平瓦，并用砂浆粘合搭缝而成的。按照质量要求，脊瓦压盖平瓦的搭盖长度应不小于 40mm，勾缝砂浆在外面不应超过脊瓦两侧边缘，里面不应超过坡瓦，并用勾缝工具或小铁抹子在外面压实压光。这是一道十分重要而又细致的工序，但在实际施工中，有的师傅却常常忽视这一点，往往做成像图1-11及图1-12那样。图1-11屋脊处两面的挂瓦条间距过大，脊瓦与平瓦搭盖长度过小，在暴风雨袭击下，水很容易从搭缝中进入。图1-12勾缝砂浆过多，超出脊瓦两侧边缘，有的甚至中间满铺砂浆。这样，不仅浪费了很多砂浆，而且砂浆在凝结硬化过程中产生收缩，使砂浆与脊瓦之间形成一道缝隙，雨水通过缝隙，进入屋面基层，顺着基层向下流淌，造成"四面滴"。

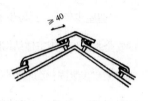

图1-10 平瓦屋面

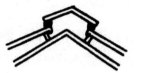

图1-11 脊瓦搭盖过少

图1-12 嵌缝砂浆过少

这句谚语告诉我们，平瓦屋面的施工，应特别注意屋脊的施工质量。另外，当发生屋面滴漏而苦于找不到"病源"时，不妨到屋脊处去查看一下，问题也许会迎刃而解。

至于小青瓦（俗称蝴蝶瓦）屋面，如若在屋脊处出现漏雨现象后，也会产生四面滴的现象。

12. 粉墙如加刹

在瓦工师傅中流传着"粉墙如加刹"的谚语，这是对墙体粉刷作用的形象化描述。

木工师傅在制作家具时，当投合好榫头后，常常用一些小的木片敲进榫的缝隙中，以增强榫接的牢固，俗称为加刹（塞）。对于砖墙来讲，表面进行粉刷，也起了加刹（塞）作用，将使砖墙变得更加牢固和耐久。

但是不是所有的粉刷都能使砖墙更加牢固和耐久呢？不一定。在工程质量检查和验收时，经常会看到有的粉刷层出现裂缝、空鼓和剥落，这就没有真正起到"加塞"（刹）的作用。这种情况主要是由施工操作不当造成的。

第一，粉刷前墙面不浇水，或只洒很少量的水。砌好的砖墙，即使砌筑时砖有一定的含水量，但过一段时间后，就会变得干燥。大家知道，干砖本身有很多毛细孔，它的吸水性能是很强的。如果直接在干燥的墙面上粉刷，砖就会很快把砂浆中的水分吸走，砂浆会因为缺水，而不能很好的硬化，达不到要求的强度，与砖墙也结合不牢。因此，容易造成裂缝和空鼓，这在夏季尤其显著。同时，由于砖吸走了砂浆中的水分，使砂浆很快干燥，增加了操作困难，也影响粉刷效率。所以，在粉刷操作前必须先洒水使墙面湿润，在抹面层灰时，也应对底层灰洒水湿润。这样才能使粉刷体的各层结合牢固，真正起到加刹（塞）作用。

第二，砌体灰缝没有适当处理。砌体灰缝对粉刷层起着较好的嵌固作用。有经验的瓦工师傅，砌好墙后，就及时用瓦刀或小扁铁条将灰缝进行划割，使灰缝凹进墙面 5 ~ 10mm，这样，底层灰就成了像图 1-13 所示那样的形状，增加了砂浆与砖墙的接触面，因此，与砖墙的结合也牢固得多，真正起到"加刹"的作用。有的地方用推尺砌墙，灰缝砂浆凹进墙内 8 ~ 10mm。粉刷操作中，抹底层灰时，用力抹压，也能收到"粉

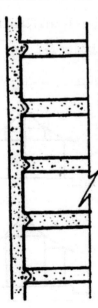

图 1-13

墙如加刹"的效果。

13. 捆山直檐　多活几年

"捆山直檐，多活几年"，是我国古代建筑工匠流传下来的一句谚语。它反映了我国古代建筑工匠有着丰富的建筑结构知识，也是一个确保房屋建筑经久耐用的宝贵经验。

"捆山直檐，多活几年"，是对古代木骨架建筑来说的。它的意思是说，砌筑山墙时，应向里适当倾斜一点，即有一点收分（即随木骨架柱的侧脚收分）；而砌筑前后檐墙时要保持垂直。这样建造的房屋比较坚固，使用年限较长。这是有一定的科学道理的。

我国古代建筑的特点是以木骨架为承重结构，如图 1-14 所示。四面砖墙是围护结构，砌在木骨架的外侧（一般包住半柱）。如有内山隔墙时，内山隔墙砌在木骨架的立柱间。这种建筑结构形式，使建筑物的前后方向刚度大，因而比较稳固。至于左右方向，由于建筑物一般多为 3 ~ 5 间，几排平行的木骨架仅靠屋面桁条和梁枋来连接，相对来讲，刚度小，稳定性较差。在风力、地震力等外力作用下，容易向两侧倾斜，影响建筑物的寿命。因此，木匠师傅在竖立木骨架时，总是有意将木骨架柱的柱脚向外放出一点，木匠师傅称这种做法为撅脚（有的地方称侧脚），使木骨架由

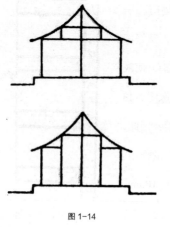

图 1-14

四周向中间产生一定的挤压力，成为抗震的
预加应力。这对木骨架的稳定是极为有利的。
在砌筑山墙时，也相应地使墙体向里做一点
收分，这样更能加强建筑物的稳固作用。

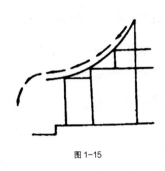

图 1-15

　　我国古代建筑还有其独特的大屋顶形
式，屋顶外貌特征是屋面坡度呈反曲的抛物
线，出檐较深远，屋角翘起，它的一大优点是使屋面雨水下落时流速快而抛水
远，如图 1-15 所示。这对房屋前后檐的墙身、墙基起了较好的保护作用。但
对于山墙，特别是对硬山到顶的山墙来讲，就不如前后檐墙那样好，墙身和墙
基的外侧，长年累月经受风、霜、雨、雪等的侵蚀，再加上墙身高度高，自重
又大，因而墙身容易造成向外侧倾斜的弊病，因此，砌墙时，适当向里做一点
收分，也有助于抵消这种向外倾斜的弊病，增强了山墙的稳定性。

　　"捆山直檐"除了上面所述的结构性因素外，还有人的视觉因素。它和"凹
天花、凸地坪"一样，高大笔直的山墙，人眼看上去，有外倾的感觉，缺乏舒
适感和安全感，而适当向里做一点收分，视觉感受会明显改善。

14. 碎砖不碎墙

　　"碎砖不碎墙"是一句广泛流传在瓦工师傅中的谚语。它是对确保砖墙质
量和节约砖墙用料的一个经验总结。

　　在建筑工地上，砌墙的砖，由于多次周转运输、操作中打砖等原因，总会
出现一定数量的碎砖（半砖、三分之一砖及四分之一砖）。如何使用这些碎砖

呢？正确的做法应该是在砌墙操作中把它们分散使用于负荷较小的墙上，并应砌筑在顺砖层上，做到"碎砖不碎墙"。这样既不影响砖墙的砌筑质量，又节约了砖墙用砖，同时，也及时清理了施工现场。

有的师傅砌墙图简便，不这样用碎砖，等到一层墙到顶时或砌墙结束时，把碎砖集中使用在一道墙上或一个部位上，碎砖又碎墙。还有的工地干脆不用，把碎砖当作石子做地面垫层用。很明显，这两种做法都是不对的。

图1-16

碎砖集中使用，将造成砖墙在纵横方向都存在大量的同缝和通缝，这对砖墙质量是有很大影响的。这种砖墙的整体性很差，相互间缺乏拉结，因此，在上部荷重作用下，内外砖层不能互相传递压力，容易发生裂缝和侧向变形，将大大降低砖砌体的承载能力，严重时会造成破坏倒塌的事故。图1-16所示是同缝砖墙在顶部受到压力后的变形情况。因此，在砌筑工程的施工操作规程中，是严禁碎砖集中使用的。

砌筑石墙时，要求每层中间隔1m左右应砌一块与墙同宽的拉结石，也是这个道理。

15. 歪树直木匠

"歪树直木匠"是一句广泛流传在木工师傅中的谚语，有的地方叫"树歪木匠直"或"只有歪树，没有歪木匠"，意思都是讲，歪曲的木料到了木匠师傅手里，就应去弯存直，成为有用的木料。它是老师傅指导青年工人合理选用木料的常用口语，是使有缺陷的木料能做到优材优用，劣材巧用，最大限度地提高木材利用率的一个经验总结。

木材是一种主要的建筑材料。树木的生长除了本身的生长特性外，还受各种自然条件或人为的影响，因此，木材都会有一些缺陷，如弯曲、节疤、腐朽等。合理利用有缺陷的木材是节约材料的一个重要环节。实践证明，有缺陷的木材只要合理选用，是不会影响建筑结构功能的。在有关木作工程的操作规程和施工验收规范上，都规定了根据构件不同的部位，选用不同等级要求的木材，就是这个道理。例如，节疤是木材比较普通的缺陷，节疤较多的木材不适宜制作板材，但可以整根用于桩木、立柱等顺纹受压构件，因为节疤对顺纹受压构件基本上没有什么影响，在制作横梁屋架等受弯构件时，使用有节疤的木材应注意须符合木结构施工验收规范要求。

弯曲的木材应尽量截取成短料后再加工制材，如用在门窗框四边。这样，不仅能保证制材质量，而且能大大提高木材利用率。

要合理利用有缺陷的木材，还必须熟悉和掌握木材缺陷的内在规律，即了解各种缺陷的发生、发展及危害程度等。拿腐朽来说吧，不同的木材具有不同的腐朽方式，古谚云："柏木从内腐到外，杉木由外腐到内。"不同树种的心材和边材也往往有不同的抗腐能力。"杉木烂边不烂心"，而楠木却相反，是"烂心不烂边"。广州很多古建筑中的楠木柱或楸木柱，通常是边材完好而心材腐朽，但古代工匠们仍然敢大胆选用，因为这种树木的边材是十分耐腐的。而有些树木如杨树，属于易腐木材，即使制作时很好，时间一长，就会引起腐蛀，所以，不宜用作重要结构的构件。

有个木工组长在介绍思想政治工作经验时，说他用"歪树直木匠"理论，帮助教育后进青年进步，取得了很好的成效。不怕年轻人调皮后进，就怕组长教育方法不到家。关键是组长应掌握每个职工的个性特点，避其短处，用其长处，这样就能最大限度地发挥每个职工的工作积极性了。

16. 小木匠的锯子　大木匠的斧子

在木匠师傅中，广泛流传着"小木匠的锯子，大木匠的斧子"的说法。小木匠主要是指搞家具制作和室内装修的木工，也称细木工；大木匠主要是指搞木结构及模板工程的木工，也称粗木工。这句谚语精辟地说明了木工操作的关键所在，也指出了小木匠和大木匠最重要的基本功之一。

锯子是木工重要的、也是基本的工具之一。按锯的用途和构造的不同，可以分为框锯、横锯、侧锯、刀锯、板锯和钢丝锯等（图1-17）。对于制作家具及室内装修的小木匠来说，一般都讲究榫卯正确，拼缝严密。人们也常常根据榫接操作中的割肩、拼缝的操作质量来评价木工师傅的手艺高低和产品质量。在刨、凿、锯、拼、刹等多道操作工序中，割肩、锯榫是极为重要的。因为拼接质量的好坏，不仅对外观质量影响很大，而且关系到内在质量和使用的耐久性，因此，不仅操作要细心，而且用锯要正确。有些复杂的榫接，往往不是用一种锯子就能完成的，而是需要多种锯子联合使用。再拿锯榫来说，虽然都按墨线操作，但其中也大有讲究，"锯半线、留半线，

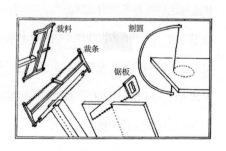

图1-17

合在一起整一线"以及"榫不留线眼留线，合在一起整一线"，这些说法，都是历代木匠师傅留下的名言警句，也是割肩、锯榫时用锯的宝贵经验。因此，对每个小木匠来说，应该熟悉和掌握各种锯子的构造、特性，并在操作中正确使用。

对于大木匠来说，操作对象和操作环境均与小木匠有很大不同，他们以现场操作为主，木料也比较粗、大、重，动斧较频繁。木料在刨光以前，常常先用斧子砍削致平，这样可以大大加快施工进度。对于不需要刨光的木料，往往只用斧子砍削平整。用斧子砍削木料，看来比较简单，但要熟练掌握也不容易，需要熟悉各种木材的特性，纹理的走向，节疤的处理。手腕用力要得当，斧刃吃料要合理，不然就容易砍裂。因此，用斧子砍削就成为大木匠重要的操作工序之一，也是一项基本功（图1-18、图1-19）。

俗话说："工欲善其事，必先利其器"。任何生产操作，都要借助于一定的工具。在进行各种生产操作时，首先要熟悉常用工具的性能、使用方法、注意事项以及操作要领等，这样才能达到事半功倍的效果。"三分手艺，

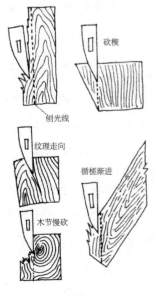

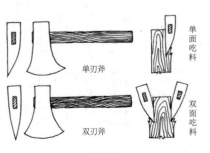

图1-18

图1-19

七分家伙"的说法虽然有些夸张，但也有它一定的道理。

17. 四六分八方

"四六分八方"是我国古代建筑工人流传较广的一句作正八边形的口诀。这种作图方法虽是一种较粗略的近似方法，但简单易懂，作图工具简便，误差小，因而比较实用。

什么是"四六分八方"呢？就是将长度为10个单位的直线，分成四与六两份后，再求作正八边形，如图1-20所示。用角尺作两根互相垂直的线 *AB* 和 *CD*，相交于 *O* 点，并量取 $OA=OB=OC=OD=$ 5 个单位长。过 *A*、*B*、*C*、*D* 等4个点分别作 *AB* 和 *CD* 的垂线，并分别向两边量取2个单位长，得 *E*、*F*、*G*、*H*、*J*、*K*、*L*、*M* 等8个点，即 $EF=GH=JK=LM=4$ 个单位长，连接以上8点，便可得到一个正八边形的近似图形。

让我们来验算这个正八边形的精确度：从 *E*、*M* 点分别作 *CD* 和 *AB* 的垂线，构成 △*EMN*。从前面的已知条件可知：

EN=MN=5-2=3

根据勾股定理，可得：

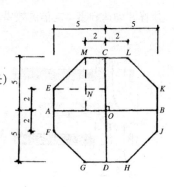

图1-20

$$EM = \sqrt{EN^2 + MN^2} = \sqrt{3^2 + 3^2} = 4.24(单位长)$$

与 *EF*=4 相比，绝对值误差0.24，误差率为6%，如果所要求作的正八边形不大，精度影响是很小的。

如果从 *A*、*B*、*C*、*D* 四点向两边各取 2.05，

即 $EF=GH=JK=LM=4.1$，所作的正八边形的精

度将更高，用以上同样方法可算得：

$$EM = \sqrt{2.95^2 + 2.95^2} = 4.17$$

绝对值误差为 0.07，误差率为 1.71%。

在实际施工放样作图中，应用"四六分八

方"这句口诀时，有时还需作简单的换算。如

图 1-21 所示，现有一边长为 3m 的正八边形建

筑，其现场施工放线步骤如下：

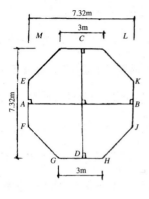

图 1-21

（1）换算如图 1-20 所示的 AB 和 CD 长度。现取 $ML=4.1$，则 $AB=CD=3÷$

$4.1×10=7.32$（m）。

（2）见图 1-21，根据现场定位方向，先确定八边形一边 GH 位置，并取

值 3m。

（3）作 CD 垂直平分线 GH，并使 $CD=7.32$（m）。

（4）作 AB 垂直平分线 CD，并使 $AB=7.32$（m）。

（5）分别从 A、B、C 点作垂线，并向两边各取 1.5m，得 E、F、J、K、L、

M 各点，即 EF、GH、JK、LM 均为 3m，连接以上 8 点，即为正八边形建筑

物的八角中心点。

18. 木匠不留墨　漆匠不留白

"木匠不留墨，漆匠不留白"是长期流传在建筑工人中的一句谚语。它读

来朗朗上口，既是一句重视施工操作质量的口头语，也是老师傅教育徒弟的一

句传世之言。

"木匠不留墨"是指最终完成的木制品上不应该留下任何墨线等痕迹。木制品在制作过程中，要经过锯、削、刨、凿、榫、刹等多道工序，为了使制作尺寸准确，拼接的缝、角、榫严密，必须进行弹线、划线等多道工序。而弹线、划线主要用的是墨汁或是铅笔，颜色较深，如果留在木材表面上，将影响以后的油漆质量。对于漆清水漆的木制品，更是质量上的一大忌讳。因此，木工师傅在完成一件木制品后，最后总要在接缝、拼角、榫卯等处再轻轻地用细刨子擦刨几下，一方面使接缝、拼角、榫卯处平整光滑，一方面刨掉其所弹（划）的墨线，使表面木纹显露清晰而无杂色。

"漆匠不留白"，狭义地讲，是指油漆工在施工操作时，对其所漆的表面不应留下空白，即出现漏刷现象。如果广义一点讲，除了不漏刷，还应做到不出现漆膜厚薄不均、光泽不一的现象。为了做到这一点，油漆前，首先应对待油漆部位的表面进行清理，使表面平整。对有污渍等处，应做特殊处理，以免上漆后产生色泽不匀或出现色斑等弊病。其次，在运刷操作时，每次刷上所蘸漆的数量应恰当，不应忽多忽少。运刷时应用力均衡，不应忽轻忽重。应依次全部刷到，不应漏刷。一个表面应一次刷完，不宜分多次进行。这样形成的漆膜就厚薄均匀，色泽一致了。

操作过程中还存在一个配料是否一致的问题。每次配料比例应一致，应由专人负责，这样刷出的油漆色泽就能保持一致。

总之，"漆匠不留白"不应简单地理解为不漏刷，它应贯穿于整个油漆施工操作的各道工序之中，只有重视了每道工序的施工操作，才能确保油漆的质量。

"木匠不留墨，漆匠不留白"这句谚语，在历史长河中由师傅们代代相传，已成为施工操作中的一条基本准则，对提高施工操作质量起到了积极的作用。

19. 水浸千年松　搁起万年杉

"水浸千年松，搁起万年杉"是广泛流传在木工师傅中的一句建筑谚语，它的意思是说浸在水中的松木和在干燥环境中的杉木，它们的使用寿命都很长。这句谚语既形象、生动地说明了木材"干千年、湿千年，干干湿湿两三年"的特性，也是我国古代建筑工匠对各种材种的木材特性认识的经验总结，有一定的科学道理。

比较松木和杉木两种木材的特性，就不难理解这句谚语的含义了。

松木，大多生长在北方，特别是东北长白山的大、小兴安岭一带。松木的材质较坚硬，密度较大，抗压强度也较高。但松木也存在着以下一些主要缺陷：不易干燥，并且在干燥过程中容易开裂和产生翘曲变形；斜纹和乱纹现象较多，不易加工；材质不够均匀。特别是落叶松，在一个年轮内，从早材（春材）到晚材（秋材）的过渡比较明显，早晚材的致密程度不同，因而质地变化较大。此外，松木的树脂较多，常出现树脂囊（即油眼，是年轮中充塞树脂的沟槽）和树脂沟（即明子，树木局部受伤后，大量树脂渗透于材质中形成）。前者会降低木材的顺纹抗压、抗剪强度，当气温较高时，常流淌出树脂来，容易污染衣服，并妨碍油漆，易使油漆漆膜产生斑点或脱落；后者也影响材质，它是木材中一种不正常的沉积物，降低木材的韧性，增大其脆性和易燃性。

但是，松木树脂较多，对提高其耐水性能倒是有利的，因为它降低了渗透性。因此，将松木作为木桩等构件整根（段）地用于水下（地下）工程中，那是极其合适的，比加工成板材（木方）使用更合理，寿命也更长。

至于杉木，与松木比较，材性有较大的不同。它树干挺拔，纹理笔直而均匀，无树脂沟，结构较细，木质较轻，韧性较强，容易干燥，并在干燥过程中不易出现开裂、翘曲变形等现象。杉木也容易加工，它有较浓的杉木气味，不易受白蚁蛀蚀，因此是耐久性和使用性都较好的一种建筑用材。人们特别喜欢把它用作地面以上在干燥环境中的承重构件用材，如柱、屋架、檩条、椽子等以及装饰装修用材，如门窗、壁板、顶棚等。

"水浸千年松，搁起万年杉"这句建筑谚语，说明了使用木材应用其所长，避其所短，这样才能发挥其最大的效益。

20. 前不栽桑　后不植柳

数千年来，我们的先人就已知道在房屋的前后培育绿色植物，美化环境，调节空气。绿化，成了建筑的一个组成部分，并有很多的经验流传后世。"前不栽桑，后不植柳"就是一句广泛流传在民间的建筑绿化谚语。主要是指民居屋前屋后的绿化树种的选择问题。

"前不栽桑"是指居屋前面不宜栽植桑树。桑树属落叶乔木，树体富含乳浆，它的叶、根、果都可入药，叶可饲蚕，果实还可生食和酿酒，是一种较好的经济树种。那为什么居屋前面不宜栽植桑树呢？主要有以下几方面的原因。

（1）桑树的"桑"字，其谐音有"丧"之嫌，屋前有"丧"，是居家不吉利的象征，意味着霉事较多、发家颇难和人丁不旺等，也难以与人交往，这在科学不发达的古代，应是要绝对回避的。这反映了民间祈求平安和避凶化吉的良好愿望。

（2）桑树的树干虽然坚实，但曲折不挺拔，很难用于建房造屋或制作农具等，即成材率较低，只能作为一些农具的附件、配件或雕刻之用。

（3）桑树的虫害较重，主要虫害有桑天牛、桑毛虫等，用于屋前栽植，既有碍景观，也不卫生。

至于"后不植柳"是指居屋的后面不宜种植柳树。柳树，在南方大多指垂柳，也属落叶乔木，具有易栽植、发芽早、落叶迟、生长快等特点。柳枝姿态婆娑，清丽潇洒，柳丝怡人，当与桃树间隔种植于河边时，则成为迷人的江南春景特色。为什么居屋后面不适宜栽植柳树呢？这也有以下几方面的因素。

（1）柳树有谐音"流失"之嫌，居家过日子，总希望财源滚滚进门，发家致富，家业殷厚，过上幸福生活。而居屋后面种植柳树，就有财富从后面流失之意，这也是要绝对回避的，当然这也反映了住户带有朴素的积财致富思想的良好愿望。

（2）柳树的寿命比较短，一般30年左右即渐趋衰老。

（3）柳树由于生长快，其材质较松软，尽管树干挺拔，但很难成为建造房屋的栋梁之材，柳树的经济价值偏低。

（4）柳树的虫害也较严重，鼻虫、蚜虫、柳叶蝉类、刺蛾类等均为柳树的常见害虫，每年都需做防治和灭杀工作，比较麻烦。

民间在流传"前不栽桑，后不植柳"的同时，也流传着"千古松，万古柏"的说法。松和柏都属全年常绿树种，树干挺拔，材质坚硬，纹理直，易于加工，用途较广。在古代，松和柏大多用于各类公共建筑群的绿化栽植。至于民居屋前屋后的栽植，根据各地的气候、土壤等自然因素而差异较大，大多选种一些既能观赏又很实用的经济类树种。

21. 今天不成功　明天就到中

建筑工地上，当老师傅督促年轻工人抓紧干活时，常常用一句口头语："今天不成功，明天就到中（午）"。这句建筑谚语久经留传，朗朗上口，且很有韵味和鼓动性。

"今天不成功，明天就到中（午）"这句话直意是指今日事今日毕的道理，它是抓好施工计划管理的经验之谈，也是一句计划管理的名言。有时候当天任务完不成拖个"小尾巴"到第二天再干时，往往会耗用第二天半天时间。工程施工，是由很多道工序顺序施工而成的，通过施工进度计划的编排，达到科学、合理而又有序的进行。众所周知，工作效率的高低与计划安排是不是合理、紧凑有很大关系。再说，就施工进度计划而言，无论是年度计划、季度计划、月度计划、旬计划、周计划，最终都要落实到日作业计划上，也即所谓长计划短安排。日作业计划是所有施工进度计划的基础，只有每日的施工计划得到落实，所排的施工进度计划才能有保证，否则，所排的施工进度计划便是一纸空文。在实际施工中，很多工程的施工进度一拖再拖，分析其原因，除了施工进度计划的编排不科学、不合理因素外，没有严格安排好日作业计划是很重要的一个原因，施工计划没有严肃性，每天做多少是多少，目标不明，考核不力，日积月累，整个施工进度就被推迟。有的工程开工时，编制了很合理的网络图施工计划，但因不能保证日作业计划的完成而频繁调整，最终不得不以失败而告终。

为保证施工日作业计划的完成，很多有经验的施工队长采取了"早布置、晚检查、中间要勤抓"的工作方法，收到了很好的效果。首先要让每个操作人员明确当天的工作任务，其次，中途还要督促检查，因为施工中意外情况的发生是常有的事，只有及时地帮助解决相应的矛盾和问题，才能顺利进行施工，也就能有效地完成日施工作业计划。

有些施工操作，如油漆、掺有颜料的粉刷工程以及浇筑混凝土工程等，不宜多留施工缝接头，一个工作面上的工作量应一次配料、一次成活，否则接头处极易造成明显的色差，甚至裂缝等质量缺陷。因此，做到当日施工计划当日完毕，也有利于保证工程施工质量。

要做到日作业计划的顺利完成，还应做好对付不利因素或突发性事件的相应对策和准备，例如准备必要的机械、水、电等设备的零配件以及照明设备等，施工中一旦遇到意外情况，就能应对自如，避免措手不及而造成意外损失，确保工程施工顺利进行。

22. 薄薄摊　一搭三

在古代，没有完整的技术标准和施工规范作为依据，建筑工匠们常常将多年积累的施工操作经验和用料标准，用朗朗上口易懂且易记的顺口溜形式留传下来，并代代相传，成为宝贵的知识财富。"薄薄摊，一搭三"就是民间蝴蝶瓦屋面盖瓦的经验总结。

蝴蝶瓦屋面俗称小青瓦、阴阳瓦屋面，有底瓦和盖瓦两层，铺摊在下面的望砖上，或是用灰泥铺设在苫席、苇箔、荆笆等材料上。"薄薄摊，一搭三"的意思是指瓦垄上下瓦之间的搭接长度要求。一块蝴蝶瓦，通常的长向尺寸为170～230 mm，前后搭接3块瓦，这是最基本的做法，也是用料标准最低的做法，有的地方也叫"薄薄摊，一瓦三"，其意义相同。这时，上下瓦之间的搭接长度为60～70mm。

蝴蝶瓦屋面与平瓦屋面的不同处主要有以下两点。

（1）屋面的防水质量与瓦的数量多少有密切关系。一般来讲，瓦的上下搭接长度多，瓦的用量就多，屋面防水性能相应就好；反之，屋面防水性能就差。蝴蝶瓦屋面在民间大多用于平房及低矮住房，很多小动物，如猫、鼠、黄鼠狼等，很容易爬上屋面追逐、嬉戏，极易造成瓦片损坏。再说，蝴蝶瓦的厚度较小，仅为8～12mm，由于气候影响或抛掷坠落物体的打击，也容易造成瓦片的损坏。铺瓦时如果上下瓦之间的搭接长度过小，一旦瓦片损坏，就容易造成屋面渗漏。因此，"一搭三"的作法，从屋面防水质量角度讲，也是属于搭接长度的下限了。为了提高屋面的防水质量和日后屋面修缮的需要，经济条件尚可的人家，在造房建屋时，总是将瓦的数量购置得宽裕一些，盖瓦时，使其上下瓦的搭接长度稍多一点，一旦瓦片损坏，屋面不至于马上漏水。修缮时也不需要急于添置新瓦，只要将其瓦垄的上下瓦间距适当匀一下即可解决问题。

（2）瓦的数量多少，还直接影响到屋面静载的大小，最终影响到椽子和桁条的断面尺寸以及工程造价。瓦的数量越多，其椽子和桁条的断面尺寸需要越大，造价也越高。

在"薄薄摊，一搭三"的基础上，有的地方还进一步发展成为"薄薄摊，一万三"的说法。这是民间建房用料估算的经验之谈。民间建房进深常以五柱、七柱为标准，长度多以三间、五间为准。"薄薄摊，一万三"是指五柱进深、三间长度的房屋，其屋面的用瓦数量大约在13 000块左右（含脊瓦），这个数字还是相当精确的。

23. 针大的洞　斗大的风

民间流传"针大的洞，斗大的风"的说法，其意是指当建筑物的外围护结构上存在细微的洞眼或缝隙时，在大风天气里，墙面受到强大的风压（即室内外风压差），会造成向室内吹进一股相当大的风力。这句话虽有夸张之意，但也切合实际。在高层建筑中，这种洞眼、缝隙的风力效应特别明显，因为风速与风压是随高度的变化而急剧上升的，"地面风和日丽，空中劲风呼啸"是真实的写照。

建筑物外围护结构上的洞眼和缝隙，主要来自以下几个方面。

（1）门窗扇（框）制作不精密，不设置密封条或密封条老化、损坏等，使门窗扇关闭不严、气密性能差而产生的洞眼和缝隙。

（2）门窗边框与外围护结构之间的结合处，因砂浆收缩或操作粗糙等原因造成不严密而产生的洞眼和缝隙。

（3）房屋因温度变化、沉降不均等而产生的洞眼和缝隙。

上述洞眼和缝隙虽然极其细微，但它对建筑物及人们日常生活的影响却是很大的。在刮风天气，除了吹风进屋的影响之外，大气中的尘埃微粒也会随之进入室内，使室内到处蒙上一层灰尘。再如下雨天气的影响也是十分明显的，雨水在风压作用下，顺着洞眼和缝隙向室内渗透，轻者使内墙面潮湿，重者雨水会沿着内墙面流淌，室内湿度随即加大，以致产生墙壁、地面、家具以及日常生活用品的霉烂变质。

对于节能建筑来讲，更是禁忌在外围护结构上出现洞眼和缝隙，因为节能建筑外围护结构内外两侧的热压差是很大的，即使是极细微的洞眼和缝隙，都会造成很大的热能损失，并随之带来内墙面结露等次生影响。

在节能建筑中，门窗工程气密性的优劣是工程质量的重要指标之一。它通常分为 I ~ V 五个等级，国家有关规范规定，低层和多层居住建筑，其门窗的气密性指标应 ≤ Ⅲ 级，高层和中高层居住建筑，其门窗的气密性指标应 ≤ Ⅱ 级，并宜采用 I 级。根据有关资料可知，气密性为 I 级的门窗，其由于冷风的渗透而损失的热量仅为气密性Ⅲ级门窗的 50%，这在节约能源和经济效益方面都有重要意义。

总之，"针大的洞，斗大的风"这句谚语提醒人们应十分重视建筑物外围护结构的密封性能，对于门窗工程，应选择气密性能良好的构配件，并建立定期维修的物业管理制度。对于因温度变化或沉降不均而产生的墙面裂缝，应设法加以修补。在外围护结构上，应杜绝任何贯穿性的洞眼和缝隙，以保证建筑物室内良好的工作、居住环境。

24. "瓦匠不得法，用黄泥塌"及其他

"瓦匠不得法，用黄泥塌；木匠不得法，用木刹刹；漆匠不得法，用刷子刷"。这三句建筑谚语在建筑工人中流传甚广，它生动地反映了三个工种的施工操作特点，也可说是老师傅传给徒弟的看家本领，说起来押韵，听后易记。

"瓦匠不得法，用黄泥塌"，是指瓦工砌的砖砌体一旦出现不够理想的地方，如局部灰缝不够饱满或有大小不一，或是局部砖块有掉角、翘曲等疵病而尚不需要返工时，常常用黄泥浆粉抹来弥补。这当然是指古代而言，因为当时没有水泥砂浆，常用黄泥稻草浆或黄泥石灰稻草浆来粉抹，现代则用水泥砂浆了。经过粉抹的砖砌体，不但弥补了砖砌体的不足，而且对砖砌体起了加强和保护作用，砖砌体的整体质量也大为提高。"粉墙如加刹"这句谚语，已充分说明了这一作用。需要说明的是，这句谚语不适用于清水砖砌体，因为清水砖砌体对灰缝大小、砖块质量有较高的要求。

"木匠不得法，用木刹刹"，是指对采用榫卯连接的木制品制作质量的弥补手段。木材制品的榫卯连接是最古老、也是最有效的连接方法，大至架梁造屋，小至桌椅板凳，大多采用榫卯连接，从古至今也留下了很多如何做好榫卯连接的建筑谚语。但在实际施工操作中，由于种种原因，如木材质量因素或操作因素，常造成局部榫卯连接不严密。这种情况怎么办？木匠的拿手本领是加个木刹，一个不够就两个。一片小小木刹，在木制品中有神奇的功效，可谓一刹就紧（固）。

"漆匠不得法，用刷子刷"，是指油漆工弥补油漆施工操作质量的一个常用手法。由于油漆施工操作通常要经过清理基层、批嵌腻子、砂纸打磨、刷漆等几道工序，最后形成的油漆质量应该是漆膜厚薄均匀，色泽一致。但在实际施工操作中，由于多种原因，常常出现这样那样的问题，有时刷好油漆后又被碰撞、擦伤。遇到这种情况，油漆工拿手的办法是用刷子再刷几下，以弥补其不足。在油漆未干的情况下，往往局部刷几下就可以了。在漆膜已干的情况下，则应对一个操作面进行全面补刷，以免造成局部颜色深浅不一的缺陷。

25. 瓦匠进门有得挑　木匠进门有得烧

"瓦匠进门有得挑，木匠进门有得烧"，是广泛流传在建筑工人中的一句建筑谚语。它生动而形象地反映了瓦、木两个工种的操作对象和工作特性，常用于房屋修缮和家具制作等施工活动。

"瓦匠进门有得挑"这句话，重点是在一个"挑"字上，其含意有两个方面。一是说瓦匠进门修缮房屋时，首先要进行拆和铲的活动，拆和铲的结果，就形成了大量的建筑垃圾，这些建筑垃圾就要住户一担担地挑出家门。二是说房屋修缮过程中，通常只有瓦工师傅（亦称大师傅）进门，小工（即辅杂工）往往由住户自己担当，砖、瓦、砂、石、泥等建筑材料都得由住户一担担地由外往里挑，以供瓦工师傅操作之用。因此，"瓦匠进门有得挑"这句话，总结得形象生动、简明扼要而又十分确切。

"木匠进门有得烧"这句话，其重点在一个"烧"字上。木匠的操作对象是木料，不论是修缮房屋，还是制作家具，都得对木料进行锯、削、刨、凿、拼等多道操作工序，每道操作工序的结果，都将产生一些短头木料、边角料以及刨花、锯木屑等物，这些东西是住户煮饭烧菜的上等柴火料。因此，"木匠进门有得烧"这句话，同样总结得生动形象而又十分贴切。

不管是"瓦匠进门有得挑"，或是"木匠进门有得烧"，需要说明一点的是，如果能在操作过程中重视施工操作质量，合理使用材料，注意文明施工，则"挑"和"烧"的量将会有效减少。这一点对木匠操作更显重要。木匠在操作过程中，如果能做到大材大用、小材小用、劣材巧用、零材整用等手段，不仅能提高木材利用率，降低施工成本，同时也能大量减少短头木料、边角料等物，从另一方面显示了木匠师傅高超的手艺水平。

26. 墙倒柱立屋不塌

"墙倒柱立屋不塌"是一句形容木结构建筑防震抗震的建筑谚语，它非常形象地说明了木结构建筑良好的防震抗震特性和在地震中坚强不屈、傲然挺立的姿态。

地震灾害，最主要的是由建筑物的倒塌破坏而造成的人身伤亡和财产破坏。如果在地震中，建筑物即使局部墙体发生倒塌，而整体上能保持不倒的话，那么地震灾害就能降低到最低程度。我国自古以来的木结构建筑就具备这种良好的抗震性能。

1976 年 7 月 28 日，我国唐山市发生 7.8 级大地震，数秒钟内，大地被撕裂，千万间房屋顷刻之间变成了瓦砾堆。但是，面对强烈的地震波，也有不少古代木结构建筑傲然挺立。在烈度为 8 度的蓟县，有一座辽代（公元 984 年）建造的、高达 20 多米的观音阁却完整无损。同样，1975 年 2 月 4 日，辽宁海城地震中，一些水泥砂浆砌筑的砖混结构房屋多数被震塌，而三学寺和关帝庙等古建筑只是部分外墙和屋顶略有损坏，整座建筑基本完整。

木结构建筑为什么具有良好的防震抗震性能呢？其秘诀有以下三个方面。

首先，应归功于木结构的榫卯连接。榫卯，是我国古代劳动人民在长期的生产劳动中，掌握木材的加工特性创造出来的巧妙的连接方法。榫卯的功能，在于使千百件独立、松散的构件紧密结合成为一个符合设计和使用要求的，具有承受各种荷载能力的完整结构体。木材本身是一种柔性材料,在外力的作用下,既有容易变形的特性,又有外力消除后,容易恢复变形的能力。木构架用榫卯连接,不仅使整个构架具有整体刚度,同时,也具有一定的柔性,每一个榫接点,就像一个小弹簧,在强烈的地震波的颠簸中能吸收掉一部分地震能量,可使整个构架减轻破坏程度。在强烈的地震中,尽管木构架会发生大幅度摇晃,并有一定变形,部分墙体(古代木结构建筑的墙体属围护墙,不承受上部荷载)可能发生倒塌,但只要木构架不折榫、不拔榫,就会"晃而不散,摇而不倒",当地震波消失后,整个构架仍能恢复原状。"墙倒柱立屋不塌"这句谚语形象而生动地说明了这一特性。

其次,应归功于斗拱的结构形式。斗拱,也是我国古代木结构建筑的一大特点,大量震害调查情况表明,有斗拱的大式建筑比无斗拱的小式建筑要耐震,斗拱层数多的比斗拱层数少的要耐震。这是因为斗拱是由许多纵横构件靠榫卯连接成为整体的,每组斗拱好似一个大弹簧,为在强烈颠簸中吸收地震能量起了良好的作用,如图1-22所示。

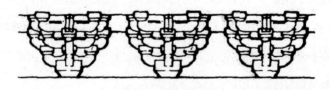

图1-22 斗拱示意

在山西省的应县,有一座我国现存最古的大型木塔——应县佛宫寺释迦木塔,亦称应州木塔或应县木塔。该塔建于公元1056年,底层直径30.27m,平面为八角形,九层(5个明层,4个暗层),自地面至塔顶全高67.31m,全部木作骨架采用榫卯连接，不用一丁一栓。塔的上下、内外共用了 57 种不同大小的斗拱构件，木塔虽经多次地震考验，至今翘首挺立，威武壮观。

第三，应归功于侧脚和生起的应用。侧脚，即建筑物四周的檐柱和外山墙柱竖立时上口适当向里倾斜一点。生起，即柱子由中间向两边排列时，逐步升高一点。侧脚和生起的应用，是我国古代建筑工匠们聪明才智的充分体现，它使屋面和屋脊由中间向两边逐步起翘，使建筑物的水平和垂直构件的结合更加牢固，整座房屋的重心更加稳定。同时，使木构架由四周向中间产生一定的挤压力，成为抗震的预加应力。在地震波强烈的颠簸之后，整个构架保持稳定，不易产生歪斜现象。

27. 不怕千日工　单看谁来做

"不怕千日工，单看谁来做"是古代流传在建筑工人中的一句建筑谚语，它十分形象地说明了建筑施工中用工数量、施工质量与品牌之间的关系。

在古代，无论是建房造屋，或是家具制作；也无论是公家集体兴建土木，或是私家住宅建设，业主首先考虑的是落实一个"作头师傅"，即负责带班的大师傅，相当于现在的项目经理。古人在这方面是很讲究的，特别是一些经济上较富裕的人家或达官贵人家的建筑，大多是雕梁画栋、富丽堂皇、精雕细刻、十分精致，木雕、砖雕、石雕以及铜、铁、金属雕刻等艺术制品样样齐全，因此，十分注重作头师傅的技术水平和业界声望。能请到好的、有名气的作头师傅领班，业主脸上很有光彩，施工质量也有保障，成为日后骄傲和传世后代的资本。

确定作头师傅后，作头师傅将根据建设规模和建筑物的复杂程度提出用工数量和工价标准。这种用工数量和工价标准基本上遵循"一等价钱一等货"的行规，它随作头师傅的业内声誉和技术水平不同而差异较大。一般不怎么出名的作头师傅是不敢多报工日和工价的，免得被人耻笑，同时也为了能揽得更多的业务。而一些有名气的作头师傅，在成为业界"品牌"之后，则会有意识地提高工日数和工价标准，但他们的业务始终是饱满的，因为用户看好的是质量，而在经济上倒不是十分计较的。"不怕千日工，单看谁来做"这句谚语，比较客观地反映了建筑界的品牌层次、质量层次和价格层次。

在古代，建筑工人都是以师傅带徒弟的形式代代相传的。好的师傅带出的徒弟，其技术水平也是很不错的，可谓"名师出高徒"或是"强将手下无弱兵"。因此，能在有名望的师傅手下学徒学艺，也是一种荣耀，对日后在业务上、经济上都将产生极为有益的效应。"不怕千日工，单看谁来做"这句谚语在古代社会，实际上也是一种品牌效应。在一定程度上也激励着匠人们努力学习技术，成为争当名匠名师的心理动力。

28. 瓦匠易学难精　木匠难学易精

"瓦匠易学难精，木匠难学易精"是流传在建筑工人中的一句谚语，其意思是说学瓦工上手较容易，但精通较难。而学木工则相反，上手较难而容易精通。这句谚语充分反映了瓦、木两工种不同的操作对象、操作要领和技术熟练的过程。

"瓦匠易学难精"这句话有两层意思，一是易学，二是难精。说瓦匠易学主要是指瓦工使用的材料——砖、瓦、砂、石、灰、泥等都比较简单，不是很精细，做出来的产品——砌体、粉刷之类的质量要求也不是很高，其允许偏差值都是几毫米甚至厘米之差。"瓦匠不得法,就用黄泥塌"就是一句砌墙口头禅，是说当瓦匠砌的墙体有局部通缝、同缝或缺角之类的缺陷时，用黄泥涂塌一下就行了（注：古代没有水泥，砌墙主要用黄泥或灰泥）。总之，学瓦匠一开始都觉得蛮容易的，甚至误认为瓦匠没有什么过高的基本功要求。

随着学习时间的增加，会发现需要学习的内容十分广泛，技术要求也不断增加。特别是一些复杂形体的建筑以及一些复杂的、弧线形状的装饰线脚的施工，需要瓦匠具备多方面的知识，在施工放线、轴线定位等施工操作中，需要一定的识图知识和数学知识，还要懂得基本建筑构造知识以及相应的建筑结构知识。这时，会感到学瓦匠需要多方面的知识，做个有一定技术水平的瓦匠，还真不是件容易的事。

"木匠难学易精"这句话也有两层意思，即难学和易精。这里说的木匠主要是指制作家具之类的木工，俗称小木匠。说木匠难学是指木工操作的活一般都比较精细，使用的工具很多，基本功要求较高。从木料加工到成品家具，要经过锯、刨、凿、削、拼、刹等多道工序，每道操作工序将使用不同的工具，质量要求都比较精细。特别是一些复杂的榫卯连接，需要有较强的空间立体概念。就榫卯而言，名称和形式就很多，如用于垂直构件连接的有管脚榫、套顶榫等；用于垂直构件与水平构件相交、拉结的有馒头榫、箍头榫等；用于水平构件相交的有燕尾榫、十字卡腰榫等；用于板缝拼接的有银锭榫、龙凤榫等。正确弄清各种榫卯连接的构造、原理，是需要较长的一段时间的。在实际施工操作中，什么地方需要割榫、什么地方需要留榫，需要非常清晰的立体概念，一旦弄错，将造成木料报废或造成质量缺陷。再说木工使用的工具也很讲究，成品允许偏差值也很小，都强调拼缝严密、方正无隙。尽管有"木匠不得法，就加个刹"的口头语（意即拼装的木制品当榫卯连接不紧密时，可以用木刹来刹紧作弥补），但基本的尺寸要求是十分严格的，所以学木匠一开始都是觉得挺难的。有的老师傅曾说，当学徒的会打一只很好的"四眼八叉"小板凳时（即有4个榫眼，8个方向倾斜的榫头），他就可以出师了。

随着学习时间的增加，经过多年的施工实践和知识的积累，在熟练掌握了木料加工、拼接方面的技巧后，特别是各种榫卯连接的方法后，再细的木工活也会迎刃而解，这时木工手艺也上了一个新台阶，到达了精湛的境界，所以有"难学易精"之说。

29. 前面要（有）照　后面要（有）靠

"前面要（有）照，后面要（有）靠"是古人留传给我们的一句建筑谚语，它揭示了建筑选址方面的科学道理，也是建筑选址方面的经验总结。照——即要有水，靠——即要有山。因此理想的建筑选址应是"背山、面水和向阳"。如图1-23所示，有良好的日照，夏季有徐徐的南风，冬季能阻挡北方的寒流，交通便利，适宜人居，并能有效地防止自然灾害的产生。

在古代，建筑选址有四个原则，即相形取胜、辨方正位、相土尝水和藏风聚气。其中相形取胜是建筑选址的首要原则，是指对山川地貌、地质结构、地理形势、水土质量、气象状况等进行综合勘察，然后再确定建筑选址。

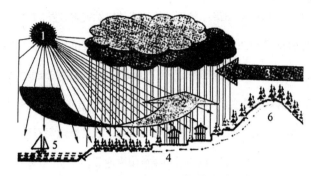

图 1-23　背山、面水、向阳的自然环境示意图

1—良好的日照；2—接受夏日南风；3—阻挡冬季寒流；4—良好的排水地势

5—便利的水路交通；6—平时可以调节小气候，战时可以减少后顾之忧

　　古人不论在城镇选址，还是在居屋选址，都把周围的山川地形看得非常重要，尽量避开凶煞之势，充分顺应天时地利的原则，即人应尊重自然，顺应自然规律，与自然和谐相处。不了解自然规律，盲目行事或强作妄为必将招致灾祸。风水学中对建造居屋在避凶煞之势方面提出了"十不居"的理论，即十种不适宜作为居屋建造的地址，其中如不居当冲口处，不居草木不生处，不居正当流水处，不居山脊冲处，不居百川口处等都有一定的科学道理。1996 年 12 月 20 日，据中央电视台某新闻节目报道，在河北省石家庄市井陉县，有不少人家在干旱的河道上修建住宅，结果 1996 年夏季洪峰到来时，除了一栋小楼幸免未毁外，其他住宅都被大水冲毁了，这就是流水口冲煞的危害。又如 2010 年，云南贡山特大山洪造成群死群伤的重大事故，与当地民众在河床上建房居住和建厂有很大关系。当时，国土部专家在察看现场时曾感叹："教训啊！以后建设一定要避开河床和沟渠！"2012 年，甘肃定西市岷县也发生了一次山洪灾害，一次降雨量仅为 30mm 的小降雨致使很多居民建在河床上的住房被冲毁，造成 53 人遇难的惨剧。

近年来，山体滑坡、山洪、泥石流等造成的自然灾害频发，惨剧一再上演。自然灾害也引发了人们的思考，建筑选址与自然灾害之间的关系成为社会各界关注的焦点。专家认为，由于建筑选址不当而引发的各种灾难危害显著增大。在山区，有山脊就有山谷，有山谷就有水口和水道。山脊冲处就是山谷冲处、水口冲处和水道冲处。特别是沙石结构的山体，极易造成泥石流危害。2005年6月，黑龙江省宁安市沙兰镇中心小学被山洪冲毁，导致100多名学生遇难。灾难发生的重要原因是学校选址不当。沙兰镇是一座面对沙石结构川形山的城镇，地势低洼，其中心小学又建在镇上地势偏低处，而且位于两股山洪的冲煞口处，灾难发生是迟早的事。2009年8月，台风"莫拉克"引发了很多自然灾害，其中台湾省高雄县正对水口和水道冲煞处的小林村被泥石流掩埋，造成398人被埋的惨烈事故。

在早几年，美国的几位地质生物学家对20多座公认的"凶宅"进行了科学勘探后指出，形成"凶宅"的主要原因，大多与不良的地质因素、缺乏绿化以及环境污染有关。其中最典型的有电磁污染、放射性污染、重金属污染、水资源污染和大气污染等。比如，如果在地电流与磁力扰动交叉的地面建造住宅，就会使损害人体的电磁波辐射到住宅内部，会使人产生精神恍惚、惊慌恐怖、烦躁不安或头痛脑昏和失眠等症状，严重损害人体健康。还有些"凶宅"则是由于宅基下或附近有重金属矿脉存在所致。

值得欣喜的是我国目前对建筑选址、建筑环境的研究，在古人的基础上有所发展。我国著名建筑高等学府同济大学设立了"环境科学与工程学院"，开设了环境影响评价、环境评价方法学、环境评价与规划等课程，形成了"建筑环境学"理论学科，这无疑是对正确进行建筑选址、减少自然灾害的一个福音。

30. 梁坏坏两间　柱坏一大片

建筑界有句流传甚广的谚语叫"梁坏坏两间,柱坏一大片",其意是说如果梁坏了的话,影响的是梁两侧的两间范围,而如果柱坏了的话,其影响的范围要大得多。这句谚语十分生动而又形象地指出了房屋建筑中柱和梁两种结构承重件的重要性和破坏时的影响面。

在建筑结构设计方面,对于有抗震要求的框架结构建筑,有个"强柱弱梁"的设计准则,即对于柱和梁两种结构承重构件而言,柱的抗弯、抗剪能力都应高于梁。这个结构设计原则和上面所说的谚语"梁坏坏两间,柱坏一大片"的意思是吻合的。

房屋建筑的柱梁节点,特别是钢筋混凝土框架结构的柱梁节点,是一个十分重要的结构部位,它在框架中起着传递和分配内力、保证结构整体性的作用,但它也是一个结构受力的敏感部位。国内外多次大地震的震害表明,地震时地震波首先使房屋建筑的节点处发生破坏,随后逐渐波及整个结构体系,最终使结构丧失整体性而倒塌。图 1-24 为地震作用下梁柱节点破坏示意

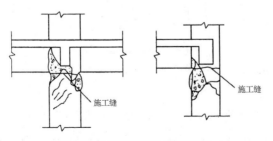

图 1-24　地震作用下梁柱节点破坏示意图

图。节点处混凝土在地震力的作用下被反复挤压而压酥、剥落，接着钢筋被压曲外鼓，最终丧失承载能力，整个建筑物很快会倒塌。

在抗震建筑的结构设计中，采用"强柱弱梁"和"强梁弱柱"设计的建筑，其破坏形式是截然不同的。图1-25（a）所示，按照"强柱弱梁"原则设计的框架结构建筑，梁和柱的节点处接近固定，梁端弯矩较大，在地震力作用下，梁端首先发生裂缝，并逐渐出现塑性铰，裂缝逐渐加大，而柱基本保持完好，待所有的梁或绝大部分的梁出现破坏时，整个建筑物才会倒塌。这种从"裂缝出现"到"塑性铰出现"到"倒塌破坏"是有一个过程的，这个过程给了人们更多的时间逃生，因而能有效地减少伤亡和损失。

按照图1-25（b）所示采用"强梁弱柱"原则设计的框架结构建筑的梁柱节点处接近于铰接，梁端弯矩较小，在地震力作用下，节点处的上下柱段首先被挤压破坏，而梁基本完好。一旦柱失去支撑作用，整个建筑物就会很快或者在瞬间倒塌，这种情况造成的伤亡和损失较大。

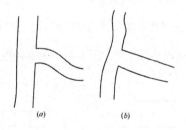

图1-25　框架结构的梁柱结构形式
（a）强柱弱梁形式梁端接近固定，端弯矩大；（b）强梁弱柱形式梁端接近铰接，端弯矩小；

谚语"梁坏坏两间，柱坏一大片"和"强柱弱梁"的设计原则使我们懂得了房屋结构中应十分重视柱的坚固性和梁柱节点构造的合理性，使它们真正起到"中流砥柱"和"房屋栋梁"的作用。

31. 门宽二尺八，死活一齐搭

在民间的建筑界老师傅中，流传着一句"门宽二尺，死活一齐搭"的建筑谚语。成书于元末明初的建筑技术专著《鲁班经》中也有单开大门的尺寸应为二尺八寸的规定要求，这是专指民宅的大门而言的。

门——是建筑物围护构件中的一个重要构件，门的主要作用是联系和分隔不同的空间，是行人和家具进、出建筑物的主要通道，同时，也起着通风和采光的作用。门还是建筑立面的点睛之笔，对建筑的造型、立面的处理以及室内和室外装饰都有着重要的影响。

"门宽二尺八，死活一齐搭"这句建筑谚语则从另一角度讲述了大门的功能作用。家中娶亲或婚嫁时，新娘的花轿要从大门外抬进来；而家中死了人之后的棺材，则又要从大门里抬出去。为了能顺利完成上述抬进和抬出的活动需要，这就对大门的宽度有了个基本的要求，经过历代建筑匠师的探索和总结，最终确定的民宅大门的基本尺寸为二尺八寸，并逐渐形成了"门宽二尺八，死活一齐搭"的顺口溜式的建筑谚语，读来朗朗上口并容易记住。

我国古代尺度中的丈、尺、寸、分都为十进制的，但折算成现代的公制（m）则各个朝代不尽相同，现将有关各朝代的尺度与公制（m）的折算关系列于表中 1-1 中，以供参考。

由表 1-1 可知，若以宋朝最大的每尺折算系数 0.329m 计算，则大门的最小宽度为 0.9212m，与现代住宅设计中大门的宽度尺寸也是基本吻合的。

我国历代尺度与公制（m）的折算系数参考表　　　　　　　　　表1-1

朝代	每尺折合公制（m）
战国	0.227 ~ 0.231
西汉	0.230 ~ 0.234
东汉	0.235 ~ 0.239
三国（魏）	0.241 ~ 0.242
晋	0.245
宋（南朝）	0.245 ~ 0.247
东魏（北朝）	0.300
隋	0.273
唐	0.280 ~ 0.313
宋	0.309 ~ 0.329
明	0.320
清（公元1840年以前）	0.310

二、建筑术语与成语

很多建筑施工知识和操作活动，经过长期的沉淀、提炼，形成了公认的习俗和脍炙人口的建筑术语，最终成了人们常用的成语，但大多被人们改头换面，肆意歪曲，甚至面目全非。

1. 还"两面三刀"以历史真面貌

"两面三刀"这个词语，在日常生活中有一定的使用频率，现在已被歪曲成为绝大多数人痛恨的一个贬义词。上海辞书出版社出版的《中国成语大辞典》（缩印本）解释为：比喻当面一套、背后一套，玩两面派手法。商务印书馆出版的《现代汉语词典》解释为：指耍两面手法，嘴甜心毒，两面三刀。其实，两面三刀这个词是古代建筑中的一个建筑术语，是瓦工技术水平高低的一个标志。作为建筑界人士，应有必要认识这一词语的历史面貌。

"两面三刀"的实际原意，是指瓦工砌墙的基本功和基本动作。古代砌墙没有水泥，墙体粘结材料大多用黏性较好的黄泥，考究一点的工程用灰泥（即在黄泥浆中加入适量的石灰浆）。这种灰泥浆制作要求高，黏稠性好。砌墙用的砖是小青砖（或是碎砖），砌的墙一般都是随砌随用瓦刀作勒缝的清水墙（指外墙），灰缝较薄，通常在2.5～5.0mm。

"两面三刀"它包含了"两面"和"三刀"两个内容。"两面"是指砖的两个粘结面，一般是正面和一个顶面或侧面。当瓦工左手拿起一块砖时，砖块同时会在手掌上迅速打转、翻身，目的是在观察砖的外形，确定两个合适的粘结面。古代砌灰泥墙时，其粘结灰浆不要求在粘结面上满铺，而是在粘结面的两侧用瓦刀批上两条灰泥埂子，再在一个顶面或侧面批上灰泥埂子后进行砌筑。如果砌空斗墙的话，所批的灰泥梗子其用灰量更少。"三刀"就是指砌一块砖时，瓦刀从灰泥桶中挖上一点灰泥浆后，分三次批上砖的粘结面，即正面粘结的两条灰埂子和顶面或侧面粘结的一条灰埂子。技术水平高的瓦工师傅，砌出的砖墙平整美观，其关键之点在于，两个粘结面选择合适，所用灰泥量不多不少，批灰泥时三刀定案，整个砌筑过程可谓动作娴熟漂亮，砌筑速度也快。而技术水平差的瓦工师傅，砌墙时，不是两个粘结面选择得不好，就是瓦刀上挖的灰泥量有多有少，批灰泥埝子时，不是三刀定案，而是要四刀甚至五刀才能定案，砌出的砖墙，从外观质量到内在质量都比较差，砌筑速度也慢，而且往往浪费灰泥。

古代对学徒瓦工的培养，通常也从"两面三刀"开始的。一开始学徒，都做些运砖、和泥之类的下手杂活，待一定时间后，师傅就交给徒弟一桶灰泥、几块青砖，要求在旁边练习"两面三刀"动作。先是将一块砖拿在手中后，在手掌心上连续打转、翻身，一方面练习手腕力度和灵活性，一方面观察砖块六个面的外观质量，以选择合适的砌筑粘结面。然后用瓦刀从灰泥桶中挖出一点灰泥，分三次在其粘结面上批出三条灰埝子，灰泥量要批得平直均匀，不能多也不能少，要不厌其烦，反复练习，直到师傅认为满意了，才准许上墙进行实际操作。这时手掌根部也磨出一层厚皮老茧了。上墙操作时，师傅会有意识地将徒弟夹在技术水平较好的师傅中间，在同一道墙上砌筑，目的是要让其注意质量，加快砌筑速度。徒弟在累得汗流浃背、腰酸背痛的同时，技术水平也上了一个台阶。

2. "拖泥带水"是项技术活

"拖泥带水"这个词语，在日常生活中的使用频率也较高，但它大多作为贬义词使用。商务印书馆出版的《现代汉语词典》解释为："比喻说话、写文章不简洁或做事不干脆。"上海辞书出版社出版的《中国成语大辞典》(缩印本)

也解释为："做事不干脆利落，或说话、写文章不够简洁。"

"拖泥带水"这个词语实际上是建筑施工中的一个建筑术语，它是建筑泥浆制作活动的形象化描述。砖块和泥浆是瓦工砌墙的两种基本材料，古代没有水泥，主要采用黄泥（亦常掺加石灰膏）加水后拌合成（灰）泥浆，作为砌墙用的胶凝材料。

用于砌墙的黄泥一般要求细腻、纯净，并具有较好的黏性。黄泥运到工地后，先将大块泥块敲成碎块，当含有碎石、碎砖块等杂质时，还须进行筛分。筛分好的黄泥先用清水在泥浆池内浸泡 4 ~ 8h，然后用双脚踩泥（有穿胶鞋踩的，也有赤脚踩的），再掺加石灰膏和加水后反复拖拉才能成为成品灰泥浆，提供给瓦工师傅砌墙使用。

浸泡后进行踩泥，主要是增加泥浆的黏性，就像兰州人做拉面一样，面粉加水拌合后还得进行醒面，然后进行充分的揉压，以增加面粉的黏性使得在拉伸时的延性好，不断裂。

在没有机械搅拌泥浆的时代，泥浆的拌合都是靠人力操作的，用带齿的钉耙在泥浆池内反复来回拖拉，直至手感到泥浆有相当的黏稠度为止。它既是一项体力活，也是一项技术活，通常由男性壮工或年轻女工来完成。

在很多工地上，瓦工师傅称呼他们为"泥浆师傅"，这既是相互尊重，也反映了对泥浆制作质量的重视程度。

泥浆质量的好坏对瓦工的砌墙质量和砌墙速度有很大的影响，这得全靠泥浆师傅掌握好"拖泥带水"的尺度。泥浆过稀，难以在瓦刀上黏住，砌出来的墙面有淌浆现象，俗称胡子墙，外观差。泥浆过干，瓦刀在砖面上批泥时会很吃力，影响砌筑进度，砌出的墙体质量也不好。泥浆师傅根据不同的气候、气温状况和砖块的干湿等情况，在拖泥时根据手感力度大小适量加水，拌制出有一定黏稠度的泥浆，使瓦工师傅砌墙时能得心应手。如果说这是双方工作上的默契，其实也可说是心灵上的默契。

3."转弯抹角"是极其人性化的做法

转弯抹角又称转弯磨角或拐弯磨角，《汉语成语词典》解释为：用以比喻说话、做事转弯子，不直截了当，不爽快。亦比喻复杂曲折。

实际原意：转弯抹角原意应为转弯磨角。是建筑施工中的一道工序，讲的是处于道路转角处的建筑物外墙角，在建造时，将距地面 2m 高左右（即一个人的身高）以下的墙角做成圆角，既可避免伤及行人又可避免行人搬运物品时碰坏墙角。砌墙施工前，应先派人将用于墙角处的砖打磨成圆角，砌墙后就成为如图 2-1 那样的情况，这是古代建筑施工中极为人性化的一种做法，至今在很多古建筑物上还能看到，只是用斜角代替了圆角，如图 2-2、图 2-3 所示。图 2-4 为位于北京西城区包头章胡同内的"转弯磨角"墙。

据报道，江苏省泰州市姜堰区的溱潼古镇，在纵横相交的巷子转角处，住户人家都会自觉地将自家的墙角磨得特别光滑，为的是让肩挑货物的来往行人顺利通过，既撞不到自家墙，又方便了他人的走路，当地人称这样的转角处为"左右逢源"、"和气生财"，很多到那儿路过的人都要伸手摸摸圆滑的墙角，以给自己增加点好运。

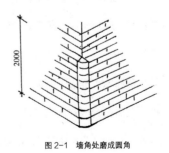

图 2-1 墙角处磨成圆角

图 2-2   图 2-3   图 2-4 位于北京西城区包头章胡同的"转弯磨角"墙

有些临河的建筑，在河道转弯处，其驳砌的石墙也有"转弯抹角"的做法，位置在河面以上 1 ~ 1.5m 处，以防止石墙角撞伤船体。

4. "推三拉四" 与木工师傅拉大锯的缘由

"推三拉四"（亦称"推三阻四"）这句成语在日常生活中有一定的使用频率，但大多作为贬义词使用。上海辞书出版社出版的《中国成语大辞典》解释为：用各种借口推托、阻挠、拖延；商务印书馆出版的《现代汉语词典》也解释为：以各种借口推诿、推托。做事"推三拉四"的人缺乏担当责任感，往往是被人看不起的。

"推三拉四"这句成语，实际上来源于建筑施工中木匠师傅拉大锯动作的形象比喻，这种操作方法在农村较为多见。以前在广大农村进行造船、建屋时，由于缺少带锯或盘锯等木工机械加工设备，对于直径较大的圆木料或大块木材料若用普通木工框锯因锯条薄、锯齿短难以操作时，常采用人工拉大锯的方法将其锯割成需要的木方材或板材后，再进行具体加工操作。大锯的锯条长约1.8 ~ 2.0m，宽 6 ~ 8cm，锯齿也较长，锯割时吃料也较深。大锯需要两个人合作进行操作。

其操作程序是这样的：首先用短木料钉一个 70 ~ 80cm 高的简易三脚码，将需要锯割的圆木料或大块枋料一头搁置于三脚码头，一头落地，然后由带班的老师傅用墨斗根据板材的加工厚度进行弹线。锯料操作时，一个木匠师傅站在圆木上面，双手扶握锯把，用俯身姿势推拉锯子，另一个木匠师傅则坐在地上或坐在矮小的木凳子上，用向上的姿势推拉锯子，其动作就是上上下下反复推拉，直至将木料锯割完成。所以说他们做事时"推三拉四"一点也不夸张，并且很确切。

两个人上下的推拉动作，一定要十分和谐合拍，用力均匀，而且要非常专注，按照所弹墨线不偏不倚的进行操作。如果有一个人思想不集中开了小差，则大锯拉得就会非常别扭，也容易发生木料夹锯和跑线锯割现象，使锯割成的板材表面歪歪扭扭，不仅会增加下道工序——刨光时的工作量，也会减少成品板材的加工厚度，对质量是十分不利的。

"推三拉四"既是一项体力活，也是一项技术活，当施工现场需要用大锯锯割木料时，带班师傅首先会安排学徒的木工小师傅进行拉大锯进行锯割，以磨炼他们的耐心和细心，也增加他们的体力和臂力，当能熟练锯出符合要求的板材料后，带班师傅就进一步安排更有技术含量的活儿给他们做，他们的技术水平也由此上了一个台阶。

5. "托梁换柱"是建筑工人智慧和技术的体现

托梁换柱又称偷梁换柱，是人们日常生活中经常使用的一句词语。

《汉语成语词典》解释为：比喻玩弄手法，暗中改变事物内容，用假的代替真的，并逐渐演变成为偷梁换柱，这种解释活脱脱的勾画出了一个玩弄是非、耍阴谋者的丑恶嘴脸，将托梁换柱这个词语推向了人人痛恨的境地，成为一句贬义性成语。

实际原意：这是古建筑施工中一种专业的维修手段，也是我国古代建筑工人的智慧和技术的体现。古代木结构建筑中，落地的或砌在墙中的木柱，由于经常受到地面潮气的侵入，下面部分的木头极易腐烂，往往成为房屋木构架中的薄弱部位。为了保证木构架的承载力，对下部腐烂的木柱需及时进行维修或换掉，其施工方法是先用其他木料将木梁托住（或称撑住）后进行，这样使整个施工面不致影响过大。我国著名的建筑大师梁思成先生在《中国建筑史》一书中，对这种古建筑维修做法进行过详细阐述和总结，使它成为一项成熟和规范的施工技术。在西藏自治区拉萨市的布达拉宫维修中，工程技术人员成功地应用托梁换柱的施工方法，换掉了很多腐烂的木柱，使古老的布达拉宫重新焕发了青春。

现在，托梁换柱的施工技术，也经常被应用到砖混结构和钢筋混凝土结构建筑的维修和改造工程中，使这项施工技术有了很广阔的应用前景。

图 2-5 是为 20 世纪 70 年代建造的一幢砖混结构饭店。底层和二层的局部平面图和剖面图，随着营业情况的变化，原来的小空间已不适应当前经营需要，为此，对底层～二层中㉔～㉓两轴线上的砖墙要拆掉，改成钢筋混凝土梁和柱承重，使底层形成五个开间的大空间，二层形成四个开间的大空间，图 2-6 为改建后的局部平面图和剖面图。施工中，砖墙两边的楼板先用钢管支撑托住后再拆除砖墙，如图 2-7 所示，随后即立模浇筑梁和柱的混凝土，形成先托住楼板再拆墙后设立梁柱模板的施工方法，即变相的"托梁换柱"施工方法，取得圆满成功。图 2-8 所示为大梁混凝土浇筑图示。在二楼楼板上和墙上间隔一定距离打洞，混凝土料从斜向下料斗中徐徐落下灌满梁、柱模板。

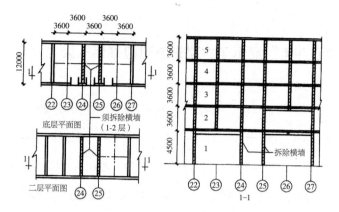

图2-5 改建前底层、二层平面图及剖面图

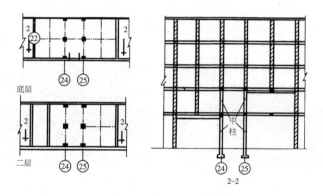

图2-6 改建后底层、二层平面图及剖面图

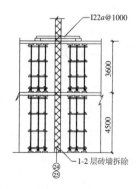

图2-7 托住楼板的钢管支撑图示

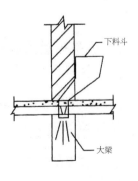

图2-8 大梁混凝土浇筑图示

6. "钩心斗角" 显示了古建筑屋顶的雄伟气势

这是唐代诗人杜牧在《阿房宫赋》中描写阿房宫的雄伟壮丽："二川溶溶，流入宫墙，五步一楼、十步一阁。廊腰缦回，檐牙高啄，各抱地势，钩心斗角。"这里的"心"指宫室的中心，"斗"指结合，"角"指檐角。其词意是说房屋檐角向着屋心像钩一样互相联系，高挑的屋角相向，如兵戈相向，形象地表现出了建筑结构的交错呼应，精巧别致，如图 2-9 所示。现在，已被曲解成一个贬义词。"钩心斗角"被用来比喻人们各用心机、明争暗斗、相互倾轧。

(a)   (b)

图 2-9 古建筑雄伟壮丽的屋顶气势
(a) 小镇的戏台建筑；(b) 福建晋江市福海庙

7. "磨洋工" 原是一道重要的建筑施工工序

"磨洋工"一词是日常生活中被经常使用的贬义词语，这词原意是指建筑施工中的一道工序。古建筑中的一些宫殿、庙宇的砌筑质量要求十分严格，砖在砌筑前要将表面切磨平整，使砌筑的砖墙砖与砖之间严丝合缝，称为"磨砖对缝"，这一工序称为"磨工"。当年在建造北京协和医院时，工程质量要求很高，按古建筑标准磨砖对缝。因这项工程是美国人利用清政府辛丑条约的赔款设计建造的，中国工匠称这项工程为"洋工"，磨砖工人把磨砖工序称为"磨洋工"。现在，被贬义后专指工作消极怠工、磨磨蹭蹭不出力。

在实际施工活动中，有些人崇尚"慢工出细活"，做任何事都很有耐心，都慢条斯理的一丝不苟、精益求精，但往往被人斥之为"磨洋工"，这是一种误解。

德国人是"磨洋工"的典型，他们干任何工程——修路、建筑、装修等，其施工工期是绝对服从质量要求的。他们对施工质量都追求极致，施工中一丝不苟、精益求精甚至精雕细刻，他们把建筑当艺术，并追求完美。施工工期最长的建筑要算科隆大教堂了，该教堂始建于1248年，工程时断时续，一直到1880年才宣告完工，耗时超过600年，至今仍在不断修缮、完美。

德国人有信仰，也自豪，"德国制造"代表着产品结实、耐用和精美，是高质量的保证。如果偷工减料、粗之滥造，不但是人生巨大的耻辱，而且他们认为上帝在时刻进行监督他们。

8."睁一只眼、闭一只眼"是吊线锤检查施工质量的形象化姿态

"睁一只眼、闭一只眼"这句话在日常生活中的使用频率也较高，它大多用在指责某些涉事人物对某个事件不详细了解和不认真处理的不负责任的态度，看见了当作没有看见，听见了也假装没有听见，摆出一副装聋作哑的姿态，

使事情往往拖欠不绝，无法处理。

"睁一只眼、闭一只眼"的实际原意是建筑施工中瓦、木匠师傅用吊线锤来检查施工质量时的形象化姿态描述，也是一种既简单又原始的质量检查手段。建筑行业中广泛流传着一句"瓦木匠吊线——睁一只眼、闭一只眼"的歇后语。在古代，没有经纬仪、全站仪等精密测量仪器时，瓦工师傅砌墙时检查墙角的垂直度，或是木工师傅竖立木架时检查立柱的垂直度时，不论是操作者自检或是班组中互相复检，都是采用吊线锤的方法来检查的。由于天长日久的使用这种方法，用老师傅的话说炼出了一副"火眼金睛"，使经过检查的施工质量达到一定的精确度，能达到国家规范标准的要求。

现在，即使有了经纬仪、全站仪等精密测量仪器，这种"睁一只眼、闭一只眼"的吊线锤的质量检查方法也仍然作为一种辅助检查手段而常被采用。

9. "斤斤计较"原是木工细心砍削的褒义词

"斤斤计较"一词在日常生活中使用很广，常用来形容一个人对某一件事的较真态度，特别是涉及个人利益的事，哪怕是很小的事或很少的钱，也坚决力争，一步不让，给人一种小肚鸡肠的感觉。有时也用来劝人为善，如"这事你姿态放高一点，不要和他'斤斤计较'的！"

"斤斤计较"实际原意是认真工作、明察秋毫的一句褒义词。斤——商务印书馆出版的《现代汉语词典》中有一解释为：古代砍伐树木的工具。通常都指斧子而已，也常引申为用斧子砍削木料的操作，作动词用。用斧子砍削木料时，一定要看得分明，不但需要看清木料的纹理走向，节疤的位置、大小，手腕用力要得当，斧刃吃料深度要合理，否则，不仅容易砍裂木料，还容易砍伤手指，因此操作时，一定要"斤斤计较"，不能麻痹大意，这里"斤斤"引申为明察秋毫之意。

用斧子砍削木料，是木料加工的第一道工序，对下面的操作工序影响较大，有经验的木工老师傅砍削后的木料加工起来很省力，也很爽手。

与"斤斤计较"的同义词有"锱铢必较"，锱铢是计量单位，锱是一两的四分之一，而铢则是一两的二十四分之一，可见其较真的程度令人咋舌。

10."上梁不正下梁歪，中柱不正倒下来"是用建筑结构来寓意行为规范的成语

"上梁不正下梁歪，中柱不正倒下来"这句成语在日常生活中也有较高的使用频率，表面上看说的是房屋建筑中上、下梁的相互关系，实际上是管理科学中的一句行为规范的经典用语。

房屋建筑中，上层梁柱与下层梁柱的关系，既是相互支撑、传力，又是相互依托的关系。上层的梁柱除了直接承受屋面、楼面的荷载外，还承受着风、雪等外来荷载，但它最终会一层一层地往下传给底层梁柱。当上层梁柱的位置正常时，上、下梁柱之间的传力会很通畅。当上层梁柱一旦发生歪斜、错位时，则不仅会使上下梁柱之间传力不畅，而且还会给下层梁柱产生极为不利的附加荷载，如弯曲力矩或扭转力矩等，使上下梁柱的工作状态很难受，也很别扭，像人的生活一样处于不健康生活状态，容易折寿。如果中间的梁柱再发生歪斜现象，则整幢房屋的垮塌就指日可待了。

从管理学角度讲，这句话说的是当上面人的行为很正时，下面的人也会跟着学好，整个单位就会呈现一派风正气旺的态势，心往一处想，劲往一处使，工作一定很有成效。反之若上面人的行为不正时，下面的人也会随即效仿，最终正气被压抑，歪风邪气则盛行，整个单位也就很快会垮塌掉。

11. "出头的椽子先烂"是有科学道理的

日常生活中，时常会听到人们讲"出头的椽子先烂"这句话，这是句建筑术语，它讲的是木材的腐烂与含水率的关系，是建筑施工活动中一条宝贵的经验之谈，是很有科学道理的。本书"建筑谚语浅释"一章中的第7条——"干千年，湿千年，干干湿湿两三年"详细叙述了木材腐烂的三个条件，由于"出头的椽子"完全符合这三方面的条件，所以很容易引起腐烂。

现在，人们对"出头的椽子先烂"这句建筑术语进行了改头换面，总是从它的负面效应来进行宣传、教育。大人教育小孩时常用，朋友、同事之间相互规劝时也常用，它教育人们对待是非问题以及对待矛盾对立事件采取明哲保身的态度，采取事不关己、高高挂起的态度，避免引火烧身，防止给自己带来麻烦和不利影响，这是极其错误和要不得的行为，正确的态度应从正面进行宣传、教育。

在日常生活中，对于木结构的房子以及木制家具，制作时应控制其含水率，使用中应避免经常受潮，特别是经常性的干湿交替，注意通风、干燥。试验证明，当木材含水率控制在20%以下时，木腐菌的活动将受到抑制，腐烂就难以进行。底层房屋中，人们常用木块或橡皮块将家具脚垫起。古代建筑中，木柱下面常垫圆的石鼓（又名礩墩），也是避免吸收潮气水分，为延长使用寿命所做的种种努力。

12. 建筑施工和线（对话）

小刘：李工程师（以下简称李工），你好，最近又在研究什么课题啦？

李工：谈不上什么课题，我最近研究的是一个字——线，或者说建筑施工与线的关系。

小刘：咱们搞建筑施工，一不纺纱，二不织布，与线有什么关系呀？

李工：线和咱们建筑施工关系可大啦，简直到了难分难舍、形影不离的地步。

小刘：真是太夸张了，线和建筑施工会有这么密切的关系吗？

李工：一点儿不夸张，造房子先要有图纸对吗？

小刘：对。

李工：那图纸是由什么东西组成的呢？

小刘：那还用说，是用各种各样的线条组成的。

李工：你知道图纸上有哪些线条吗？

小刘：知道。我最近才从职工夜校的识图培训班毕业，学习了一点识图的基本知识。

李工：那好，今天我来考考你。你先说说图纸上线条的类型和名称吧！

小刘：图纸上线条的类型和名称还真不少。按线条的类型分，有实线、虚线、点划线、折断线等；按线条的用途分，又可分为中心线、定位轴线、尺寸线、引出线、剖切线等。

李工：记得挺熟呀。你能讲讲实线的不同用途吗？

小刘：实线，就是表示实物的线，如建筑平面图上表示墙体、柱子等部位应画成实线，并用粗线表示；结构构件配筋图上，应把钢筋画成实线、粗线；至于水、暖、电平面图，突出的重点是管线，所以应将管线画成实线、粗线。

李工：记得不错。请你再说说中心线和定位轴线的关系。

小刘：中心线和定位轴线是两个不同的概念。中心线表示截面中心位置的线，截面在中心线两侧一般呈对称分布；而定位轴线则是根据建筑模数来确定的，是建筑物定位、放线的依据。这两种线有时候在图纸上表示在同一个位置，容易混淆。

李工：哪些部位的中心线和定位轴线会重合呢？

小刘：比如砖墙、独立柱子的中心线和定位轴线，在大多数情况下是重合的。

李工：哪些部位的中心线和定位轴线不重合呢？

小刘：当砖墙有附墙砖垛时，中心线和定位轴线就不重合在一起。工业厂房中的山墙以及前后檐墙的中心线和定位轴线，大多不重合在一起。还有角钢肢宽中心线和定位轴线（重心线）也不重合。这些老师讲课时特别强调过，否则容易出差错。

李工：看来你图纸学得真不错呀！

小刘：你过奖了。这仅仅是理论上学的一点知识，还要在施工实践中进一步学习、提高。

李工：学懂了图纸上的线，实际施工中还会碰到其他各种各样的线。

小刘：施工中还有什么线呀？

李工：施工中的线可多啦，工人老师傅总结了很多在施工操作、质量安全等方面和线的关系，编成很多通俗易懂的谚语和顺口溜。

小刘：这方面你一定很有研究吧！

李工：谈不上研究，只是收集了一些资料，例如对于瓦工砌墙，就有好多关于线的说法，如："浆要满，缝要严，横平竖直一条线。"

小刘：这是确保砌墙质量的一条基本要求和经验。

李工："虚线一分砌平墙，顶线一丝墙外涨。"

小刘：这是保证墙面平整度的一条操作经验。

李工："三行一吊线，五行一靠尺"。

小刘：这是保证墙面垂直度的一条经验，施工中应随时进行自验，保证墙体砌筑质量。

李工："不亏线、不冒线，灰缝均匀成直线"。

小刘：这是保证水平灰缝平直均匀的操作经验。

李工："砌墙角、勤吊线，往下一穿看直线"。

小刘：这是保证墙角（垛）垂直度的操作经验。

李工："宁可背一线，不可涨一线"。

小刘：这是在立线上栓线的一条重要经验。

李工：好呀，你对砌墙还挺内行的嘛！

小刘：我爷爷是个有40多年工龄的老瓦工，我常听他说这些话，所以我也懂得了其中一些道理。

李工：线和木工操作的关系也很密切，锯、刨、凿、削、榫，道道操作都和线有关，如："画墨线，选好面，方正无疵做正面"。

小刘：这是木工选料的基本要求？

李工："若要不跑线，两线并一线"。

小刘：这是锯料时，要使锯身和墨线重合，这样锯出的料就平、直。

李工："锯半线、留半线，合在一起整一线"；

小刘：这是采用榫卯连接时锯榫和凿眼的一条经验。

李工："榫不留线眼留线，装在一起合一线"。

小刘：这是榫卯连接的另一个操作经验，锯榫和凿眼要相互配合好，这样拼装的榫眼才紧贴合缝。

李工："要刨面，先画线，先高后低刨平面"。

小刘：这是刨料操作的一条基本经验。

李工："晃凿找线"。

小刘：这是凿眼操作的一条基本功，也有地方叫一凿三晃。

李工：好呀！你对木工操作也很有经验。

小刘：我爸爸是个有20多年操作经验的老木工，我常听他说这些话，所以我也懂得了其中的一些道理。

李工：好呀，那你听说过"五九分六线"这句话吗？

小刘：听说过，这是施工放样中作近似正六边形图形的一句口诀，在《建筑工人》杂志上介绍过这种作图方法。

李工：还有"巧眼不如拙线"这句话。

小刘：也听说过，意思是说用再好的眼睛作质量检验，不如用线（拉线或吊线，广义的说是工具）来检查效果好。这是加强质量管理的一句名言，《建筑工人》杂志上对这句话也作过解释。

李工：还有很多建筑物或构筑物的外形以及构件的外形和线也有关系，你能举几个例子吗?

小刘:像烟囱、水塔,它们的外形是一种圆弧形曲线吧!

李工:对!这是比较简单的曲线。

小刘:我们以前做过钢筋混凝土弧形屋架,它的中心轴线就是一根抛物线。

李工:对!这样对屋架受力很有利。

小刘:还有发电厂、化工厂的冷却塔,它的外形是一组双曲线。

李工:不错。

小刘:咱们市体育馆的平面图形是椭圆形曲线,还有……

李工:不要急,线还多哩,螺旋式楼梯你说是什么线?

小刘:没研究过。

李工:它是圆柱螺旋线,古建筑的大屋顶是什么线?

小刘:是向上翘的线。

李工:哈哈,哪有这名称呀?这是一种旋轮线。采用这种曲线既使屋顶外形美观,又能使雨水在屋面上下落流畅,抛水也远,对建筑物墙基保护很有利。

小刘:我国古代的建筑技术也是很先进的呀。哎,还有白铁工师傅做的煤炉烟囱拐弯的那一段展开来是什么曲线呀?

李工:那是一种正弦曲线。

小刘:线的花样真不少,搞建筑施工真要有很多的知识呀。

李工:是呀,你看学图识图、施工放样、施工操作、工程量计算等,都和线有密切的关系。

小刘:请问还有什么线吗?

李工:别看急,多着呢,地上的线、地下的线、天上的线,真是上通天、下通地呀。

小刘：我知道了，地上的线就是测量放线吧！有的地方叫放灰线，是现场施工的第一个程序。

李工：测量放线时，应遵守和服从另一种线的控制，你知道是什么线吗？

小刘：是建筑红线吧？

李工：对，建筑红线是城市规划部门确定街道宽度、限制建筑物位置的一种控制线，施工放线时，一定要将建筑物控制在红线范围之内。

小刘：地下有什么线呀？

李工：土壤的冰冻线。就是建造地点的土层在冬季严寒时的冰冻深度。建筑物的基础必须建在土壤冰冻线以下，否则在冬季，会因土壤冻胀而造成基础拱起，使墙面和地面造成开裂事故。

小刘：这是需要注意的。地下还有什么线？

李工：地下还有地下水位线，它对基础施工影响很大。如果基础底面设置在地下水位线以下，施工中应该落实好基槽的抽水方案后才能动工挖土。

小刘：地下还有各种管线。

李工：对！施工之前，还应了解施工现场各种给排水管线、煤气管线，各种通讯和供电等电缆管线，防止盲目挖土造成不必要的事故损失。

小刘：建造一幢房子真不简单呀！

李工：是啊，注意了地上和地下的线，可别忘了天上的线！

小刘：天上是什么线呀？

李工：各种架空电线。

小刘：这是供电和电信部门管的事呀！

李工：不，这些电线和我们施工安全有很大关系，脚手架与各种管线之间应有一定的安全距离。

小刘：这方面的安全知识，安全员是经常讲的。

李工：施工现场的临时用电，要用架空线，不准随地拖拉电线。

小刘：这一点我们也从不马虎。

李工：现场的施工机械，固定设备的电动机外壳，要接地线，移动设备的电动机外壳要接零线。

小刘：这方面我们的电工师傅是一丝不苟的。

李工：（举手看表）啊呀，时间不早了，要去开会了。

小刘：什么会呀？

李工：职工夜校施工技术交流会，还有我的一个发言。

小刘：什么内容？

李工：我的研究成果——"建筑施工和线"。

三、建筑与养生

一位伟人说过：首先是人营造建筑，然后是建筑造就人。恰当地说明了人与建筑相互的依存关系。

2016年的全国"两会"期间，李克强总理在政府工作报告中指出："积极推广绿色建筑和建材。"

2016年2月6日颁发的"中共中央国务院关于进一步加强城市规划建设管理工作的若干意见"中明确提出了我国现阶段的建筑方针为"适用、经济、绿色、美观。"

上述两条信息，郑重地宣告了我国将正式进入绿色建筑新时代，把创造优良人居环境，努力打造和谐宜居、富有活力作为城市建设的中心目标和重要的民生工程来抓，使广大人民群众过上安居乐业、健康长寿的生活。

自古以来，房屋建筑是人类衣、食、住、行四大生活要素之一，很多人一生中大约有80%以上的时间是在室内度过的，年纪大的人在室内的时间更长。一幢建筑，特别是住宅建筑，它的建设质量将影响几代人的生活。俗话说"地吉苗旺、宅吉人旺"，一幢好的住宅，对住户人员的精神面貌及身心健康都将产生深远的影响。近年来，绿色、生态住宅和健康住宅的开发热潮方兴未艾，成为住宅建设开发的主旋律，把建筑与健康、建筑与养生提到了新的历史高度，让人甚感欣慰。最近，报纸上又推出了健康住宅的十五项标准，进一步作了规范化要求，现摘录如下：

（1）会引起过敏症的化学物质的浓度很低。

（2）为满足第一点的要求，尽可能不使用易散化学物质的胶合板、墙体装修材料等。

（3）设有换气性能良好的换气设备，能将室内污染物质排至室外。特别是对高气密性、高隔热性来说，必须采用具有风管的中央换气系统，进行定时换气。

（4）在厨房灶具或吸烟处，要设局部排气设备。

（5）起居室、卧室、厨房、厕所、走廊、浴室等全年保持在 17 ~ 27℃之间。

（6）室内的湿度全年保持在 40% ~ 70% 之间。

（7）二氧化碳要低于 1000PPM。

（8）悬浮粉尘浓度要低于 $0.15mg/m^2$。

（9）噪声要小于 50dB（A）。

（10）一天的日照要确保在 3h 以上。

（11）设有足够亮度的照明设备。

（12）住宅具有足够的抗自然灾害的能力。

（13）具有足够的人均建筑面积，并确保私密性。

（14）住宅要便于护理老龄者和残疾人。

（15）因建筑材料中含有害挥发性有机物质，所以住宅竣工后要隔一段时间才能入住。在此期间，要进行换气。

下面我们讨论一下如何建设有利于人体健康的绿色生态住宅、健康住宅。

1. 正确确立绿色、生态住宅、健康住宅的开发建设理念

从住宅建设角度看，开发建设绿色生态住宅，其实质是人类应该怎样对待自然，与自然和谐共存，人类如何反映自然的客观要求的问题。

蒙昧时代的人类，往往有一种恐惧心理，对自然界是比较敬畏的。到了近代，人类顾虑更多的则是如何去改造、征服自然界，生产力被解释为"征服、改造自然的能力"。人类在征服、改造自然的进程中，虽然取得了许多重大成果，但也有不少败笔，也吃了不少苦头。今天，当我们用新的角度考虑时会突然发

现，人类对自然还必须多一分尊重，多一分亲近，即使是改造、征服，也必须尊重自然界本身的"意愿"，尊重其自身的发展规律。由此可见，绿色生态住宅的开发建设，其核心理念是建立人与自然之间尊重、亲近、顺应、修复的关系，是反映人与自然之间和谐关系的现代住宅。

法国近年来也建造了一批绿色生态住宅，在该国人眼里，绿色生态住宅是人与自然更为和谐的未来居住建筑。绿色生态住宅要具有最佳的照明效果，卫生间用水应循环使用，使用自然、环保的建筑材料。寒带地区的绿色生态住宅本身就具有保暖功能，热带地区的绿色生态住宅则具有散热功能，住宅自身就能通风，能排除室内异味或污染性气味。绿色生态住宅在建造过程中也要具有高质量的环保施工标准和施工工艺，建筑材料的废物可以回收使用，施工噪声最低。

绿色生态建筑是符合人类养生需求的建筑，但也有不少人对绿色生态建筑误解为"多多绿化的建筑"。

绿色生态建筑在设计、建造、材料使用上充分考虑了环境保护的需求，突出养生功能，有益于居住者的身体和心理健康，并创造符合环境保护需求的工作和生活空间结构。

真正的绿色生态建筑不是高科技产品，而是一种俭朴无华的建筑外形、室内设计简单的结构系统、健康简易的家具以及最少管理的自然庭院景观。绿色生态是一种生活的智慧，而绝不是遁世的奢华。

2. 现代住宅应满足人的人文精神需求

随着我国经济发展和人民生活水平的提高，人民的生活已经由"温饱"向

"小康"、"全面小康"方向发展，人们对住宅的要求已不仅仅只是满足于物质层面的"住得下、分得开"，对家庭的居住物质功能、居住环境的品质、聚居人群的选择、建筑文化层次的需求等，都提高到了一个新的水平，这些就是人们对住宅的人文精神需求。建筑与社会同构，各种文化现象在建筑上都有反映，建筑既是技术，又是文化、艺术；既是自然科学，又是人文社会科学。居住学、生活方式学本身具有极强的社会性，包含了人文科学的方方面面，是一门内容极其丰富、深刻的学问。当前，重提"建筑为人服务"的主题有着很现实的意义，其精神实质是要贯彻以人为本、以民为本的住宅建筑基本原则。

现代住宅的人文精神需求具体原则是什么呢？就是住宅不仅是可居、宜居，而且还有一定的精神境界。"居之者忘老、寓之者忘归、游之者忘倦"，是人们渴望达到的居住和谐环境。俗话说，鸟择木而栖，人择邻而处、择地而居。现代家庭虽然多元化、小型化了，但无论什么样的家庭，都需要舒适的住宅，这是一个共性。人们在舒适的现代住宅环境中生活，精神状态是十分愉悦的，也是很有利于养生健康的。

现代很多高层住宅区的规划设计，虽可满足功能需求，但却往往忽视人的心理需求，即社会心理所涉及的居住心理问题。很多大城市由于人口密集、土地奇缺、住房困难等问题突出，不得不发展大量高层住宅，但随之也带来很多人的"高楼综合征"。

高层住宅设计一般都采用绕起居室布置卧室、厨房、卫生间等的单元式手法。这种封闭式空间，入户后门一关，铁栅门、双层锁，进入各自的小世界，就不想再出来了，因而大大减少了与邻居交往的机会，相互之间陌生感大增，即使同一单元对门的两家人，也可能互不认识，这与我国传统居住的平房大院相比，无疑增加了人们的寂寞和孤独感，住在这样封闭的空间中，孩子们很少有机会与其他小伙伴玩耍，更没有机会参与户外活动，在一定程度上影响了儿童心理的健康发展。心理学家认为，居住条件对人的性格的影响是很大的，也是不可忽视的。据最新统计资料表明，居住在高层住宅的老人，尤其是家庭主妇患有与精神因素有关的疾病要比非高层住宅的高近50%。

近年来国内很多学者提出，现代高层建筑中应适当保持四合院的建筑风格，在高层住宅区内部有必要设置使居民交往的空间。居住区室外空间除需要创造整洁、优美的自然环境以外，还需要设置供居民休闲、交往的场所，多建一些凉亭、草坪、桌椅、立体绿化带等，把那些灰色单调的水泥地面尽量覆盖住，融化人们冷漠、枯燥的心情，从而改善高层住宅的居住环境，使居民相互之间有更广泛的接触机会。使邻里关系更加密切、融洽，身心也更加健康。

北京有座星级饭店，即香山脚下的卧佛寺饭店，是模仿四合院建造的，一律平房，带天井，室内不铺地毯，不设席梦思，代之以板床、藤椅，明清风格的木质家具，仿古的建筑，刻意呵护客人做一个传统的梦。据说客人反映很好。

3. 建筑的地理形胜与人体养生健康

建筑选址，是住宅建筑的首要问题。我国古代建筑先辈们有个建筑选址的基本原则，叫做"相形取胜"，即选用山川地貌、地形地势等自然景观方面的优胜之地。具体就是"背山、面水、向阳"，正如本书前面"建筑谚语浅释"一节中讲述的谚语"前面要有照、后面要有靠"的具体内容。向阳，则背阴，面南，则背北。背山——可以阻挡冬天北来的寒流；面水——可以迎夏天南来之凉风；向阳——可以获得良好的日照。其中水源具有特殊的重要意义。我国古代在建立城市（又称立国或营国）的时候，把周围的山川形胜看得比规矩准绳还要重要。《管子·乘马篇》说："凡立国者，非于大山之下，必于广川之上，高毋近旱而水用足，下毋近水而沟防省，因天时，城郭不必中规矩，道路不必中准绳。"按照这一原则选址，有利于形成优越的小气候和良好的生态循环。在这样的一个自然环境中建造住宅、安家落户，必然有利于人体的养生和健康。

古代的风水理论中，对住宅建筑的选址还提出了许多禁忌，其中居所应避开自然方面有害因素的某些禁忌，实际上是对于长期生活经验的一种概括和总结。例如《阳宅十书》中对建造住宅提出了"十不居"的理论："凡宅不居当冲口处，不居草木不生处，不居正当流水处，不居山脊冲处，不居百川口处"等都有一定的科学道理。如在上述禁忌之处建筑住宅，不仅对居住者的身体健康十分不利，而且对居住者的生命安全也是很有威胁的（见本书《建筑与风水》一节相关内容）。现代科学表明，在古河道的交汇处，不仅处于水道冲煞口的危险地段，而且也正是放射性元素沉积较多的地方，其中所沉积的放射性元素铀和钍，其衰变物即是镭，它们都是对人体健康危害极大的自然因素。

建筑选址时，在相形取胜的基础上，还应进行详细的地质勘探工作，弄清拟建场地下面土层的地质结构，查明是否存在对人体健康有害的氡气、矿脉及强电磁辐射等有害物质。

在建筑选址中，还有一点需要注意的是，住宅建筑的上方不应有高压线缆通过。高压线缆中有强大的电流通过，导线旁的气体会被电离，使空气中的氧离子和氮离子结合成不利于人体健康的臭氧和有害的氮氧化合物。其中二氧化氮在太阳紫外线照射下会发生分解，产生一氧化氮和原子态氧，原子态氧又迅速与空气中的氧反应，又生成臭氧，臭氧与碳氢化合物发生一系列反应后，结果又会产生醛类、过氧乙酰硝酸酶和其他复杂的化合物，造成严重的环境大气污染。长期在这种环境中生活，人体的大脑及某些器官会受到毒害。同时，由于高压线缆下方形成了一个强大的电磁场，对人体正常的生物电也会产生不良影响，时间久了会使人体生理功能紊乱，出现记忆力下降、头痛眩晕、阳痿等疾病。因此，建房时应避开高压线。

4. 建设环境的水土质量与人体养生健康

在地理形胜原则下确定的选址大环境后，还应注重拟建场地的水土质量，这在古代建筑选址中称为"相土尝水"，民间所流传的"水土不服"，主要就是水土质量而言的。我国古代先辈们很早就认识到了某些地方病的发生同当地的水土质量之间有密切关系。《吕氏春秋》说："轻水所多秃与瘿人，重水所多尰与躄人，甘水所多好与美人，辛水所多疽与痤人，苦水所多尰与伛人"。这段话是说：水轻的地方，多出秃头和患大脖子病的人；水重的地方，多出肿腿和不能走路的人；水甜的地方，多出仪容端庄、美丽的人；水辣的地方，多出长恶疮的人；水苦的地方，多出鸡胸、驼背的人。

在勘验土的质量方面，我国古代先辈们有以"土细而不松，油润而不燥，鲜明而不暗"为佳的经验之说，并有所谓用秤称量土重而验之的方法。这种相土方法，从土力学的角度来看也是有一定科学道理的。

总之，拟建场地的水土质量对人体的养生和健康有着直接的影响，一定要重视和弄清楚。

5. 建筑方位与人体养生健康

"辨方正位"，也是我国传统建筑在选址和规划布局上的一个重要原则，在古代风水理论中称为"方位理论"。在住宅建筑"背山、面水、向阳"的大环境确定之后，进一步落实单体（或称个体）建筑的具体方位。古代风水先生常借用罗盘上的磁偏角来测向定位，选择确定所谓一个"吉"向，显得有些神秘感，这中间含有多少科学道理，尚需深入研究。

"辨方正位"的目的是要使住宅建筑冬暖夏凉，有利于人的生活和身体健康，人们常把冬暖夏凉作为评价住房条件好坏的标志之一，并且以正南作为住房正统的建筑朝向，这有它一定的科学道理。但正南并不是所有住房唯一的正确朝向，或者说朝正南的房屋并不一定都是冬暖夏凉的。

顾名思义，冬暖，就是说在寒冷的冬季要有充分的太阳光照入室内；夏凉，就是在炎热的夏季要有习习凉风入室。很明显，住房冬暖夏凉的气候因素主要是两个，一是太阳光，二是凉风。高明的建筑师设计的住房，就在于合理的同时满足了两者的要求。房屋朝南向，争取更多的阳光照入室内，无疑达到冬暖的基本条件；而朝向夏季主导风向，能在炎热的夏季组织良好的自然通风，引风入室，则又是达到夏凉的根本措施。由于各地所处地理位置的不同，对冬暖夏凉也有不同的要求。拿北半球来说，在低纬度的热带和亚热带地区，冬季并不寒冷，且在一年之中的时间也很短，而夏季则时间长、气温高，因此，这种地区的住房朝向，主要应考虑满足夏凉的要求，所以一般都由该地区的夏季主导风向来确定。如浙江省杭州地区，夏季闷热天气较多，而夏季的主导风向又以东南风为主，所以该地区的建筑朝向宜以南偏东18°为最好。又如湖南省的常德市，夏季也属闷热气候，但七月份以西南风为主，故该地区的建筑朝向以正南偏西10°为最佳。对于高纬度地区，像我国黑龙江省的中、北部，情况就完全相反了，夏季并不闷热，全年最高气温在20℃左右，而冬季则气温低，而且时间长，室外平均气温在-10℃以下的天数达180～200d，这种地区的住房建筑主要应满足冬暖的要求。由于高纬度地区冬季太阳的高度角（即太阳斜射地面时，与地面的夹角）很小，为了取得更多时间的日照，住房朝向往往也不设计成正南，而是适当的偏东或是偏西。对于东南沿海和中南部分地区，气候一年四季分明，属夏热冬冷地区，即夏季闷热和冬季寒冷都很明显，这种地区的住房朝向，应以正南偏向夏季的主导风向为准。

有些地方有一种错误说法，认为住房不朝正南就是不吉利，发不起家，这是封建迷信的说法，是没有科学道理的。

尽管现代化的空调设施，能使住房达到终年四季如春，朝向问题似乎不那么重要了，但从卫生和环保的角度来讲，太阳光的作用仍然不可忽视，所以在设计和建造住房时，仍应予以重视。

至于南半球，情况则与北半球刚好相反，为了使住房冬暖夏凉，建房朝向应以朝北为主了。

6. 居住环境的气流状况与人体养生健康

住宅选址和建筑设计的另一项基本原则是叫"藏风聚气"，即应避开有害之风和有害之气，而藏聚有利之风和有利之气。

"藏风聚气"对居住建筑的要求，主要有两个方面：

一是室外环境：应避开有害气流的影响，如不宜坐落于工业厂区常年主导风向的下风向，以避开各种有害气流和烟囱粉尘的不利影响。

二是室内环境：应提高室内的空气质量。住宅建筑，首先应当具有通风、采光、保温、安全等基本功能。医务卫生研究人员发现，很多人常年呼吸的绝大部分是室内空气。很少接触到室外新鲜空气的人，轻则眼睛不适，喉咙干燥、易流鼻涕，重则呼吸不畅、恶心直至精神紊乱，但又很难被归入哪一类疾病。世界卫生组织将这种病症称为"建筑综合征"。

说起室内空气质量，人们首先想到的是香烟烟雾，但它只是室内空气污染的一种，而且还不是主要的。有人列举了家庭中很多被人忽视的"无形杀手"，以引起人们的高度重视，如：

（1）燃气燃烧时常产生严重的烟雾污染。有的灶具燃烧时易产生少量燃气泄漏或燃烧不尽现象，常让人难以察觉。

（2）很多洗涤用品中的化学成分对人体健康也有伤害。

（3）电视机以及家用电脑，都会产生一种称为"溴化二苯呋喃"的有毒气体。

（4）家具以及装饰施工中采用的人造纤维板、刨花板、木工板及涂料、胶粘剂等挥发性苯、酚、甲醛等多种有害气体，会引起人的呼吸道炎症。

（5）大多数不锈钢餐具有微量的有毒金属。

（6）衣服干洗过程中使用的干洗剂、除渍剂含有过氧乙烯，对人的肝脏和骨髓的造血功能有一定的损害。

（7）书房中使用的涂改液、墨水清除剂、打印修改液等化学剂可能都含有苯和汞等毒性化学物质，会影响和损害到人体的心脏功能。

可以毫不夸张地说,住宅中每时每刻都会产生对人体健康不利的有害气体,只是量大量小的区别而已。因此,住宅建筑具有良好的室内通风条件,对人体健康是十分有利和必要的。

随着经济条件的改善,新建筑层出不穷,有人热衷于高层、超高层玻璃幕墙封闭的所谓"摩天大楼"(因高空气流较强,上面的窗子基本上是不能打开的)内生活,主要靠家用电器来解决通风和照明问题。随着室内家用电器的增多,再加上室内过度的装饰,这就直接导致了"空调病"、"室内电器综合征"及"多种化学物质过敏症"的疾病发生,这对人体养生和健康是极为不利的。污染的室内空气能致病,也能致命,据有关调查资料显示,有些地方室内空气污染的程度比室外严重几十倍,这是应该值得注意的。据有关资料显示,每年因空气污染导致的过早死亡人数大约在550万~700万人之间,比艾滋病、交通事故和糖尿病死亡人数总和还要多。

7. 和谐的建筑空间设计、色彩图案与人体养生健康

中国人的"养生之道",包括"养身"与"养心"两个方面。"养身"又称"养体"、"养形"、"养气"、"养命";"养心"又称"养神"、"养性"。中国传统的住宅建筑,对"养心"方面尤为关注,特别注重人在行为心理上的感觉是否适宜。

住宅建筑在室内空间设计方面是十分讲究的,其空间大小、尺度比例等都对人的心理行为产生积极或消极的影响。好的住宅设计强调阴阳之和,主张适度为宜,不盲目提倡追求高大。就居室而言,若其室内空间过于狭小,会使人

产生憋气烦闷的感觉，反之若室内空间过于高大，又会使人产生空荡凄凉的感觉。再说室内空间的三向尺寸的比例关系，也要取得和谐为宜，一般来说，采用2∶3或3∶5的黄金分割比例是人们最乐意接受的，它会使人有一种亲切感、愉悦感，而过于狭长或过高、过矮的房间总让人感到别扭，甚至产生厌烦心理，很显然，这对人体健康是极为不利的。

关于室内空间的颜色、图案的设计，对人的心理、生理也会产生一定的效应，进而对人体健康产生影响。如深色给人以窄小、沉重和压抑感，浅色给人以宽大、轻巧和开朗感。冷色使人感到抑制、冷静，暖色使人感到兴奋、温暖。红色具有刺激神经兴奋、增强体力的作用，粉红色具有使神经放松、缓解疼痛的作用，浅蓝色则有促进发高烧的病退烧的作用等等。如在吃饭间（餐室）的墙上贴上几张鲜绿欲滴和大红辣椒相配的蔬菜画以及新鲜水果画，则吃饭时能使人食欲大增；在卧室的外窗上配上一幅漂亮山水画的窗帘，则会使人的心情处于愉悦状态。据报载，在英国有人将医学与艺术结合起来，将一间儿童病室画成一座茂密的森林，其间还有大象、长颈鹿、小猴子在嬉戏，让小患者治病时，如同进入"天然公园"一般，使其产生了极好的治疗效果。

8. 室内绿色植物的配置与人体养生健康

时下，雾霾天气不断，连累着室内空气也常跟着遭殃。不仅如此，房屋装修及化学清洁剂等还会向室内空间释放有害物质。此时，不妨在家里多摆放几盆绿色植物，不仅能使室内环境典雅，又可起到帮助净化室内空气的作用。

绿色植物种类很多，有的可以净化室内空气，而有的却相反会恶化室内空气，有害人体健康，使用时应加以注意。

有利于净化室内空气的绿色植物常用的有以下几种：

（1）常青藤：研究表明，常青藤可以有效净化空气中的苯、一氧化碳、甲醛、三氯乙烯及霉菌，对光的要求不高，可以摆放在刚装修的房里或是阴面房间。但要注意，它的叶子有毒性，应尽量摆放在小孩子触不到的地方。

（2）菊花：菊花善于去除胶粘剂、涂料、清洁剂、塑料等所释放的有害物质，对二氧化硫和氯气等有毒气体也有一定的抗性。

（3）虎尾兰：它能够去除化学用品挥发出的有毒物质，耐寒耐阴，因此比较适合摆放有阴面的房间里。

（4）吊兰：吊兰被誉为居室中的"净化器"，是植物中的"甲醛去除之王"，还能吸收一氧化碳、过氧化氮、苯以及香烟中的尼古丁。但要注意，吊兰的根系发达，要定期更换花盆，以免根系堆积，造成黄叶、枯萎等现象。

（5）芦荟：芦荟是一种美化、净化环境的天然绿色植物，白天放氧，夜里还能净化空气中的甲醛、二氧化硫、一氧化碳等有毒有害气体，增加空气中的负离子浓度，抑制空气中有害微生物的生长，吸附灰尘。需要注意的是，芦荟耐旱怕涝，浇水时要沿盆边轻轻地浇，保持土壤湿润即可。

（6）绿萝：它擅长滤除甲醛，能分解复印机、打印机等排放出的苯，是办公室净化空气的好手。绿萝既可以土培，也可以水培，都极易生长繁殖。它缠绕性强，适宜放在柜子或窗台上。

（7）铁树：是吸收室内苯污染的高手，而且有效分解存在于地毯、绝缘材料、胶合板中的甲醛和隐匿于壁纸中对肾脏有害的二甲苯。

有一些绿色植物及鲜花，不仅不能净化室内空气，相反会产生一定的毒气，有害人体健康，使用时应小心谨慎。

（1）夜来香：该花香味在夜间十分浓厚，有人喜欢以此来驱赶室内的蚊子，但夜来香在夜间停止光合作用，排放出大量废气，对人体健康不利尤其是高血压和心脏病患者闻后会产生憋闷难受的感觉，若长期摆放在卧室，会引起人头昏、咳嗽，甚至气喘、失眠。

（2）水仙花：因其鳞茎内含有一种拉丁可的毒素，人畜万一误食后会引起呕吐、肠炎。叶和花的汁液可使皮肤红肿，特别要小心不能把这种汁液弄到眼睛里去。

（3）杜鹃花：杜鹃花又名映山红，花色有红的、黄的，黄色的杜鹃花中含有四环二萜类毒素，中毒后会引起呕吐、呼吸困难、四肢麻木等病症。

（4）一品红：全株有毒，其白色乳汁能刺激皮肤红肿，引起过敏性反应，误食茎、叶后有中毒死亡的危险。

（5）马蹄莲：花有毒，内含大量草本钙结晶和生物碱等，误食后会引起昏迷等中毒症状。

（6）虞美人：全株有毒，内含有毒生物碱，尤以果实毒性最大，误食后会引起中枢神经系统中毒，严重的还可能导致生命危险。

（7）五色梅：花和叶均有毒，误食后会引起腹泻、发烧等症状。

（8）含羞草：其内含有含羞草碱，是一种毒性较强的有机物，人体接触过多会引起眉毛稀疏、毛发变黄，严重者还会引起毛发脱落及周身不适。

（9）紫藤：种子与茎、皮均有毒。种子内含有司巴丁，误食后会引起呕吐、腹泻，严重者会发生语言障碍，口鼻出血，手脚发冷，直至休克死亡。

（10）仙人掌类植物：虽可吸收甲醛、乙醚等装修产生的有毒、有害气体，但刺内含有毒汁。人体被刺后容易引起皮肤红肿疼痛、瘙痒等过敏性症状。

9. 甲醛——居室装修中的最大污染源

居室装修是一件喜事、乐事，但很多人对装修带来的污染没有引起足够的重视，房屋装修好不久就搬入居住，使甲醛对人体造成极大伤害，很多致病案例让人触目惊心。

甲醛是一种无色易溶的刺激性气体，可经呼吸道吸收。现代科学研究表明，长期接触低剂量甲醛，可以引起慢性呼吸道疾病、女性月经紊乱、妊娠综合征，引起新生儿体质降低、染色体异常。此外，甲醛还有致畸、致癌作用。据流行病学家调查，长期接触甲醛的人，可引起鼻腔、口腔、咽喉、皮肤和消化道的癌症。

（1）室内空气中的甲醛从哪里来？

据专家介绍，室内空气中的甲醛主要有以下几个来源：

1）用作室内装饰的胶合板、细木工板、中密度纤维板和刨花板等人造板材。因为甲醛具有较强的黏合性，还具有加强板材硬度及防虫、防腐功能，所以目前生产人造板使用的胶粘剂是以甲醛为主要成分的脲醛树脂，板材中残留的和未参与反应的甲醛会向周围环境释放，是形成室内空气中甲醛的主体。

2）用人造板制造的家具。一些厂家为追求利润，使用不合格的板材，造成甲醛超标。

3）含有甲醛成分并有可能向外界散发的其他各类装饰材料，如贴墙布、壁纸、化纤地毯、泡沫塑料、油漆和涂料等。

实测数据说明，一般正常装修的情况下，室内装修 5 个月后，甲醛的浓度可低于 $0.1mg/m^3$；装修 7 个月后可降至 $0.08mg/m^3$ 以下。日本的研究表明，室内甲醛的释放期一般为 3 至 15 年。

（2）目前国家有关甲醛的标准有哪些？

中华人民共和国国家标准《居室空气中甲醛的卫生标准》规定：室内空气中甲醛的最高允许浓度为 $0.08mg/m^3$。

另外，由于人造板是造成室内空气中甲醛超标的主要原因，世界上不少国家都对人造板的甲醛散发值作了严格的规定，国家标准是穿孔测试值必须小于 10mg 甲醛 /100g 板。

中华人民共和国国家标准《实木复合地板》规定：

A 类实木复合地板甲醛释放量小于和等于 9mg/100g；

B 类实木复合地板甲醛释放量小于 9mg 至 40mg/100g；

《国家环境标志产品技术要求——人造木质板材》规定：

人造板材中甲醛释放量应小于 $0.20mg/m^3$；

木地板中甲醛释放量应小于 $0.12mg/m^3$。

消费者可以根据这些标准确定不同材料的甲醛释放量和进行空气中甲醛的检测。

（3）怎样防止甲醛超标？

为了防止家庭和写字楼室内空气中由于装修造成的甲醛污染，室内环境检测中心的专家提醒大家注意以下几个方面：

1）合理确定装修方案。特别是房间的地面材料最好不要大面积使用同一种材料，合理计算房间内人造板材的使用量。

2）科学地选择施工工艺。除了特殊要求外，一般不要在复合地板下面铺装大芯板。用大芯板制作柜子和包暖气罩，里面一定要用甲醛封闭剂进行封闭，最好不要有裸露的地方，油漆最好选用漆膜比较厚、封闭性好的。

3）严格掌握装饰和装修的材料质量。购买复合地板、大芯板时要把甲醛释放量作为选择的主要条件。

4）适当延长入住时间，有条件的应该尽量让室内通风一段时间再入住，使室内甲醛尽量释放完。据资料显示，甲醛在气温 22℃以下时，其活性大为降低。也就是说，冬天装修的房屋，甲醛的释放速度很慢，要适当延长通风时间。最好装修后空置通风经过一个夏天后再住人为最佳。

5）注意室内甲醛的检测和净化。特别是家中有老人、儿童和过敏性体质人员的家庭，一定要严格控制室内甲醛的含量。

10. 乔迁居室前别忘要进行消毒

当前，房地产市场的"二手房"交易十分活跃，很多"工薪族"买到了较为满意的"二手房"，在乔迁之前，必须对旧房进行消毒，以灭杀房内墙壁、地板、顶棚等处的有害细菌、病毒及害虫等。居室的消毒方式主要有以下四种：

（1）药液消毒法：不宜粉刷的居室可用 3% 的来苏水溶液加 1% ~ 8% 的漂白粉溶液或 3% 的过氧乙酸溶液喷洒消毒。喷洒要均匀，喷后关闭门窗熏蒸约 1h 左右后，再通风排散污浊气体。

（2）石灰液消毒法：适用于石灰粉刷的墙面，可用 20% 的石灰水重新粉刷 1 ~ 2 遍，再洗净地板，既可使居室焕然一新，又有杀菌消毒的功效。

（3）醋液熏蒸法：适宜于居室已布置完成，不再搬动的情况下使用，按每立方米空间用食醋 10mL 兑水 1 ~ 2 倍稀释，用小火加热熏蒸 1h 左右，隔日再重复一次，消毒效果较好。

（4）紫外线消毒法：用专用的紫外线消毒仪，关闭门窗后照射 15 ~ 20min，室内不宜留人，避免直视灯管伤害眼睛。照射完毕即完成消毒，较为方便简单。

四、建筑与风水

风水是大自然客观存在的，只有摒弃封建迷信，科学地认识风水，才能使人生活得更好。

在人类悠久的历史长河中，"风水学"渐渐融进了人们的日常生活中。新中国成立前，不管是公家还是私人家，在进行造房起屋、筑坟打井、挖塘修路等建设活动前，都要请风水先生实地察看风水，有的甚至用猪头三牲祭天地、拜鬼神，以图个大吉大利、家业兴旺、造福日后。

新中国成立后，看风水活动被纳入封建迷信活动予以了取缔，风水先生也逐渐销声匿迹。但在广大乡村，仍有少量活动。而在日本、韩国、东南亚的一些国家以及我国的台湾、港澳地区，至今仍然很流行。20世纪70年代后，风水理论引起了欧美一些学者的注意和研究，并发表了不少论文和著作，从而再度引起了我国学人对风水理论重新认识和研究的兴趣和热情。

1. 什么是"风水"？

什么是"风水"？或者说"风水"的具体内容是什么？从狭义的词语角度来解释，"风水"两字中首先是"风"字，这是指建设地点的主要风向、风力和风速而言，是属于气候环境方面的内容；而"水"字，则是指建设地点的水流、水力和水质等方面的内容，包括地面水和地下水。从广义角度来解释，"风水"应该是指建设项目或居住地点的生态环境，是讲人与自然的关系，讲怎样选择一个很好的、适宜于人生存、生活的环境，其中心思想和核心内容就是一个"和"字，就是说建设居住环境要和谐、协调、平衡。即所谓天人合一论，亦称人天整体观，以人天整体观为基础，建立"人—居—天地—宇宙"相协调的关系，并据此提出了城市、乡镇、村庄、居所等的选址、规划、设计的理论及具体要求。从而让人的生存、生活环境等各方面都能与自然界的居住环境和周边的一切和谐相处，让人的身心得到健康安宁。中国古典名著《黄帝内经》说："上古之人，知其道者，法于阴阳，和于术数，饮食有节，起居有常，不妄劳作，故能形与神俱，而尽天年，度百步乃也。"也就是说，人体自身和，就能健康、快乐、延年益寿；人与人之间和，就会国泰民安；人与天地和，就能吉祥福寿。因此，简单地说，风水实际上是中国传统的城乡规划学，也是中国传统的建筑学，是人类居住的生态环境，它并没有什么神秘之处，但它时时刻刻都在对人体的生理和心理发生着双重影响，直接影响到人的身心健康。

现在，大家都有一个统一的认识，即北京地区的四合院建筑，是很适宜于人居环境的居住建筑，它最大限度地达到了人与自然界的和谐和交融。从四合院里走出来的人，大多面色红润、精神快乐、身体健康。

近年来，各地雾霾天气频发，损害了人与自然的和谐关系，严重影响了人们的身体健康和生命安全，据澎湃新闻2016年2月19日报道，河北省的肺癌死亡率40年间上涨了306%，跃居肿瘤死亡率第一位。这与新闻媒体多次报道全国十大雾霾省市中，河北省常占据多位不无关系。据《经济参考报》2014年12月12日报道，大气污染，特别是雾霾天气与肺癌之间的正向关联性，目前已得到国内外诸多专家和权威组织的证实。据有关研究团队透露的数据可知，1973~1975年间，河北省肺癌的死亡率为9.31/10万，到了2012年，这一数据猛升至35.22/10万。40岁之后，整个统计人群的死亡率急剧增加，40岁左右为11.36/10万，而到了80岁是553/10万。北京市和天津市的情况也同样如此，北京市的肺癌率由2002年的39.56/10万上升至2011年的63.09/10万，已远远高出全国平均水平。天津市的肺癌发病率约为60/10万，新发癌疾病患者中有

1/5 为肺癌症患者。

近年来，各地、各级政府在狠抓民生工程时，普遍把改善人居环境放到了首位，如江苏省政府决定，在"十三五"期间，将开展村庄环境改善提升行动，以生活污水治理、美丽乡村建设和传统村落保护为重点，力争到"十三五"未建成 1 万个左右美丽宜居乡村，有效保护 1000 个左右省级传统村落和传统民居建筑组群。把"重点村"建设成"康居村庄"，把"特色村"培育成"美丽村庄"。北京市针对建城区高楼林立、严重影响城区空气流动的弊病和大气污染日益加重的现状，计划建立一套完善的通风廊道网络系统，以提高建城区整体空气的流动性。拟建 5 条宽 500m 以上的一级通风廊道，多条宽度达到 80m 以上的二级通风廊道。被划入通风廊道的区域将严格控制建设规模，并在有条件的情况下打通阻碍廊道连通的关键节点。

2. "风水学"是迷信？还是科学？

风水学，是否纯属迷信？不应简单定论。有句名言说得好，"没有认识的真理，将成为迷信；认识了的迷信就成为真理。"随着科学技术的不断发展，风水学也渐渐撩起了它那神秘的面纱。原来它既有迷信的血统，又有科学的因子。

应该承认，工程奠基时的烧香求佛，祭天拜地等做法，无疑给风水学涂上了一层浓厚的迷信色彩。而工程建设前，对现场的查看，对周围地质、山水、环境等因素的综合分析，则又给风水学披上了科学的外衣。

风水学尽管至今没有成为一门系统的学问，但风水学所包含的内容却十分丰富，可谓博大精深。它吸纳了儒、释、道教及医家方面的学识，涉及天文、地理、气候等方面的科学成果，关系到天、地、人、居的融合。

风水学十分注重天、地、人的融合一体，即人天整体观。认为人由天地所生，人体这个小宇宙必然与生成他的大宇宙相似、相通、相应。违背自然规律，破坏生态环境，人就要受到自然的惩罚。1998年夏天，我国长江流域特大洪水灾害，正是多年来，在长江中、上游任意进行砍伐森林、围湖造田、围江造田等违背自然规律、破坏生态环境平衡所造成的恶果。再看各地的山体滑坡造成的泥石流等自然灾害的沉痛教训，大多发生在随意开山占地，破坏和改变山体自然状态（受力和水系状态），从而引发了一处处山体滑坡的自然灾害。

又如，风水学中对建造住宅提出了"十不居"的理论，其中如不居当冲口处、不居草木不生处、不居正当流水处、不居山脊冲处、不居百川口处等都有一定的科学道理。

1996年12月20日，据中央电视台某新闻节目报道，在河北省石家庄市井陉县，有不少人家在干旱的河道上修建住宅，结果1996年夏季洪峰到来时，除了一栋小楼幸免未毁外，其他住宅都被大水冲毁了，这就是流水口冲刷的危害。但也有人不是从正面来理解和解释此处不是建造居室的风水宝地，而是从反面来理解和解释此处风水不好，甚至说得罪了龙皇老爷的结果等等。又如2010年，云南贡山特大山洪造成群死群伤的重大事故，与当地民众在河床上建造住宅和建造厂房有很大关系。当时国土部专家在察看现场时曾感叹："教训啊！以后建设一定要避开河床和沟渠！"2012年，甘肃定西市岷县也发生了一次山洪灾害，一次降雨量仅为30mm的小降雨致使很多居民建在河床上的住房被冲毁，造成53人遇难的惨剧。专家认为，由于建筑选址不当而引发的各种灾难危害显著增大。

在山区，有山脊就有山谷，有山谷就有水口和水道。山脊冲处就是山谷冲处，特别是沙石结构的山体，极易造成泥石流危害。2005年6月，黑龙江省宁安市沙兰镇中心小学被山洪冲毁，造成100多名学生遇难。灾难发生的重要原因是学校选址不当。沙兰镇是一座面对沙石结构川形山体的城镇，地势低洼，其中心小学又建在镇上的地势偏低处，而且于两股山洪的冲煞口处，灾难发生是迟早的事。2009年8月，台风"莫拉克"引发了很多自然灾害，其中台湾省高雄市正对水口和水道冲刷处的小林村被泥石流淹埋，造成398人被埋的惨剧。

由上可知，频发的自然灾害告诫人们，一定要重视建设项目的科学选址，并应摒弃"风水学"中的迷信色彩。

近年来，对建筑选址、建筑环境的研究，已经超过古代风水学中的有限范围，形成了"建筑环境学"。我国著名建筑高等学府同济大学还专门设立了"环境科学与工程学院"，开设了环境影响评价、环境评价与规划、环境评价方法学等课程。取其精华，弃其糟粕是对风水学的正确态度。迷信活动，其实只是漂浮在风水学表面层上的一些陈渣败絮，而沉淀其下的则是大量的、有价值的科学内涵，需要我们去认识、去探索、去开发。

3. 一条建筑谚语总结的建筑选址经验

近30年来，科学工作者已经证明了人体外气的存在。人体外表存在着一层肉眼看不见的气场，这种如光晕般的"气场"在特殊照相机的拍摄下，能清楚地看到。古人称之为"气",并且认为"气"是维持生命的根本,气聚则人健,气散则人亡。人体有"气",天地宇宙也有"气",好的山川形势,可以形成良好的气场,成为通常所讲的藏风聚气的风水宝地。城市、乡镇、村庄,居屋的建设地点就是要选择在这种气场良好的地方,使人体的气场与天地宇宙的气场相融合而达到吉祥福寿。因此,从这个意义来讲,风水实际讲的是气场,成为通常所讲的藏风聚气的风水宝地。建筑界有一句流传久远的建筑谚语。叫"前面要有照,后面要有靠",见本书"建筑谚语浅释"一章的第29节,这是建筑选址方面的一个经验总结。前面要有照——即要有水,后面要有靠——即要有山。因此,理想的建设地点应该是"背山、面水和向阳"。由于我国地处北半球的中、低纬度上,一年四季阳光都从南面照射过来,再加我国大部分地区冬季多有寒冷的偏北风,夏季多有温湿的偏南风,故不论城市、乡镇、村庄、居屋的建设,多喜欢背山面水,面南而居,面阳而居,所谓"负阴而抱阳",在具体实施中,还会进一步选择一个对人体健康有利的方位。在广大城乡风水实践中,风水先生常借用罗盘上的磁偏角来辨向定位,最终确定"吉"的方位,显得有些神秘感,这中间含有多少科学道理,尚需要深入研究,不应一概当作迷信而弃之不顾。

在古代,建筑选址有四个原则,即相形取胜、辨方正位、相土尝水和藏风聚气。其中相形取胜是建筑选址的首要原则,是指对山川地貌、地质结构、地理形势、水土质量、气象状况等进行综合勘察后再确定建设地址。古人在选址中都把周围的山川地形看得非常重要,尽量避开凶煞之势,充分顺应天时地利为原则,即人应尊重自然、顺应自然规律,盲目行事或强作妄为必将招致自然引发的灾祸,这有很多的历史教训来作证。

4."屋大人少是凶屋"和"屋大藏鬼"解析

这两句话其实讲的是人体尺度与建筑结构空间尺度之间的比例关系。"屋大人少是凶屋"之"凶",可以解释指人在空旷的大空间内生活,对身心健康是极为不利的,说得直白一点,是有害于身心健康的。上面已讲到,人体外表存在着一层肉眼看不见的气场,它由人体本身产生的能量流不断流动形成的,这种气场喜聚不宜散,这相当于给人体增加了一层保护层。若是这种气场散失到一定程度,人体就会受到外界不良因素的侵袭而致病。这种"气"在人体休息时,特别是进入睡眠状态时为最弱,也最容易为外界不良因素所侵袭。如果居住的卧室过大,人体的气就会出现"虚损",人体能量就像空调机制冷一样不得不尽量扩散开来,越大的房子,会消耗人体越多的能量,使围绕在人体周围由能量产生的"气场"越来越弱,就会出现睡眠多梦、极易敏感、精神恍惚、多愁善感等症状,这对人体健康是有害的。一般家中卧室的面积以 $15m^2$ 左右为宜,最大不宜大于 $20m^2$。据有关资料介绍,占地 72 万 m^2 的故宫中,皇帝的卧室也不过 10 多 m^2,"龙床"竟和普通百姓的睡床一样大,而且睡觉时床前还要拉起两道布幔帘子,以示聚气。

至于"屋大藏鬼"这话,并非指屋中真正藏着鬼,而是使人产生疑神疑鬼的"鬼"。试想让一个人晚间独自到十分空旷的大礼堂去睡觉,会是什么样的感觉,会睡得踏实吗?在万籁俱寂的夜晚,任何一点细微的响声,都能使人惊心不安,使人疑神疑鬼地瞎想联翩,时间一长,就会使人造成错觉、幻觉、心悸、失眠、精神恍惚及至生病,甚至怀疑自己是否真的碰到了"鬼",或者被"鬼"

附上身了，轻则生病一场，重则小命归天。对外就会虚传说此屋风水不好，屋中有"鬼"，而且越传越神，越传越玄。由此可见居住建筑的面积并非越大越好，建设部于2006年曾出台了《关于落实新建住房结构比例要求的若干意见》，规定各城市（含县城）自2006年6月1日起，新审批、新开工的商品房总面积中，套型建筑面积90m^{2}以下住房（含经济适用住房）面积所占比例，必须达到70%以上，这是很有科学道理的。

几年前，美国的几位地质生物学家对20多座公认的"凶宅"进行了科学勘探后指出，形成"凶宅"的主要原因，大多与不良的地质因素、缺乏绿化以及环境污染有关。其中最典型的有电磁污染、放射性污染、重金属污染、水资源污染和大气污染等。比如，如果在地电流和磁力扰动交叉的地面建造住宅，就会使损害人体的电磁波辐射到住宅内部，会使人产生精神恍惚、惊慌恐怖、烦躁不安或头痛脑昏和失眠等症状。还有些"凶宅"则是由于宅基下或附近有重金属矿脉存在所致。

俗话说：地吉苗旺，宅吉人旺。不吉祥的住宅总是烦事多端，很难家庭兴旺，这是有一定科学道理的，而不是迷信所谓。

前段时间，网络上流传过下面一个帖子：一个地产圈的朋友，今年做出了一件令周围人百思不得其解的怪事：他竟然把自己185m^{2}精装修的房子出租了。全家搬入一个不足90m^{2}的小房子，朋友为什么这样做？是他家的风水不好吗？这话说得也对也不对。说不对，是他自从住进大房子以后，事业节节攀升，财源滚滚而来；说对，是他家人在身体方面出现问题了，妻子睡眠质量变差，经常噩梦不断，性格也变得极为敏感；儿子经常感冒，胆子越来越小，性格也变得很自卑。这个房子旺财但不旺丁，特别犯了一个风水上的一大忌讳——"屋大人少——是凶屋"。

在他随后生意越做越大的同时,全家人的健康问题让他焦头烂额。后来,他又买了一套他认为同样旺财旺运,且只有80多平方米的小房子,现在他已住了大半年了。据他说,自搬入这套住宅后,全家人都感到很温馨,有一种惬意和安全的感觉,以前身体上的那些问题,也逐渐得到了改观和消除。

5. 一幢"闹鬼"楼房的秘密真相

这是发生在南方某城市的一个闹鬼故事。在一个繁华地段,有一幢外观甚为漂亮的居住小楼,楼上住人,铺面出租给人做生意。但使用不久,便沸沸扬扬的传出这是一幢"闹鬼"的楼房。据说,在这幢楼里,无论是租住的人还租铺面做生意的人,都会离奇得病,最后生意做不下去,主人也不敢住。外界对此议论纷纷,认为这幢楼房风水不好,有的人煞有介事地说这幢楼房身下原是一片坟墓,也有的人有鼻子有眼地说此处新中国成立前杀过一批人,冤魂债主很多,不适宜居住和生活。为此,房屋的第一任主人只好把价值25万元的房子以不到20万元的价格卖掉。第二任主人入住后,也发现房子"闹鬼",大病一场后将房子以15万元卖出……到了后来,房子开价5万元,也没人敢买。

到城里打工的程氏两兄弟,一心想拥有属于自己的房子。在做泥水工的日子里,常听人们谈论有一处楼房"闹鬼",房主急于低价出手。工友们也常调侃兄弟俩说:想要以便宜的价格买到好房子,就去买"鬼楼"吧。兄弟俩反复商量:反正自己买不起好的房子,"鬼楼"就"鬼楼"吧,总算属于自己的房子,等我们把"鬼"捉住了,以后就可以享福了。

兄弟俩把买鬼楼的想法和父母一说，迷信的父母脸色"刷"地白了，他们苦劝儿子千万别干傻事。兄弟俩见说服不了父母，便暗自商量先买下来，待捉住"鬼"后再告知父母。

兄弟俩买下这栋楼房后，简单装修了一下就入住了。到了晚上，房子灯火通明，兄弟俩虽都不信邪，但还是有点心虚的。

"格—嗡！"突然，房间里传来一声异响，兄弟俩一颤，脸色也变了。"格—嗡！"一会怪声再次响起，细心的哥哥听到声音是从厕所里传出来的。他俩壮着胆子进入厕所间待了半个小时，却什么动静也没有。等他们回到卧室刚上床睡下，"格—嗡！"又响了一下，他们大气也不敢出，一夜没有睡好。一天、两天、三天过去了，"鬼"没捉住，自己倒有点害怕了。

第四天凌晨时分，房子里再次传出怪声，两人壮壮胆起来，走进厕所间认真察看，弟弟将耳朵贴在连接化粪池的排污管上仔细地听，凭着他在老家多年养鱼的经验，他明白是怎么一回事，他微笑用手势向哥哥传递鱼游动和翻身的信息，哥哥也心领神会地笑了。兄弟俩似乎卸下了千斤重担，回到卧室美美的睡上一觉。

天亮后，兄弟俩动手把浴缸拆了，然后掏化粪池，好家伙，突然一雄一雌两条各有 5kg 多重的塘角鱼浮出水面，还有五六条 0.5kg 左右重的"子女"，天天闹人的"鬼"终于被捉住了，兄弟俩又对房子内外"大动干戈"的改造了一番后便安安稳稳地住下来了，并把父母接进城住了一段时间。

前几任房主得知"闹鬼"的真相后，无不捶胸顿足。第一任主人回忆说，入住不久，他买了近 10 条埃及塘角鱼放在一个水桶里，边养边宰杀，他没有觉察鱼跑了，只隐隐觉得少了一两条，没想到就是这一两条鱼，害得他丢了房子破了财，还得了一场病。第二任主人说，他买到较便宜的"鬼楼"后，由于经常"闹鬼"，老伴、儿子、儿媳妇常责怪他，白天晚上都难以成眠，而且经常做噩梦，差点一病不起。第三任房主痛心地说："我前后请了3批道士超度亡灵，还是"闹鬼"，最后只得忍痛卖了。现在"鬼"被捉住了，其实是自己吓自己，直是愚昧啊！"

塘角鱼为什么能在化粪池内生存呢？主要是前几任房主均没有用水泥将化粪池口封严，为塘角鱼生存创造了条件。塘角鱼的活动规律是晚上活动，白天基本不动。晚上塘角鱼游动、翻动的声音会从排污管传上来，一旦听到有人走动的声音，它又静止不动了。这就是"鬼"和人捉迷藏的原因。

根据建筑专家的意见，楼房发生声响的原因一般有3种：一是建筑装饰材料、楼与楼之间由于间隙不符合要求，受热胀冷缩等天气变化影响而发生声响；二是地基下沉不均匀，或因基础差而造成墙体开裂；三是室内埋的水管渗漏。经检测，这栋楼房的施工质量是合格的。

6. 生活中需要懂一点基本的风水知识

如上所说，风水是关系人类生存环境选择的潜意识，是先人们在不确定的环境下，为适应环境，而经历无数次失败和实验后关于环境适应的宝贵遗产。也是中国建筑文化朴素的原生形态，它记录了人类认识发展的历史轨迹，并对后人的认识和研究具有一定的借鉴意义，因此，在生活中人们需要懂一点基本的风水知识。

一位建筑专家形象地比喻说："风水就像一把菜刀，如果你用它来切菜煮菜了，它就是好东西；如果你用它来杀人了，它就是坏东西。"当然不能说这把菜刀做坏事了，这完全是一个人为的因素。同样，在科学指引下，正确认识和处理好风水关系，它将为人类造福。反之，若利用风水迷信内容愚昧百姓，甚至骗取钱财，那就害人又害己。

例如，在进行工程建设时，应十分重视选址工作，应利用地质勘探手段，充分弄清所选场地的土层地质构造，谨慎选用基岩稳定、土质坚硬、平坦开阔的地段，避免选用软土、液化土、河岸边坡、突出的山丘等不利工程建设的地段，特别是避开地震时可能产生滑坡、崩塌、塌陷、地裂、泥石流等及地震断裂带上。在山区选址时，应避开峡谷、水口、水道等冲煞之处，以避免雨后山洪冲刷造成的屋毁人亡灾害。

对建设场地的地下水质、土壤土质应作必要的化验，弄清并避免水质污染和土壤污染给人带来的人身伤害。

又如，在居住建筑的设计中，大门不宜直对楼梯，尤其是下行的楼梯。大门也不宜直对室内主卧室的房门和卫生间的房门。卧室内床的上方不宜有横梁，卧室内的厕所门不宜对着床。房间内的南、北向窗户（或东、西向窗户）不宜开设在同一位置，避免室内气流游动和散失过快，宜有一定的错位为好，达到"曲则有情，曲则生吉"的居住风水要求。

总之，这些都是生活中的基本常识，其实风水一点也不神秘，很通俗易懂，它就在我们身边。

五、建筑与抗震

地震难以避免，目前也尚难正确预测，加强建筑物的抗震设防，是现阶段对付地震灾害的智慧选择。

中国是世界上地震灾害最严重的国家之一。地震灾害具有突发性、灾难性和破坏性等特点。2008 年 5 月 12 日，四川省汶川县发生了 8.0 级大地震，波及甘肃、陕西、重庆、云南、贵州、山西、湖北等十多个省（市）的广大地区，造成 69227 名同胞遇难，17923 名同胞失踪，房屋建筑大量倒塌损坏，基础设施大面积损毁，工农业生产遭受重大损失，生态环境遭到严重破坏，直接经济损失达 8451 亿多元，地震的震级之大、波及范围之广、救灾之艰难，百年罕见。

1. 地震并不可怕，可怕的是建筑物倒塌造成的伤亡

地震和风、雨、雷电一样，是一种自然现象。地震的成因有多种，可分为构造地震、火山地震、塌陷地震、水库地震等，其中构造地震的危害最大。构造地震是指地球在不断的运动过程中，积累了大量的应变能量，当应变能量达到并超过某一极限时，在地壳比较脆弱的断裂带处突然发生破裂，释放出大量能量，其中一部分以地震波的形式传播开来，地震也就随之发生了。图 5-1 为地震时房屋倒塌、铁路扭曲、列车歪倒、地表断裂的情景。

美国科罗拉多大学的一位专家曾经说过："地震并不可怕，可怕的是建筑物的倒塌造成的大量人员伤亡。"地震时，强烈的地震波从地震中心（即震中）迅速向四周扩散振动。建筑物在强烈的水平和垂直方向地震波的振动下，产生强烈的水平晃动和上下跳动，同时又产生一定的扭转应力，使建筑物出现"松筋松骨"的现象，最终造成倒塌，有的地方还发生大面积火灾，造成严重次生灾害，如图 5-2 所示。

(a) (b)

(c) (d)

图 5-1 地震时房屋倒塌、铁路扭曲、列车歪倒、地表断裂

(a) 汶川地震中多层楼房倒塌破坏;(b) 地震中铁路被扭曲、塌陷

(c) 地震中列车歪倒;(d) 汶川地震中地表断裂,形成近 2m 的高差

图 5-2 地震中某市房屋发生大范围火灾

据有关资料统计,建筑物的破坏和倒塌造成的人员伤亡占伤亡人数的 95%。1960 年 2 月 9 日,摩洛哥城发生了一次 5.9 级地震,由于建筑物大都建在松软的沉积土层上,造成大量房屋的倒塌,夺去了 1.25 万条鲜活的生命。

大家都知道，日本是一个多地震的国家，但地震并没有给日本带来巨大的人员伤亡等损失。2003 年 9 月 26 日，日本北海道地区发生里氏 8 级大地震，仅造成 1 人死亡、2 人失踪和 500 余人受伤，绝大部分建筑物保持完好。美国的西海岸也是地震的多发区，2004 年 11 月 4 日，美国阿拉斯加发生 7.8 级大地震，强烈地震造成该地区输油管道临时关闭，未遭到破坏，只是个别道路和房屋受损，没有造成人员伤亡。事实证明，提高建筑物的防震、抗震水平，是避免造成重大人员伤亡的最重要的手段和途径。

2. 建筑物有抗震设防与无抗震设防是大不一样的

目前，国内外都无法做到完全准确的预报地震，有效预防和减轻地震对生命和财产破坏的重要手段之一是作好房屋建筑和城市生命线工程的抗震设防工作。事实证明，在四川汶川地震中，采取了抗震设防举措的房屋和工程，在地震中能做到"大震不倒"，有效减轻了地震造成的生命和财产损失。图 5-3（a）为在汶川地震中某砖混结构住屋，由于采取了一定的抗震设防举措而未震倒，而相邻没有抗震设防举措的房屋皆倒塌损毁。图 5-3（b）为采取抗震设防举措的某学校教学楼也在地震中基本完好。图 5-3（c）为抗震设防举措的某单层钢筋混凝土结构的工业厂房，由于整体性较好，在地震中裂而不倒，而旁边不设防的厂房，在地震中皆屋塌墙倒，损失惨重。

再说南美洲的智利这个国家，由于处在运动速度最快的纳斯卡板块和南美洲板块相互碰撞的地带，拥有狭长的国土。智利是世界上发生地震数量最多的国家：在全球每年平均记录的 9000 余次地震中，有五分之一都发生在智利。

2015 年 9 月 16 日发生的 8.4 级地震,遇难人数为 15 人。2014 年 4 月发生的 8.2 级地震,遇难人数为 6 人,其中 4 人为心脏病发作。

图 5-3 建筑有抗震设防与无抗震设防是大不一样的

(a)某砖混结构住房采取了一定的抗震设防举措在汶川地震中未倒,相邻无设防举措的皆倒塌损毁;
(b)采取抗震设防举措的某学校教学楼在地震中基本完好;
(c)有抗震设防举措的某单层钢筋混凝土工业厂房因整体性较好在地震中裂而不倒,
旁边不设防厂房在地震中屋塌墙倒,损失惨重

智利人盖的房屋为什么那么抗震呢?原来智利人受自然环境所迫,并吸取了惨痛的历史教训,在建房时,首先极其重视地基的建设,即使是很低的楼房,也要打上两米左右深的基础。同时,政府还颁发行政法令,强制进行抗震设防要求。如 1931 年,政府颁布了《城市建筑规划法令》,规定了在建筑中使用钢筋混凝土柱。到了 20 世纪 60 年代,智利又向同样受地震之苦的日本学习,随后又颁布法令,规定在房屋建筑中推行使用钢筋混凝土剪力墙,也就是房屋中

承受地震时引起的水平荷载，防止结构破坏的抗震墙体，从而使多层和高层建筑在智利开始出现。现在，首都圣地雅哥高300m的64层的高楼也平地升起了，在相隔几个街区的地方还座落着曾经称霸南美的高200m、共55层的钛塔。钛塔在2010年8.8级强震中的优异表现，成为了全球性的经典案例。这主要是钛塔在设计中运用了最新的抗震设防技术，除了稳固的地基和整体性很强的框架外，大楼内还设置了45个消能减震装置，地震发生时，因建筑物的扭动使得楼层之间产生的水平方向的动能，大部分由消能减震器吸收后转化为热能，从而大大降低了对建筑带来的撕裂破坏效应。

3. 老、旧房屋进行抗震加固后的抗震能力大为提高

很多原有的老、旧房屋在设计和建造时是没有抗震设防措施的，抗震能力很差，针对这一弱点，进行抗震设防改造是很需要的，如增设钢筋混凝土构造柱和圈梁，大面积墙面两边增设钢筋网水泥粉刷，成为夹板墙体，有人嬉称对建筑物进行"五花大绑"，以提高其抗震能力，满足其抗震设防标准。图5-4为一幢简易楼房，经抗震加固后（增设钢筋混凝土圈梁和构造柱），抗震能力明显提高，在汶川地震中没有倒塌，损坏也很小。图5-5为大面积山墙进行双面钢丝网加高强水泥砂浆粉刷的抗震加固图示。

很多老、旧房屋经过抗震加固改造后，大大提高了抗震防震性能，在大震中保持挺立不倒。图5-6两张照片上，左边一栋旧楼房采取了抗震加固措施，在大震中保持挺立不倒，基本完好，而相邻右边的一栋旧楼房因未采取抗震加固措施，在大震中损坏和倒塌严重，并造成大量人员伤亡。

图5-4　经抗震加固后（增设钢筋混凝土圈梁和构造柱）的简易楼房，在汶川地震中没有倒塌

图5-5　大面积山墙进行双面钢丝网加高强水泥砂浆粉刷的抗震加固图示

(a)　　　　　　　　　　　　　　(b)

图5-6　老旧楼房是否采取抗震加固措施，效果不大一样

（a）采用加固措施的旧楼房大震中不倒；（b）相邻未采取加固措施的楼房倒塌严重

　　对现有老、旧房屋进行抗震加固，首先应委托有相应资质的单位按现行《建筑抗震鉴定标准》对房屋建筑的抗震能力进行鉴定，通过图纸、资料分析，现

场调查核实，对建筑物的整体抗震性能作出评价，并提出抗震鉴定报告。

根据建筑物的抗震性能评价和抗震鉴定报告，委托有资质的建筑设计单位进行抗震加固设计，随后再有资质的施工单位进行加固改造施工。

目前，房屋建筑的抗震加固主要有以下几种方法：

（1）"四件宝"和"捆绑式"：即采用增设钢筋混凝土圈梁、构造柱、钢拉杆、夹板墙，俗称抗震加固的"四件宝"，采用"捆绑式"方法，简单实用，特别适合未进行抗震设防的砖混结构房屋。

（2）"夹板墙"：喷射混凝土板墙，可以提高墙体的抗震能力，适合加固砖墙和混凝土墙。喷射混凝土板墙夹在中间，像夹心饼干，砖墙即使裂了也散不了。

（3）"穿外套"：包钢或混凝土围套加固套加固，可以增加柱、梁的截面面积，提高承载能力，适合混凝土柱、墙的抗震加固。

（4）"紧箍咒"：采用高强材料如碳纤维片、聚合物砂浆——钢绞线等加固技术，适合混凝土柱及墙体的加固。

（5）"增加防线"：增设钢支撑，适合加固框架结构。钢支撑作为第一道抗震防线可以帮助柱子承受地震作用力，提高房屋的结构整体抗震性能。

（6）新技术：采用碳纤维加固，隔震消能减震技术进行房屋的抗震加固。

4. 在房屋改建和装饰工程施工中，很多破坏性装修行为将明显降低建筑物的抗震能力，成为抗震重大隐患

近10多年来，大规模的城市建设和开发热潮，迅速改变着城市面貌和人民的居住水平，但也随之而来的房屋改建热和住房装修热则给人们带来了不少

隐含的、但不可忽视的安全隐患。建筑界专业人士指出，房屋在改建、装修过程中，如果能有限、合理地利用材料，则不会影响房屋的抗震性能。但如果超负荷使用装饰材料，如在楼面上加铺石板，贴瓷砖时砂浆的找平层和结合层过厚，在楼板上加砌砖隔墙，用砖或很重的材料封闭阳台，在楼板上另加吊顶等诸种情况，因加重了建筑物的负荷，并使结构受力极不合理，将导致住宅防震功能受到一定影响，因而存在抗震重大隐患。

破坏性装修，常见的情况有以下几种：

（1）拆除或破坏承重墙，在承重墙上开窗开洞。

我国城市居民的住宅，绝大多数是多层砖混结构建筑，墙体的功能首先是承重抗震，其次才是围护分隔。住户在二次装修时，为获得大空间或追求外在形式美而破坏了部分承重墙体结构，为墙体结构的承重和抗震留下了严重的隐患。一般承重墙体完整的楼房，如遇到中小地震时，楼体只略为晃动，通常不会倒塌，但承重墙体结构遭遇严重破坏的楼房，则塌毁的概率会增大许多。

（2）拆除非承重墙或在非承重墙上开门窗洞。

经过多方面的宣传教育，现在，承重墙不能随意拆除，渐渐已成为大部分人的共识，而非承重墙则被错误的认为它并不是承重结构，仅起分隔空间的作用，可以随意拆除或移位，这是一个很大的误区。非承重墙尽管主要起分隔空间的作用，但它对承重墙体及其他承重结构起着连续、支撑的作用，对房屋结构的内力分配是有正面影响的，因而有利于加强房屋整体抗震能力。再者，隔墙等非承重墙体还可以延缓、削弱地震时带来的横向冲击波。非承重墙体如拆改不当，便会成为整个建筑物的薄弱环节，降低建筑物的整体刚度，

图 5-7　框架结构中柱间隔墙在地震中的损坏情况

该部位在地震中首先受到损害，而与之相连的承重墙体即使未被拆改，也必将受到连带影响。图 5-7 为框架结构中柱间隔墙在地震中的损坏情况，由此可见柱间隔墙在地震中顽强抵抗地震应力的情况。

2008 年 5 月 12 日四川省汶川县发生地震后，南京市房管局房屋安全鉴定处派出首批房屋安全鉴定专家赶赴灾区，对彭州市交通局办公楼进行安全鉴定时发现，损毁较为严重的 1 号楼原始结构经过了较大改变，有些地方原本有隔墙的，但被拆除或开了洞，有些地方原本没有隔墙的却增建了。与 1 号楼结构相似的另一栋办公楼几乎没有拆改，地震时受损程度相对轻得多。

（3）室内顶板增加超负荷吊顶或安装大型吊灯、吊具等，剔凿顶板，切断楼板中的受力钢筋，埋下抗震隐患。

（4）剔除墙体一半做壁橱，居室扩大原有门窗尺寸，建拱门、艺术窗等。

（5）破坏厕所、厨房地面防水层而渗蚀墙体，降低墙体的强度和韧性，从而严重削弱了房屋的抗震能力。

（6）大量使用可燃性装饰材料，直接在墙体上挖槽埋设电线，加大用电负荷等，容易导致并加重发生中小地震时可能发生的火灾隐患。

上述六种"破坏性"装修严重降低了住宅建筑的防震抗震能力，并埋下了灾难性隐患。据报道，北京市房管局于 1996 年对其直属的 6381 幢住宅楼的 53882 套进行过二次装修的用户进行了检查，有上述"破坏性"装修行为的有 11136 套，占 20.67%；而同年，上海黄浦江南岸一小区的十多幢多层住宅的

2000 多套装修住户，属"破坏性"装修的占近 50%。可见住宅建筑二次装修的现状必须引起高度重视。

5. 一幢"刚柔并济、完美结合"的抗震大楼——马那瓜美洲银行大楼设计中结构控制的思路分析

1972 年，尼加拉瓜的马那瓜市发生了一次大地震，很多平房和多层建筑被夷为平地，框架结构的高层建筑也破坏严重，唯有著名结构学者林同炎先生设计的美洲银行大楼仅有局部连系梁损坏，整座大楼仍然昂首挺立，成为抗震设计的一个奇迹。

高层建筑结构主要受水平荷载作用的控制，其高度越高，水平荷载的影响越大。水平荷载通常有风荷载和地震作用。这两种水平荷载对高层建筑结构的要求，有时可能是相互矛盾的。

在风荷载的作用下，高层建筑结构会发生侧移，侧移值的大小与风荷载值、高层建筑的总刚度有关。当风压一定时，高层建筑的总刚度越小，产生的侧移值越大。如果侧移值过大，会造成楼面不呈水平，电梯沿竖向轨道出轨等问题，工作或生活在大楼里的人的感觉亦很不舒服，成天左右摇晃、必然寝食难安。因此，从抗风的角度考虑，要求高层建筑结构的总刚度大一点好，使得它在风荷载作用下的侧移值尽可能小，以保证房屋结构各部位的正常使用，使人的感觉亦舒服一点。

但从地震的角度考虑，是不是也要求高层建筑结构的总刚度越大越好呢？回答恰恰相反，从地震作用的角度考虑，它要求高层建筑结构的总刚度小一些

好，或者说其柔度大一点好。

地震时，地面主要振动周期为几分之一秒，如果高层建筑的自振周期与之相近的话，可能引起共振，这对房屋造成的破坏是十分可怕的。这就是为什么在设计高层建筑时，从抗震角度考虑，希望其房屋总刚度小一些好。

由上可知，对同一个建筑结构，抗风和抗震对它提出了完全不同的要求，结构设计师应该怎样解决这个矛盾呢？

著名结构学者林同炎先生设计的马那瓜美洲银行大楼巧妙地解决了这个矛盾。该建筑位于尼加拉瓜的马那瓜市，是当地最高的建筑物，18 层，高达 61m。他把它设计成一个正方形的大筒体建筑，平面尺寸为 23.35m×23.35m。到上面标准层时，也是正方形，边长为 11.6m×11.6m，标准层由 4 个小的 L 形筒用连系梁连接而成，形成正方形大筒的一边。在平常风荷载和规范规定的地震作用下，整个大筒刚度很大，起着整体作用。同时，他又故意在连系梁上开了些洞，成为人为的薄弱环节，一旦发生较大的地震作用时，保证连系梁首先破坏，从而使大筒体瓦解，由 4 个 L 形小筒体单独工作，以减轻地震作用造成的危害，达到整体房屋不倒塌的目的。1972 年马那瓜发生的大地震，完全证实了林同炎先生的设计思路是十分正确的。

地震以后，有位专家对美洲银行大楼作了动力分析，得出了它在连系梁起作用时和不起作用时结构的不同反应，见表 5-1 所示。

由表 5-1 可知，地震时，连系梁破坏后不起作用，房屋的振动周期加长，由 1.3s 变成 3.3s，刚度降低，柔度增加。顶部位移由 120mm 变成 240mm，位移加大，振动剧烈，这当然不好，不过它却换来了基底剪力降低，从 2.7 万 kN 变成 1.3 万 kN，降低了近一半，倾覆力短也从 9.3 万 kN·m、变成: 3.7 万

kN·m，降低到36%。这就保证了美洲银行大楼在震后巍然屹立。

美洲银行大楼的动力分析 表5-1

项目	连系梁起作用(4个L形筒共同工作)	连系梁不起作用(4个L形筒单独工作)
振动周期（s）	1.3	3.3
基底剪力（kN）	27000	13000
倾覆力矩（kN·m）	93000	37000
顶部位移（mm）	120	240

当今人们对地震的认识水平还是很低的，我们无法保证房屋在地震作用下不遭破坏，如果能做到以某些结构构件破坏为条件，去换取房屋不整体倒塌的结果，还是十分值得的。林同炎先生这种结构概念设计思想是值得学习和推广的。

6.一起因建筑物选址不当，地震中造成重大人员伤亡和财产损失的事故实例

建筑物的抗震性能与建设场地的土层结构关系很大，为此，应十分重视建设工程的选址工作，应选择有利于工程建设的场地，慎用和避免不利的场地。稳定的基岩、硬土、平坦开阔的地段均为有利于工程建设的场地，而软土、液化土、河岸边坡、突出的山丘等均为不利于工程建设的场地。地震时可能产生滑坡、崩塌、

图5-8 汶川地震中，北川中学因岩崩、滑坡造成906人死亡的重大伤亡事故案例

地陷、地裂、泥石流等以及地震断裂带上可能发生地表错位的部位属于危险地段，要避免进行工程建设。

在 2008 年 5 月 12 日的汶川大地震中，位于一小山旁的北川中学，因山体岩崩造成滑坡，多幢建筑被掩埋，造成 906 人死亡的重大伤亡事故案例。图 5-8 为滑坡事故现场图片。

7. 建筑物抗震设防的新技术——隔震技术和消能减震技术

传统建筑的抗震设计是通过"强化"结构途径，提高结构自身的刚度、强度和延性来抵御地震的，以达到相应裂度下的"小震不坏、中震可修、大震不倒"的抗震设防目标。因此，传统抗震设计方法主要是通过增大构件的截面尺寸、提高钢材和混凝土的用量等方法，来增强结构的刚度和强度的，这样做消耗了大量的建设物资，增加了建设成本。同时，由于地震是不可预知的，往往实际发生的地震要比设计时预估的烈度强度大得多，因此，一旦发生超过预估大得多的地震时，建筑物出现严重损坏的情况还是难以避免的。

目前，国际上通常采用的抗震设防新技术主要是"基础隔震"技术和"消能减震"技术两大类。

（1）"基础隔震"技术

基础隔震是指在建筑物基础与上部结构之间设置隔震层，隔离地震能量向上部结构传递，从而减少输入到上部结构的地震能量，降低上部结构的地震反应，达到预期的防震要求，采用的是"以柔克刚"的新途径。

　　隔震层通常由隔震支座、消能元件和抗风装置等组成。当地震发生时，隔震支座能阻隔地震作用向上部结构传递，使隔震层上部的建筑结构所受的地震作用明显降低，人们在隔震建筑中也不会感觉到大晃动。

　　图 5-9 为传统抗震房屋与隔震房屋在地震中晃动情况的对比图片，可见传统抗震房屋在地震中会发生强烈晃动，而隔震房屋的晃动则很轻微。

　　图 5-10 为采取隔震技术设计的某医院医疗大楼，1994 年经受 6.7 级地震后，损坏极小，建筑外景基本无变化。

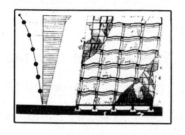 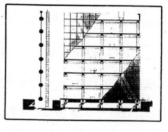

（a）　　　　　　　　　　　　　　（b）

图 5-9　传统抗震房屋与隔震房屋在地震中晃动情况对比图

（a）传统抗震房屋强烈晃动；（b）隔震房屋轻微晃动

图 5-10　采取隔震技术设计的某医院医疗大楼在 6.7 级地震中基本保持完好

1995 年在日本阪神地震中，大量高层 RC 结构建筑，虽符合传统的设计规范要求，仍受到严重破坏或倒塌。使人们惊奇的是，阪神地区有两幢采用"橡胶垫基础防震"的楼房在强震中丝毫未损。由装设在房屋中的仪器记录可知，隔震楼房在地震中的地震反应值衰减至地面反应值的 1/4（而一般传统房屋则放大 2～3 倍）。再者，采用"柔性消能结构"体系的关西国际机场，虽座落在震害严重的填海区，却也丝毫未损，使地震中航空运输正常，确保了救灾工作。

美国加州大学医院手术楼用橡胶垫隔震，在 1991 年洛杉矶大地震中也毫无损坏，照样抢救病人。洛杉矶火灾指挥中心大楼采用橡胶垫隔震，保证了地震发生时该中心工作照样运转，未受任何影响。

我国于 1993 年 8 月，在汕头市建造了两幢各 8 层、建筑面积为 2200 多平方米的框架结构实验楼，一幢用橡胶垫隔震技术处理的，另一幢则按常规抗震设防建造。1994 年 9 月 16 日，台湾海峡发生了 7.3 级地震，当时汕头市各类房屋均发生剧烈摇晃，人们惊慌失措，在逃难中造成 143 人伤亡。但住在采用橡胶垫隔震楼内的人们却无震感，听到邻楼和满街的喧闹声后，才知道发生了地震。由此，人们都称赞隔震楼房的明显减震效能。

目前，我国采用的隔震装置主要有：橡胶隔震支座、铅芯橡胶隔震支座和滑移支座。隔震支座的主要作用是支撑上部结构的重量，阻隔地震能量向上部结构传递。

通常情况下，在隔震层还要设置粘滞阻尼器、铅棒阻尼器和软钢阻尼器。阻尼器的作用主要是消耗地震能量，限制隔震层的位移。

图 5-11 为铅棒阻尼器、软钢阻尼器和滑移支座的外形情况。

图 5-12 为传统抗震房屋与设置橡胶隔震装置房屋的地震反应比较。

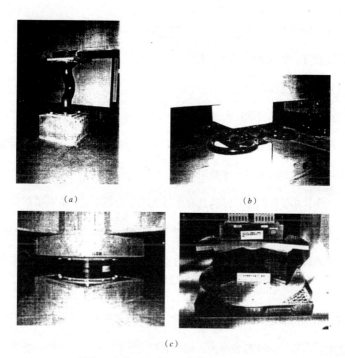

图 5-11 铅棒阻尼器、软钢阻尼器和滑移支座的外形

（a）铅棒阻尼器（b）软钢阻尼器（c）滑移支座

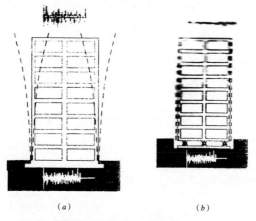

图 5-12 传统抗震房屋与设置橡胶隔震装置房屋的地震反应比较

（a）传统抗震房屋地震中摆动幅度较大；（b）设置橡胶隔震装置房屋地震中摆动幅度很小

目前，基础隔震技术常用于高烈度区的房屋建筑和桥梁。一般来说，隔震技术主要适用于地基条件较好的建筑。

（2）消能减震技术

消能减震技术是被动控制技术的一种，其原理是把结构物中的某些构件（如支撑、剪力墙等）设计成消能部件，或在结构物的某些部位加装消能阻尼器，目前常用的有金属阻尼器、摩擦阻尼器、粘弹性阻尼器等。消能部件和结构构件共同工作，小震作用下，结构具有足够的承载力和刚度，能满足正常使用的要求。大震作用下，消能阻尼器能产生较大的阻尼力，能吸收和耗散90%输入结构的地震能量，使主要结构的动力反应大大减小，从而达到减少结构损伤的目的。

传统结构抗震是通过结构构件（梁、柱、节点等）的非线性变形来消耗地震能量的，这样，地震烈度愈大，结构的损伤就愈严重。当采用消能减震结构后，地震能量主要通过设置的阻尼器来消耗，地震烈度愈大，阻尼器消耗的地震能量愈多，从而保证结构在大震中避免发生严重破坏。

消能减震技术目前被广泛应用于高层建筑、高耸构筑物和大跨度桥梁的抗震和抗风以及现有建筑物的抗震加固等方面。消能减震技术适用范围较广，房屋结构类型和高度均不受限制。

采用抗震新技术，会不会增加工程造价？采用"基础隔震"或"消能减震"的建筑物，都需要在房屋建筑中增设隔震支座或阻尼器，通过这些装置来阻隔地震能量向上部结构传递或消耗大量的地震能量，从而有效降低结构的地震效应，提高房屋建筑的抗震能力，也就是说，设置隔震支座或阻尼器是要额外增加投入的。但是，由于采取了"隔震"或"消能减震"技术后，结构的地震反应显著降低——如上部结构的加速度反应可以降低到原来的 1/5 ~ 1/4，因此，上部结构和基础所受的地震作用力——如弯矩、剪力等会显著降低，这样，又可以适当降低上部结构和基础的造价。

通过大量工程实践和统计资料分析可知，对于烈度为 6 度和 7 度抗震设防地区，土建工程造价略有增加甚至基本持平，但其抗震性能得到了大幅度提升；对于烈度为 8 度及以上的抗震设防地区，反而会比传统结构节约土建造价 5% ~ 10%。

表 5-2 是江苏省某市一高层建筑采取隔震技术设计后，上部结构主要构件材料用量对比，从中可见地震高烈度区采取隔震技术设计，既可大大增加建筑物的抗震安全性能，又可降低房屋建筑的土建造价。

地震高烈度地区采用隔震技术的房屋结构主要材料用量分析比较　　表 5-2

	混凝土用量（m³）				钢筋（t）
	梁	板	柱	剪力墙	718
隔震前	1114.1	1089.6	850.1	2195.7	
	合计：混凝土 5252m³，钢筋 718t				
	梁	板	柱	剪力墙	217
隔震后	1335	1328.1	868	568.3	
	合计：混凝土 4099m³，钢筋 217t				

8. 历史上曾被地震毁灭的城市

历史上曾被地震毁灭的城市　　表 5-3

城市名称	所属国	时间	损失
罗得	希腊	约公元前 227 年	城毁，太阳神巨像坍塌
阿芙罗狄蒂斯	土耳其	约四世纪	爱神之城从此湮没
亚历山大	埃及	1375 年	城区及小岛沉陷入海，灯塔消失

续表

城市名称	所属国	时间	损失
潼关（陕西）	中国	1556.1.23	关中大破坏，死 83 万人
罗亚尔港	牙买加	1692.6.7	城市沉陷海中
里斯本	葡萄牙	1755.11.1	欧洲最大地震，死 6 万人
加拉加斯	委内瑞拉	1812.3.26	城毁，压死 1 万人
瓦尔帕莱索	智利	1822.11.19	城毁，死数千人
康塞普西翁	智利	1835.2.20	被海啸吞噬，曾 3 次震毁
西昌	中国	1850.9.12	7.5 级，城毁，死 2.6 万人
亚里加港	秘鲁	1868.8.8	海啸，98%居民遇难，死 2 万人
名古屋	日本	1891.10.28	岐阜等城亦毁，死 7000 多人
高哈蒂	印度	1897.6.12	阿萨姆邦大地震，毁许多城市
旧金山	美国	1904.4.18	8.3 级，火烧 3 昼夜，共死 6 万多人
墨西拿	意大利	1908.12.28	7.2 级，毁于海啸，共死 8.5 万人
阿拉木图	苏联	1911.1.3	本城历史上两次毁于地震
海原（甘肃）	中国	1920.12.16	8.5 级，共死 20 万人
东京、横滨	日本	1923.9.1	8.3 级，震后大火、海啸，共死 14.2 万人
阿加迪尔	摩洛哥	1960.2.29	全城一半居民遇难，死 1.6 万人
蒙特港	智利	1960.5.22	8.5 级，世界纪录到的最大地震
斯科普里	南斯拉夫	1963.7.26	6.0 级，死千余人
安科雷奇	美国	1964.3.28	8.4 级，城毁，死千余人
马拉瓜	尼加拉瓜	1972.12.23	6.2 级，城毁，死千余人
唐山	中国	1976.7.28	7.8 级，京津唐共死 24.2 万人
塔巴斯	伊朗	1978.9.16	7.4 级，80%居民遇难，死 1.1 万人
阿斯南	阿尔及利亚	1980.10.10	7.7 级，死 2 万多人

六、城市"摩天大楼"谈

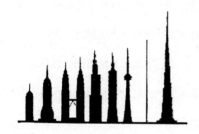

摩天大楼是人类智慧和科技水平的体现，是人类征服大自然能力的象征，也是经济实力和文明档次的重要标志。摩天大楼把人们的生活引向高空，同时也把很多麻烦引向了高空。

　　拥有多少"高楼大厦",似乎已成为当代人评价一个城市甚至一个国家工业、科技水平、繁荣程度、经济发展进度、文明档次的重要标志。越是发达的国家,越是要在大厦的数量上、层数和高度上保持世界纪录。

1. 探寻"摩天大楼"的始祖

　　建筑界人士普遍公认,"摩天大楼"的故乡是美国。1885 年建成的美国芝加哥家庭保险公司大楼被公认为是世界上第一幢高层建筑,10 层,高度为 55m。随后,"摩天大楼"以飞快的速度从芝加哥、纽约的城市地面升起,成为一种独特的美国艺术形成。这种现象的出现和发展要从美国的历史谈起。

　　众所周知,美国是一个没有历史的国家,他们的前辈是从英国、西班牙等欧洲国家移民到这块新大陆的,他们的潜意识里一直有一种自己是流浪者以及无历史、无传统积淀等自卑感。到了 21 世纪初,美国已成为世界级强国,为了表现他们引以为豪的大国意识和强国意识,他们做出了向全世界标榜和推销美国新文化的种种努力。"摩天大楼"——这种平地而起的人造山峰,它可以让初次到美国的人一看便感到美国人的工业、科技水平、经济繁荣状况和文明程度,感到美国人的独立、伟岸和傲视一切的不凡气势。这使美国人的自信心得到了极大的满足。

　　到了 20 世纪初,美国超过 200m 高度的"摩天大楼"无论在数量上,还是在层数和高度方面,都居于世界领先地位。20 世纪 30 年代后,美国的"摩天大楼"建设进入鼎盛时期,1930 年纽约市建成了 319m 高的克莱斯勒大厦,1931 年纽约市又建成了 102 层、381m 高的帝国大厦(图 6-1)。

1933 年建成了 259m 高的洛克菲勒中心大厦，都成为这一阶段高层建筑发展的代表作。在其后的年代里，纽约市的帝国大厦一直在高层建筑中独占鳌头，保持世界最高建筑物的纪录达 41 年之久。

图 6-1　美国纽约帝国大厦

进入 20 世纪 70 年代后，打破帝国大厦最高纪录的是美国世界贸易中心双子大厦，这两座双峰并列的摩天大楼都是 110 层，高度为 417m 和 415m（图 6-2），它们再次刷新了美国高层建筑的纪录。不久，美国又在芝加哥建成了高度为 443m、110 层的西

图 6-2　美国纽约世贸中心大厦

尔斯大厦，成为当时世界最高建筑的新纪录，它写下了美国摩天大楼建筑辉煌历史的最后篇章。至今，世界最高建筑的桂冠已经易主，但美国最高建筑的桂冠还是戴在西尔斯大厦的头上。

现在，"摩天大楼"的建设遍布世界各地，形成了越来越浓的攀比心理和象征效应，使高层建筑的实用价值越来越退化，只能成为满足人们虚荣心理的东西了。

2."摩天大楼"越建越高——敢与天公试比高

高层建筑发展到今天已走过了一个多世纪的历程，但各国高层建筑的建设标准并不一样。为了使高层建筑有一个较为统一的概念，在 1972 年召开的国际高层建筑会议上，提出了划分高层建筑的标准，共分为如下 4 类：

第一类高层建筑 9 ~ 16 层（最高 50m）；

第二类高层建筑 17 ~ 25 层（最高 75m）；

第三类高层建筑 26 ~ 40（最高 100m）；

第四类高层建筑 40 层以上（100m 以上）。

标准除了确定层数外，还限定了楼层高度，每层的高度从 2.5 ~ 5.0m。

分类标准考虑到了高层建筑设计中的主要因素——抗风，建议采用不同而合理的结构形式，用于针对各地不同风力的特殊性。

一般情况下，第一类高层建筑采用框架结构就可以了；第二类高层建筑就要考虑采用剪力墙结构来抗风了；达到第三类高层建筑高度时，就要采用框架——剪力墙结构，包括单筒、筒中筒（或称套筒）和或束筒结构了。

近几十年来，世界各地在建和计划建设的"摩天大楼"如雨后春笋般的出现，它们不断刷新"最新"和"最高"的世界纪录，成为城市名片，以提升城市形象。

在欧洲，虽然高层建筑一直在不断发展，现今同样高楼林立，但他们却从来没有得到过世界最高建筑的桂冠。东欧在 20 世纪 50 年代建造了两座"摩天大楼"，一座是苏联在 1953 年建造的莫斯科国立大学主楼，26 层，高 239m；另一座是波兰在 1955 年建造的华沙文化宫大厦，42 层，高 231m。这两座"摩天大楼"一直到 20 世纪 80 年代还保持着欧洲最高建筑的纪录。法国巴黎在 1973 年建造了 229m 高的蒙巴那斯大厦；20 世纪 90 年代后，德国的法兰克福商品交易会大厦竣工，这座 257m 高的建筑成为欧洲第一"摩天大楼"，但随后不久，又被建在同一地点的高259m的商业银行大厦超过了。

再看亚洲，摩天大楼的建设也不甘示弱，在第二次世界大战后，经济得到迅猛发展的日本，于1968年首次建成了36层的霞关大厦，以后又陆续兴建了很多高层建筑，这一时期的最高建筑东京的阳光大厦，60层，高226m。20世纪80年代后，亚洲的高层建筑得到了非常迅速的发展，日本建造了东京市政厅大厦，48层，高243m，成为当时日本的最高建筑。进入20世纪90年代，日本不断在酝酿着建设更高的建筑，横滨市的标志性建筑——里程碑大厦于1993年建成，地下3层，地上73层，高度296m，成为日本的最高建筑，在当时世界高层建筑的排名中也进入了前30位。

新加坡在1986年建成了280m高的海外联合银行中心大厦和235m高的财政部办公楼两座摩天大厦。到1995年有四座高层建筑的高度超过了230m。同样，在马来西亚的吉隆坡，韩国的首尔和泰国的曼谷也相继在高层建筑方面有所建树，引起世界瞩目。由马来西亚国家石油公司投资的，于1997年建成的吉隆坡双子塔，95层，高452m（图6-3），曾经被名冠世界第一高楼，打破了美国芝加哥西尔斯大厦保持了22年世界最高建筑的纪录。双子塔巍峨壮观、气势雄伟，就像两座高高的尖塔刺破长空，成为到马来西亚旅游活动中必看的一个景点。这座摩天大楼在建到第88层时，已经出现了15cm的倾斜，因而被嬉称为"国油斜塔"。英国《泰晤士报》报导说，是国油双峰塔的地基不稳造成的倾斜。但该工程负责人认为，任何建筑都不可能百分之百垂直于地面。双峰塔究竟是直还是斜，让马来西亚市民莫衷一是，而官方立场也不尽一致。最后连总统马哈蒂尔都不得不承认塔是斜的，但他又补充说，这种微小程度的倾斜在建筑中是正常的现象，从而平息了议论。

　　吉隆坡双子塔还有一个世界最高过街天桥的记录，在双子塔的第42层处专门修建了一座人字形支撑的天桥，将两座塔楼从空中连接在一起。这座天桥长58.4m，距离地面170米高，是目前世界上最高的过街天桥（图6-3）。

　　被称为钢筋混凝土森林的香港是世界上最拥挤的地方之一，在20世纪50年代就开始兴建高层建筑，并建成了当时最高的的康乐中心大厦，52层，高179m。由于经济起飞，商业和金融业的发达，香港的高层建筑在20世纪60年代至70年代得到了迅速发展。高216m、65层的和合中心大厦建成，当时成为亚洲的最高建筑物之一。1985年香港建成了外形独特的香港上海汇丰银行总部大厦，48层，高178.8m。1989年建成的中国银行大厦，高达369m，72层，成为香港的标志性建筑；1993年香港中环广场大厦建成，78层，高374m，是香港目前最高的摩天大楼，也同样跻身于当时世界最高建筑物的前30名之列。

图6-3　吉隆坡双子塔

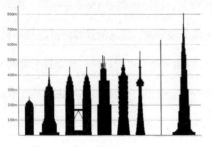

图6-4　哈利法塔和其他世界高层建筑的高度对比

　　香港这块"弹丸之地"，在2007年摩天大楼的数量已达到7600多幢。

　　2010年1月4日，阿拉伯联合酋长国宣布，2009年在迪拜建成竣工的，建筑层数为162层、高828m的哈利法塔投入使用，它的建筑高度大幅度的超过了昔日的世界最高建筑的纪录，稳稳的座上了世界最高建筑的宝座（图6-4）。

哈利法塔的楼层平面设计为"Y"字形，由三个建筑部分逐渐连贯成一个核心体，以螺旋状形式上升，至顶上中央核心逐渐化成尖塔，Y字形的楼面使得哈利法塔有较大的视野享受。

哈利法塔配备了速度达17.5m/s的快速电梯，成为当时世界上速度最快的电梯。

2016年4月，中国媒体宣布：位于陆家嘴金融贸易区的中国第一、世界第二高的摩天大厦——126层、高632m的上海中心经过7年多建设，即将分步投入试运营（图6-5）该大厦内配备了三台速度18m/s的高速电梯，只需55s便可从地下2层到达119层楼的观光平台，成为全球最快的电梯。

图6-5 位于陆家嘴金融贸易区的上海中心大厦

2016年4月，阿拉伯联合酋长国宣布：打算在迪拜再建造一座新的高楼（塔），计划耗资10亿美元，高度将超过位于同一地点的现今世界最高建筑的哈利法塔（高828m）"一个等级"，预计将在2020年迪拜举行世界博览会前落成，作为给博览会献的礼物。

新建的迪拜塔与哈利法塔不同，塔身更为细长，采用大量钢缆连接塔身和地面，以维持这座建筑的稳定（图6-6）。

图6-6 新建迪拜塔的建筑模型

阿拉伯联合酋长国的邻国沙特阿拉伯也正在建造一座摩天大厦王国塔，据透露，设计总高度将成为世界最高建筑。

据报纸披露，英国正在规划、构想建筑"伦敦通天塔"的计划，"通天塔"是一座高300层、全高1524m的圆柱状建筑，建于伦敦市中心，落成后能同时容纳10万人，而整个大楼的占地面积仅有两个足球场大，其节省用地的潜力是十分巨大的。

根据规划蓝图，"伦敦通天塔"为钢筋骨架结构，主要靠塔的外墙承重，塔楼中部是个巨大的天井，从而将光线和新鲜空气引入建筑中央。每层楼之间由一个围绕在塔楼边缘的螺旋形公共楼梯相连，塔楼每层都有许多巨大的圆形孔洞通向户外空间，那儿将用来建设各种公共休闲设施。

"伦敦通天塔"将是一座自给自足的人工智能型生态城，塔楼将利用太阳能提供主要能源，塔楼内的水和垃圾都可以回收循环再利用。新鲜的淡水则可以在阴天时从塔楼顶端的云层中采集，经过滤之后通过管道运送到各个住户家中。

由于塔楼规模实在庞大，将划分成若干个独立行政区。塔楼每层为一个"社区"，每20层为一个"村"。整个塔楼按楼层被划分为高、中、低三个"超级行政区"，每个"超级行政区"将成立一个地方政府，并通过选举产生一名议员。这3名议员将各自在英国议会中占有一个席位，他们定期举行会议，讨论研究并决定如何管理其所在的塔楼辖区。

中国上海市也规划构想过兴建一幢高300层、可容纳10万人的摩天大厦——"无敌大厦"，以解决上海市人口稠密的问题（图6-7示）。建筑设计师介绍，该幢大厦将成为一座"直立式城市"。设计师构想，"无敌大厦"会分成12节，每隔25层就有一层是空的，这些空出来的楼层可以作为用户的休闲中心、公园及运动场。整幢大楼外面,有一层由玻璃和铝合金构成的外层,上面布满孔状的通风口。"漏气"的外层加上12层均匀颁布的空旷层,可以以疏导的方式,减低高空中强大风力对大厦造成的冲击。

这幢大楼的底层将成轮状放射式,它包含购物中心、停车场等。大楼共拥有电梯368台,从底层到顶层只需不到两分钟时间。大楼内的用水和能源将沿内部92支巨大的直立空柱输送。

图6-7 上海"无敌大厦"构想图

大楼地基桩长约200m,地基上会有一个人工湖,以吸收任何地层震动而引起的摇摆。大楼顶端的最大震荡幅度约3m,由于震荡幅度很慢,可以让人几乎感觉不到。

近日,日本宣布建造一座将近1700m高的大楼,比828m高的哈利法塔高出一倍多。

据英国《每日邮报》报道,这座大楼名为"天空英里塔"(Sky Mile Tower),是日本着手打造的未来派超级城市"下一个东京"(Next Tokyo)的中心建筑物。这座大楼设计成六边形,从而使抗风能力达到最强,预计可容纳5.5万人。大楼内有购物中心、饭店、酒店、健身房和健康诊所;电梯不局限于垂直移动的直梯,还有能够水平移动的"横梯"。

开发者称，该项目所在城市预计于 2045 年竣工，用于抵御地震和台风等自然灾害带来的影响，有望容纳 50 万希望离开灾害频发的沿海地区居民。

到目前为止，全球已建成的摩天大楼高度排名见表 6-1。

全球 30 座最高摩天大楼排名表　　　　　　　　　　　　　　表 6-1

序号	建筑名称	地址	高度（m）	层数	用途多功能
1	哈利法塔	迪拜	828	162	多功能
2	上海中心	上海	632	126	多功能
3	101 大楼	台北	509.2	101	多功能
4	佩重纳斯大厦 1 号楼	吉隆坡	452	95	多功能
5	佩重纳斯大厦 2 号楼	吉隆坡	452	95	多功能
6	西尔斯大厦	芝加哥	443	110	办公
7	金茂大厦	上海	420	88	多功能
8	世界贸易中心 1 号大厦	纽约	417	110	办公
9	世界贸易中心 2 号大厦	纽约	415	110	办公
10	帝国大厦	纽约	381	102	办公
11	中环广场大厦	香港	374	78	办公
12	中国银行大厦	香港	369	72	办公
13	T/C 大厦	高雄	347	85	多功能
14	阿摩珂大厦	芝加哥	346	80	办公
15	约翰·汉考克大厦	芝加哥	344	100	多功能
16	地王大厦	深圳	325	81	办公
17	中天大厦	广州	322	80	多功能
18	BAIYOKE 大厦	曼谷	320	90	办公
19	克莱斯勒大厦	纽约	319	77	办公
20	国家银行广场大厦	亚特兰大	312	55	办公
21	第一洲际世界中心	洛杉矶	310	75	办公
22	德克萨斯商业大厦	休斯敦	305	75	办公
23	柳京大旅馆	平壤	300	105	旅馆
24	慎行 2 号大厦	芝加哥	298	64	办公
25	第一洲际银行广场大厦	休斯敦	296	71	办公

续表

序号	建筑名称	地址	高度（m）	层数	用途多功能
26	里程碑大厦	横滨	296	70	多功能
27	南瓦克尔大道311号大厦	芝加哥	292	65	办公
28	久别列街王后大道中央大厦	香港	292	69	办公
29	哥伦比亚海上第一中心大厦	西雅图	291	76	办公
30	第一加拿大广场大厦	多伦多	290	72	办公

3. 摩天大楼的是与非

随着摩天大楼的数量越来越多，高度越来越高，人们对它的关注程度和议论也越来越多，只有正确认识和客观公正的评价它的是与非，才能冷静头脑，才能更好地发挥它的有利一面，防止和改进它的不利一面。

首先，摩天大楼毕竟适应了地球空间越来越小、人口越来越多的趋势，尤其是那些寸土寸金的大城市，土地资源十分紧缺，建设摩天大楼，使城市向高空适度延伸，其意义极为重大。

其次，摩天大楼的建设也充分显示了人类综合科技水平和经济实力，也体现了人类征服自然的能力。建筑设计师、建筑工程师和房屋开发商以建筑高度之最为骄傲，拥有高度最高的高楼成为衡量一个城市、甚至一个国家科技、经济力的象征。

第三，摩天大楼在节能环保方面的潜力也很巨大。高空充足的光照不仅有利于照明，更为获取源源不断的太阳能提供了保证。规划中的"伦敦通天塔"计划将太阳能作为整幢大楼的主要能源，不仅减少了对环境的污染，而且节省资源，降低成本，可谓一举多得。

第四，摩天大楼虽然越建越高，但在结构安全性上却不打折扣，日新月异的新材料让摩天大楼固若金汤。"9·11"事件后，美国的摩天大楼都用上了能够抵御冲击的高强度圆柱形钢材，而航天飞机用于穿梭于大气层的超强耐高温陶瓷也被应用到了摩天大楼增加了另一道安全保险，比如在阿联酋迪拜塔的外表层设计成螺旋形上升的形状，以引导气流向上，避免形成强大的旋风。

一幢高楼就像是一座立起来的城市，居住、工作、购物、娱乐……统统可以在这个竖向城市中完成，楼梯、电梯和走廊构成了这个城市的交通体系。城市生活中遇到的种种情况在高楼中同样存在。比例为了避免高峰时拥堵，电梯的数量要增加，运营速度要加快。为了增加环境的舒适度，智能化和生态建筑成为趋势，绿色植物无处不在，各种管线被引向高空，将能量送到每个尽头。尽管作出了种种努力，但也有不少有识之士指出，摩天大楼将很多麻烦甚至灾难引向了高空。设计和建造摩天大楼的设计师和工程师们认为，依靠现有的高技术的支持，能够发现和控制这些相应的麻烦。但应看到，设计和建造"摩天大楼"是建筑师和工程师的事儿，但管理者和使用者才是大楼真正的主人。只有充分了解周围的环境，我们才能工作、生活得更好。因此，当我们在为"摩天大楼"高唱赞歌时，千万不要忘记或忽视它也有冷酷的一面。

首先是"摩天大楼"的实用性并不看好，目前，几乎绝大多数的"摩天大楼"都仅用作办公和综合性多功能房屋使用，在强风下会产生轻微摇动的大楼如果作为住宅住人是很不舒服的。据测定，在建筑10m高处，风速为5m/s；30m高处为8.7m/s；60m高处则为12.3m/s；90m高处将为15m/s。风的水平作用将会使大楼晃动。当建筑物晃动的水平幅度在一定范围内时，一切安然无恙，而过大幅度的晃动会使人感到很不舒服的，会产生一定的恐惧感，严重时会引起电梯运营困难、装修开裂等现象。

其次是"摩天大楼"的经济性也不看好,据有关统计资料显示,目前的"摩天大楼"亏多盈少,且越高越难盈利。美国芝加哥的西尔斯大厦每年都要赔上4000多万美元,这两幢已建成三十多年的大楼现在仅值其贷款金额的一半;曾创世界之最、耗资50亿港币的香港汇丰银行大厦,实际利用率也并不高,相当大的面积及空间被白白浪费掉了;象征英国20世纪80年代繁荣景象的伦敦金丝雀码头大厦,在十几年前已宣布破产了,其负债11多亿美元。

第三,防火安全是"摩天大楼"的另一个难题,因为没有一种灭火升降机能够到达它的高度,尽管可以用爬梯代替机,但水压又不能达到消防要求。因为"摩天大楼"的火灾是难以绝对避免的,一旦发生火灾,很容易蔓延,并不易救援,往往造成重大人员伤亡和财产损失。

现摘录近几十年来相关高层建筑火灾简况:

1974年巴西圣保罗焦玛大楼火灾,造成188人死亡,245人受伤。

1980年美国27层的米高饭店火灾,死亡84人,烧伤679人。

1985年,哈尔滨天鹅饭店火灾,9人跳楼身亡,7人烧伤,火灾起因是住在11楼16号房间的客人在床上吸烟。

1987年5月21日,巴西圣保罗一幢摩天大楼第5层发生火灾,州能源管理中心正好在这幢大楼中。火势蔓延到邻近的3幢楼房,无人员伤亡。

1988年5月5日,洛杉矶的最高大楼——62层的第一国际银行大楼陷入火海中。大火持续了5h,共5层楼着火。1人丧生,40多人受伤。大部分人是由直升飞机从高达260多米的楼顶救走的。

1988年5月13日和15日,纽约著名的摩天大楼——帝国大厦连续两次发生火灾，13日，第86层起火，一直烧到102层，无人伤亡。

1989年3月15日，开罗28层电砚中心大楼最高三层发生火灾，由于当天风力强劲，大火迅速蔓延，共有2人遇难，8人受伤，4人被直升机救走。

1989年8月24日，东京一幢24层的高楼着火，火灾原因是电视接收装置发生短路，大楼居民被直升机紧急转移。

1990年7月17日，纽约的帝国大厦再次发生大火，有38人因烟熏中毒而送往医院。

1991年2月25日，美国费城市中心一座38层大楼起火，大火从22层向上一直蔓延到30层，火势持续了一天一夜。有3名消防队员在救火时殉职。

1991年11月20日，纽约国际贸易中心一幢110层摩天大楼的94层的机房起火，1人遇难，30人被疏散。

1993年4月16日；尼日利亚首都拉各斯25层国防部大楼的16层在员工下班后不久起火。几名被困在电梯里的人员获救。

1994年6月15日，南非行政首都比勒陀利亚的一座高楼的19层起火，火势向上蔓延至27楼顶层。40人被直升机紧急转移。

1996年1月17日，伦敦金融城一幢大厦的45层发生火灾，约500人被疏散。

1996午2月13日，意大利米兰的一幢高27层的贸易中心大楼的上半部陷入火海。此次大火是因楼内办公室装修时电器发生故障而引起的。无人受伤。

1996年10月10日，纽约"洛克菲勒中心"的一幢摩天大楼发生火灾，滞留在这座70层高的楼内的人员全部被疏散，火灾原因是10层电线出现故障。

1997年12月5日，位于美国纽约的77层克莱斯勒大厦的74层发生火灾，起火原因是变压器着火，没有人员伤亡。

1997年12月8日，印尼首都雅加达市中心的高25层的印尼银行大厦的顶端发生大火，最顶上3层完全烧毁。15人死亡，事故原因系空调系统短路。

1997年12月10日，在香港的"墨尔本大楼"的24层发生火灾，没有人员伤亡。

1998年3月22日，伦敦金融城中心发生火灾，一幢40米高塔楼的五分之一化为灰烬，英国不少亿万富翁的办公室便位于顶层。火灾发生地距伦敦股票交易所和英格兰银行很近，没有市民伤亡，仅有一名消防队员在救火时受伤。

2016年5月3日下午3时19分，南京隆盛大厦6楼平台中央空调机组失火，现场明火沿着6楼的外墙迅速上蹿升空，3分钟内烧至26层。由于疏散及时，所幸未造成人员伤亡。但办公室人员急坏了，办公室内还有百万现金。

在摩天大楼的防火方面，迪拜的经验是值得认真学习的。据媒体报道，2015年2月21日凌晨，迪拜一栋高336m的79层公寓楼突发火灾，蔓延至多个楼层，火情持续3个多小时后被扑灭。然而不可思议的是，这样一栋超级摩天大楼的火灾仅没有造成任何人员伤亡。

这样的幸运并非偶然。2012年迪拜一栋34层建筑发生大火，数百人受到影响，但同样没有造成人员伤亡。据介绍，迪拜政府相关部门高度重视高层建筑的消防工作，高层公寓不允许使用煤气而只能用电热炉灶，强制要求每户家庭配备灭火器、防毒面具等，很多公司、写字楼也经常定期组织消防演习。

由于迪拜的高楼房龄大多较短，在建筑设计上对防火要求高，硬件设备比较完善。不仅每个房间都配备烟雾感应和喷淋装置，楼梯的防火通道也标准较高，据说每扇防火门要求坚持至少 2h 以上。偶尔有人在厨房做菜时引动了烟雾报警系统，几分钟内，楼内的保安就会登门拜访，以确认是否安全。至于消防通道，那更是绝对不可被占用，任何杂物都不可以摆放，哪怕是临时放一下也不允许。

第四，易患"高楼综合征"。为了安全起见，绝大多数"摩天大楼"的窗户是终日关闭的，大楼内一年四季要用空调设备来调节气温和空气。先进的设备虽能保证每个人每分钟都有足够的新风量，但现在很多超高层建筑较难做到这一点，于是，室内空气质量往往恶化，使员工工作效率降低，精神性疾病增多。此外，本书《建筑与养生》一节中已经讲到，现代很多高层建筑常常忽视人的心理需求，使很多住上高楼的人患上了"高楼综合征"。

第五，高楼林立的区域会改变风场结构和大气污染的时空分布，容易出现大风"峡谷"效应，使得某些街道上的风速特别大，以至于危害到行人和行车的安全。美国纽约市的曼哈顿区，原围绕世贸中心两座摩天双子大楼，经常会刮起"龙卷风"，风速可达 28m/s（相当于 10 ~ 11 级风），危害甚大。曾有一位女工程师哈凯特在摩天大楼下被一股强劲的旋风卷起，摔倒了另一幢房屋的房顶，造成腿骨骨折和脑震荡，于是她向大楼的设计师和房主提出了起诉，最终获得了巨额赔偿金。有些高层建筑之间的问题与楼高之比不符合国家规范要求，不少建筑群横亘在住宅区的风向道上，使大气交换补充困难。而使建筑群体之间的某些区域，可能形成"死谷"，使这里的空气不易与外界空气交换，造成严重的空气污染。当高度升高 1000m 时，室内温度将比地面下降 6℃，水的沸点下降到 95℃。此外，采用钢筋混凝土结构的"摩天大楼"建筑群，还可能产生电子屏蔽效应，对电子信号、无线电波产生不良影响。

4. 我国的"摩天大楼"建设

我国在"摩天大楼"的建设方面可以说是有悠久历史的。据史料记载公元前115年，在汉武帝兴盛时期，在长安的建章宫建造了高150m的神明台，这是我国建筑史上最早的一座高层建筑物，台上还有一个高60m、周长5m的铜质"承露盘"，盘上铸手捧玉杯的"仙人"。

新中国成立前，我国上海市有少量高层建筑，位于南京路上的24层高83.3m的国际饭店（1933年建成）一直雄踞我国高层建筑的高度之最。

20世纪60年代后，陆续有较多的高层建筑落成，其中最高的是27层的广州宾馆，高87m。70年代最高建筑的代表作则是33层、高112m的广州白云宾馆。步入20世纪80年代，我国高层建筑的建设得到了高速发展。据记载，1980～1984年间所建成的高层建筑数量相当于以前三十多年中兴建的总和。

到了20世纪80年代中期，我国的高层建筑数量更多，遍布地域更广，其中仅深圳市就有数百幢高层建筑拔地而起，成为建筑发展史上的奇迹。这个时期高层建筑的层数和高度都有了新的突破，如北京的京广中心大厦，57层、高208m，广州的广东国际大厦，63层，高200.8m，深圳的国贸大厦，53层，高160m等，都在50～60层以上，高度都突破或接近200m，成为我国这一时期几幢最高的建筑物。

进入20世纪90年代，我国的一些中等城市也建起了40层以上的高层建筑，在一些发达的地区，80多层的摩天大楼也相继问世，如广州中天大厦，80层，高度322m;深圳地王大厦，81层，325m，都是这个时期我国最高的摩天大楼。

上海的浦东是继深圳后兴建高层建筑的另一个奇迹地域，至1995年底已建成高层建筑117幢，其中金茂大厦高420m、88层，成为当时我国最高的建筑物。

根据《2012摩天城市报告》显示：仅中国大陆拥有超过152m高的非住宅类摩天大楼总数已达470座，在建的为332座，规划的为516座。而美国同类摩天大楼为533座，在建6座，规划24座。预计至2022年，中国摩天大楼的总数将达1318座，是美国的2.3倍。

2015年，刚建成的上海中心大厦以632m的高度，成为全球排名第二高的建筑，2015年全球共建成200m以上摩天大楼106座，是人类历史上新建成高楼最多的一年，其中国以建成62座的惊人纪录连续八年蝉联冠军。

2016年，随着660m高的深圳平安金融中心建成，上海中心大厦也将"退位"至世界第三。2016年建成全球最高的10座楼中，有6座建在中国。

5. 高层住宅楼的利弊得失

随着土地价格上升、房地产市场火热，如今高层住宅越建越多，选择高层住宅楼的购房者也越来越多。相对于以往的多层、小高层来说，高层住宅在建筑结构、物业管理、房型等方面都有着很多不同之处，因此在挑选高层住宅楼时要格外留心一些。特别是第一次选购高层住宅楼的购房者，不妨看看前人总结的经验和挑房的关键之处。

（1）硬件标准有讲究

对于高层建筑来说，在楼梯、电梯、出入口等硬件设施的建筑标准上有不少讲究。

比如最基本的楼梯，梯段净宽不应小于1.10m；楼梯平台宽度不应小于梯段的净宽，并不得小于1.1m，楼梯平台结构下缘的人行过道的垂直高度不应低于2m；对大于0.20m宽的梯井，应加设安全防护设施。

电梯的相关要求也很多。住宅层数在12层以上、18层以下，电梯不应少于两台，其中必须有一台兼具消防电梯功能；纯住宅功能层楼在19层以上，33层以下，服务总户数在150户至270户之间者，电梯不应少于3台，其中必须有一台兼具消防电梯功能。对于购房者而言，电梯第一是需要满足"消防达标、维护及时"的要求；第二是要注意整幢楼的总户数与电梯数量。电梯的质量与运行速度也很重要。一般情况下，24层以上住宅应做到1梯2户或2梯4户。

对于高层住宅楼的首层公共出入口位置的垂直上方不宜有住户的阳台及窗户。若避开有困难，出入口应加设防止高空坠物的安全防护措施；内天井首层设有公共通道的，应加设防止高空坠物的防护上盖。

（2）采光风向不能忘

对于高层住宅的采光需求，业内人士表示，建造高层住宅小区，需依据"日照间距"合理划分楼栋间距。日照间距，即指在前后两排南向房屋之间，后排房屋最底层至少需保证在冬至日获得不低于2h的满窗日照时间。一般而言，12层以上高层楼间距至少保持45m以上。

风向问题则取决于楼栋朝向，尤其在附近有污染源的区域居住，开发商在建造高层住宅的同时，应注意避开污染源，尽量避免让废气灌入室内。购房者在挑选高层住宅时，应先仔细调查附近是否存在化工、重工、造纸等重污染企业。以及房屋是否处于污染源的下风口。一般而言，有穿堂风过境的房屋舒适度最佳，尤其是南北通透的房子，风力柔和，还没有西晒。

（3）高层供水、供电很重要

向开发商详细咨询楼层供水、水压、供电、应急电源等多方面情况，也是购房者在挑选时需要关注的重点。一般高层住宅在顶层都建有水箱；先将水抽到顶层再往下供，使高层住户不会因压力不足用不上水；应急发电机组的配置也很重要，保证市内停电时，电梯也能暂时运行。

另外，随着技术升级，目前很多高层住宅已不再利用水箱在楼顶蓄水，而统一改用变频供水。因水箱容易滋生水垢，若不定期清理，会给业主带来健康隐患。选择使用既方便又卫生的变频式供水，也是购房者判断楼盘品质的一个重要参考因素。

（4）安全设施须齐全

高层住宅消防配套是有许多要求的。首先，高层住宅外围须有净高、净宽均不少于 4m 的环形消防车道；高层住宅之间防火间距不得少于 13m，高层与多层混合区域间距不得低于 9m；对于 18 层以上高层住宅，需配备两个或两个以上防烟楼梯，楼梯间净宽不得小于 1.1m 等。业内人士指出，火灾发生时，绝大多数遇难者是因吸入有毒气体才致命的，可见配备有足够防烟楼梯的高层住宅安全系数更高。

其次，高层住宅的裙楼屋顶层，宜做火灾时的安全避难层；有裙楼的高层住宅综合楼，裙楼屋顶层不宜设住宅，宜作为住宅设备转换层、结构转换层、住户屋顶室外公共休闲活动空间和绿化空间。这层的建筑面积不计入容积率控制指标。

另外，楼梯间、消防电梯间及其前室、合用前室和避难层（间）都要设置应急照明和疏散指示标志,可采用蓄电池做备用电源,且连续供电时间不应少于 20min;高度超过 100m 的高层建筑连续供电时间不应少于 30min。

最后,高层住宅的物业管理也不能忽视,尤其是监控保安措施。大楼底层是否设置值班警卫室;是否有保安在楼内巡视,以及紧急情况下人员疏散安全等问题,均须考虑周全。

(5)车位配比很关键

还有一点,在挑选此类高层住宅楼时要充分考虑入住后的舒适程度,要让自己住得舒服、满意。住宅密度和观景也非常重要。高层品质如何,密度是关键,密度越低,居住品质越高;在低密度的基础上,还要注意观察景观,尤其是在挑选顶层或较高楼层时,不仅要特别注意朝向景观,还要考虑周边地区未来规划,如果现在风景不错的窗前还要再建几幢高楼,风景就会被遮挡。而对于城市中心区域的购房者来说,随着土地供应减少,车位显得越来越珍贵。虽然目前国家尚未出台针对小区户数与车位配比的硬性要求,但由于高层住宅地基埋深有要求,为充分利用空间,高层住宅户数与机动车位的配比通常在 1∶0.5,户数与非机动车位的配比通常在 1∶1,只有满足以上两条基数的小区,方能基本满足住户的停车需求。

(6)层高挑选看喜好

最后,对于不少购房者难以决断的楼层选择问题,到底是高好还是低好?有人说高的空气好、日照多、风景佳;有人言低的接地气、出行快、更安全,公说公有理婆说婆有理。其实说到底,选择楼层,还是要自己觉得适合。低层的人一般会担心太吵或是夏季太潮湿、蚊虫多;而高层的人会有漏雨、雷击、隔热、水压等方面的顾虑。相对的,高层的幽静、良好的日照通风和低层出行便利、鸟语花香则是各自的优势。景观方面二至六层属于俯视景观的楼层，可以俯瞰位于楼下社区的绿化景观。偏上一点的楼层能更多地将整个社区的花园绿地尽收眼底，欣赏社区的整体设计效果。而十七层以上的高层，人的视野可以到达更远更高的地方，天气好可以看到很远的建筑物和广阔的天空。总体而言，还是要看个人的喜好。

6. 命伤 "9.11" 事件的纽约世贸中心双子大厦

2001 年的美国东部时间 9 月 11 日上午 8∶48：一架灰色巨型客机一头扎到纽约世界贸易中心双子大厦南面的一栋，在它的上部冲开了一个巨大的黑洞。飞机的残骸没有冲出大厦，被撞出的巨洞冒着滚滚浓烟（图 6-8）。

图 6-8　浓烟滚滚的世贸大厦

9 时 5 分，另一架灰色的民航客机撞击大厦的北座。这架飞机从大厦一侧撞入，从另一侧穿出，同时引起巨大爆炸。

9 时 20 分，大厦南座的上半部分轰然倒塌，北座也传出越来越猛烈的爆炸声。第一架飞机撞上世贸大厦南座时，大厦被撞楼层内有 1 000 多人根本无法外逃。大厦中平时有 50 000 多工作人员，另外，10 条地铁线汇聚到大厦底部，从新泽西到纽约上班的人需要到此处换乘，所以估计有更多的人被困地下。

9时58分，大厦南座的2/3完全倒塌（图6-9），大厦四分五裂，爆炸掀起的浓烟冲上数百米高空，并蔓延到整个曼哈顿上空。逃生者冲出大厦门口，他们满脸灰尘，浑身血迹斑斑，有的当场倒在街头，还有的带着小孩。警车呼啸，警察立即封锁了街道。目击者说，爆炸发生后，大厦里浓烟立即充满屋顶。人们惊慌失措，来不及等待救援。有的人甚至从窗口跳下逃生。

图6-9 世贸大厦倒塌时的情景

10时14分，华盛顿又传来美国国会山以及国防部五角大楼发生爆炸的消息。一架商用飞机直冲到五角大楼的西南侧，五角大楼即刻只剩下了四角。国防部立即疏散了所有办公人员。此时，世贸中心南座已完全倒塌，北座的通信则完全中断。

10时26分，美国空中管制中心紧急发出通知，要求所有飞往美国的班机都转飞加拿大。

10时30分，大厦南座几乎被夷为平地，北座上部继续浓烟滚滚，窗口喷出火焰。从空中俯瞰曼哈顿，整个地区几乎被浓烟覆盖。

10时35分，一声巨响世贸大厦中心北座轰然倒塌。闻名世界的纽约世贸中心双子大厦不复存在。事发时共有50000多人在楼内工作，逃生的人数可能十分有限。纽约市调集全部可能调集的救护车和消防设备，聚集在世贸中心大厦的废墟下进行救援。

镜头回放之一——纽约

美国最大的城市——纽约。

纽约是美国第一大城市和最大海港，也是联合国总部所在地。它位于纽约州东南哈得逊河口，濒临大西洋，人口 730 万，面积 828.3km²，陆地面积 775km²，分为曼哈顿、布鲁克林、布朗克斯、昆斯和里士满 5 个区。新泽西州的北部纽瓦克一带，是纽约市的卫星市；康涅狄格州西南部也是纽约市的郊区。

曼哈顿岛是纽约市区的核心，南北长，东西窄，面积约为 81km²。通常所说的纽约市仅限于曼哈顿岛，南北走向的大街叫作大道，共有 11 条，大致平行，例如第五大道是大百货公司集中地。东西方向的大街叫作街，也平行排列，由南到北共有 179 条。

洛克菲勒、摩根、杜邦、梅隆等著名的垄断集团开设的大银行、大保险公司、大工业公司、大运输公司，以及闻名全球的纽约证券交易所都集中于曼哈顿地区。摩天大厦直插云霄，纽约有"站着的城市"之称。

镜头回放之二——纽约世界贸易中心

纽约世界贸易中心大楼位于曼哈顿闹市区南端，雄踞纽约海港旁，是美国纽约市最高、楼层最多的摩天大楼，在建成时曾经是世界第一高楼。世贸中心由纽约和新泽西州港务局集资兴建，原籍日本的总建筑师山崎实负责设计。大楼于 1966 年开工，历时 7 年，耗资 7 亿美元，1973 年竣工，1995 年对外开放。以 415m、417m 的高度和 110 层的摩天巨人形象载入史册。施工时，最多人数达到 3500 多人，竟无 1 人伤亡。

世贸中心大厦主楼呈双搭形，塔柱边宽 63.5m。大楼采用钢结构，用钢 7.8

万吨，楼的外围有密置的钢柱，墙面由铝板和玻璃窗组成，有"世界之窗"之称。大楼有84万m^2的办公面积，内有60多个国家的1200多家公司的5万多名工作人员办公。同时可容纳2万人就餐，是个小社会。

其楼层分租给世界各国800多个厂商，还设有为这些单位服务的贸易中心、情报中心和研究中心，在底层大厅及44、78两层高空门厅中，有种类齐全的商业性服务行业。楼中共有电梯104部，地下有可供停车2 000辆的车库，并有地铁在此经过设站。

第107层是瞭望厅，极目远眺，方圆可及72km。一切机器设备全由电脑控制，被誉为"现代技术精华的汇集"。世贸中心双子大厦在9月11日毁灭之前是世界第7高楼。前3名分别是：马来西亚首都吉隆坡伊斯兰风格的国家石油公司双塔，共88层，高452m；美国芝加哥西尔斯大厦，共110层，高430m；中国上海金茂大厦，共88层，高420m。

"9.11"事件后，关于世贸大楼倒塌的原因众说纷纭，2002年3月29日《纽约时报》透露了美国政府在调查研究之后提出的报告的部分内容，揭露了世贸大楼倒塌的"元凶"。研究报告认为，世贸大楼倒塌的直接原因不是飞机的撞击，而是飞机携带的汽油引起的熊熊大火。当第一架飞机撞击南楼时，在大楼上部冲开了一个巨大的黑洞，飞机的残骸没有冲出大厦，被撞出的黑洞冒着滚滚浓烟。而第二架飞机撞击北楼大厦时，飞机残骸竟从一侧撞入，从另一侧穿出，同时引起了巨大爆炸。调查报告指出，世贸大楼的建筑结构在事故中显示出非凡的强度，挺住了飞机的猛烈撞击。调查报告认为，除非有大火、地震或飓风，世贸大楼是可以保住的，不幸的是撞击引起的大火比人们所能想像的更严重。从撞击到整体倒塌，南楼坚持了56分10秒，北楼坚持了102分5秒。

钢材是一种不会燃烧的材料，但它的机械力学性能，如屈服点、抗拉强度和弹性模量等会受到高温影响而降低，通常在 450 ~ 650℃时，就失去承载能力，使钢构件发生屈曲。当温度到达 1200℃时，钢结构强度将降为 0。调查报告称，世贸大楼内引起的大火导致楼内温度高达 1093℃，相当于原子弹爆炸的威力，世贸大楼就是再铜铸铁打也不能不塌了。飞机撞击时，还撞坏了大楼内的防火层，撞坏了部分水管，碎屑粉尘又堵塞了洒水装置，导致防火设备无法运作，使大火蔓延完全失控。

由上可知，做好钢结构建筑的防火是保证建筑安全的第一要点。首先，钢结构用钢应尽量采用耐火的高强钢，例如 15MnV 钢就是在 16Mn 钢的基础上加入适量的钒（0.04% ~ 0.12%），可使钢的耐高温强度提高；其次应做好钢结构的防火设计，一般采用涂刷防火涂料和外包防火材料两种方法。防火涂料采用高效防腐涂料，特别是防火防腐合一的涂料；外包防火材料也是比较常用的一种防火方法，主要是水泥、硅酸盐及陶瓷纤维等无机材料。其方法有现场浇注法、工厂制作现场组装法和混合施工法三种。

国家防火规范规定，一类建筑物各部分的耐火极限为：柱 3h，梁 2h；二类建筑物各部分的耐火极限为：柱 2.5h，梁 1.5h，板 1h。

钢结构建筑在大火中极易倒塌，其实例有：

1967 年，美国蒙哥马利市的一个饭店发生火灾，钢结构屋顶被烧塌；

1990 年，英国一幢多层钢结构建筑，在施工阶段发生火灾，造成钢梁、钢柱和楼盖钢桁架的严重破坏；

1993 年，我国福建泉州市一座钢结构冷库发生火灾，造成 $3600m^2$ 的库房倒塌。

7. 高层建筑中的结构转换层

前面已经说到了，很多高层建筑大多向多功能、多用途方向发展，一批集商业、娱乐，办公和公寓为一体的高层建筑拔地而起。由于建筑物的各部分使用功能和要求的不同，对建筑物结构形式、柱网布置等也就提出了不同的要求。如商业用房、娱乐用房等大多布置在建筑物的下部，往往需要大跨度、大柱网以相适应。而办公、公寓等用房常常布置在建筑物的上部，它们的跨度、柱网又不宜过大。为了实现和适应这种结构形式的变化过渡，很多高层建筑中都设置了结构转换层。

（1）转换层上下结构的转换类型

转换层实现上下结构的转换，大致有以下三种类型。

①上下层结构类型的改变，如转换层以下为框架、框架—剪力墙或框架筒体等结构形式，而转换层以上为剪力墙、剪力墙—筒体等结构形式。

②上下层柱网、轴线的改变，转换层的上下层结构形式不变，仅柱网、轴线有所变化，常用于筒体结构建筑中。

③上下层不仅结构类型有所改变，而且柱网、轴线也有改变，常用于上下层功能变化较大或较复杂的建筑物。

（2）转换层的结构形式

由于转换层上下结构转换有多种类型，所以转换层本身的结构形式也有不同，常用的有以下几种：

①梁式结构的转换层。梁式结构转换层一般在转换层的楼面设置纵、横交

错的钢筋混凝土承重大梁。为适应上部荷载的需要，梁的截面尺寸比较大，常用的尺寸有1000mm×2000mm，1200mm×2500mm，1500mm×3000mm等。

②桁架式结构的转换层。桁架式结构的转换层是由梁式结构转换层变化而来的，整个转换层由多榀钢筋混凝土桁架组成承重结构，桁架的上下弦杆分别设在转换层的上下楼面的结构层内，层间设有腹杆。由于桁架高度较高，所以上下弦杆的截面尺寸相对较小。

③箱式结构的转换层。箱式结构的转换层实际上也是由梁式结构转换层变化而来的。由纵、横交错的双向主次梁连同上下层楼面的楼板结构以及四周墙壁构成全封闭的箱式结构转换层，整个转换层就像一只大箱子，当然四周也可适当开洞。

④板式结构（厚板）的转换层。板式结构的转换层通常适用于上下层既有结构类型的改变，又有柱网、轴线的变化。整个转换层是一块厚达2.0～3.0m的实心钢筋混凝土承重板。有的板式转换层中在一定部位也设置暗梁，以满足上部结构的变化要求。

（3）转换层的施工特点

①模板支撑系统。转换层结构的体量大、自重大，对模板支撑系统的承载能力、刚度和稳定性都有严格的要求，必须进行详细的计算，切不可凭经验办事。以梁式结构转换层为例，梁本身的线荷载通常在60～100kN/m，加上施工荷载就更大，对于板式结构，每平方米的荷载（楼板荷载＋施工荷载）也在100～150kN，因此，往往需搭设满堂红支撑系统，其立柱一直搭至地下室，使荷载直接传递至房屋基础。当作为多层支撑荷载传递时，上下立柱的位置应对齐，防止下层楼面因受力不匀而造成局部损伤。

在梁式结构转换层施工中，由于梁的侧向高度较大，宽度较薄，所以尚应验算模板系统侧向稳定性和侧向强度，防止整体跑位和胀模。

②钢筋绑扎。转换层中的钢筋，其特点一是数量多，二是直径大。对梁式转换层来说，其钢筋绑扎通常在梁的底模板架设完成后进行，钢筋绑扎完毕并经过验收后安装大梁两侧的模板。钢筋绑扎中应切实注意钢筋骨架侧向的稳定，防止倾倒伤人。

粗直径竖向钢筋接头宜采用电渣压力焊或冷挤压接头，按规范要求，同一断面接头应错开 50%。

钢筋保护层应用相应的粗直径钢筋头焊于主筋上，常用的砂浆垫块易被压碎。

当转换层的梁或板混凝土分二次浇筑时，应在施工缝面上增设若干抗剪钢筋，以保证上下层混凝土结合牢固。

转换层结构设计中，目前也较多采用后张拉预应力结构。

③混凝土浇筑。转换层的混凝土一次浇筑量很大，混凝土的强度等级也较高，一般为 C40 ~ C60，特别是梁式结构转换层和厚板式结构转换层，混凝土浇筑量大，大多属于大体积混凝土施工，不仅对模板支撑系统带来很大困难，而且混凝土内部易产生温度裂缝。为此，很多工程的施工，在征得设计单位认可后，将混凝土二次叠浇成型，即分层浇筑，形成整体。这样做，既可减轻模板支撑系统的承载荷重，因为利用先浇筑部分混凝土的龄期强度参与模板支撑一起承受上部后浇混凝土的荷重及施工荷载，从而可节约模板支撑费用，同时，也保障了混凝土浇筑质量。由于梁式或板式转换层承受的上部荷载都很大，在混凝土分层浇筑时，应保证上、下层之间衔接紧密，通常采用在衔接面上加设

竖向抗剪钢筋或在衔接面上设置若干抗剪槽，使上下层混凝土结合紧密。

④混凝土养护。混凝土由于浇筑体量大，所以浇筑后应特别注意养护，以减小混凝土内部与表面的温差值。待混凝土浇筑后，应用草包、麻袋或塑料薄膜覆盖保温，使表面保持湿润状态。冬期施工时还应按规定做好保温测温工作。

8. 悬吊的"摩天大楼"

按常规的建筑施工程序，摩天大楼的建设应先做地下基础工程，然后在地面基础之上一层一层的向上建造。悬吊的摩天大楼其施工程序则有明显的不同，基础完成后，它先建造中心支柱或中心筒体（中心支柱或中心筒体也需有基础工程），然后在其顶上向四周悬挑出超坚固的悬挂支架结构，同时在地面上建造最高层的楼层结构并完成内、外装修后按对称方式吊升至顶层位置以固定，随后就以此逐层在地面建造后吊升到上面相应的设计位置。这种建筑物不需要全面做基础，仅中心支柱或中心筒体部分需有相应基础，楼层结构及内外装修都在地面上进行，因此它的诸多优点是十分明显的，所以在国外发展很快，至20世纪80年代，已有20多个国家建造了近百座各种形式的悬吊式摩天大楼，其中有办公楼、住宅、旅馆、医院、展览馆等，最高的已达到27层、130多米高。1972年在原西德慕尼黑市兴建的BMW公司楼，是颇为有名的一座悬吊式摩天大楼（图6-10），平面呈花瓣形状，四个花瓣形的办公单元对称布置在中央电梯井筒的四个角，重量全部由四根预应力钢筋混凝土吊杆承受。大楼外墙采用了铸铝构件，在阳光下闪烁着银色的光芒，甚为漂亮。大楼每一层的建筑面积为 1600 多平方米，空间是连通的，经过适当的划分，能分隔成多个较小的办公单元，以保证每个人都有安静的工作环境。

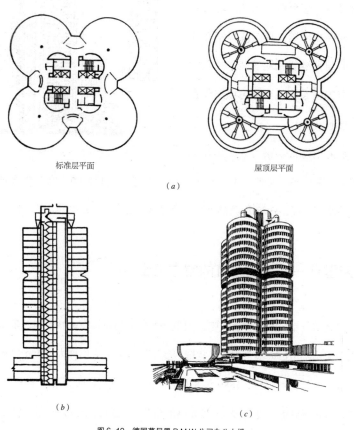

标准层平面   屋顶层平面

(a)

(b)   (c)

图 6-10 德国慕尼黑 B.M.W 公司办公大楼

(a) 标准层和屋顶层平面图；(b) 剖面图；(c) 外形立面图

香港标志性建筑之一的上海汇丰银行新厦则是另一种形式的悬吊式建筑（图 6-11），它的结构体系为：分别位于两端排列成两行的 8 组铜柱架上，支承着分别位于 11、21、28、35、47 层的悬吊桥式结构。每组柱架用 4 根粗钢管组合而成，每节为一层高，构件全部为预制装配，运用最新的钢、铝、玻璃材料，甚至航天工业产品。所有的构件在美国、英国或日本订作好，运到香港后就地安装。整幢大楼所有的钢架构件全部可以整体拆卸，移地重建。

建筑为三跨，中跨为41层，南跨为35层，北跨为28层。新厦采用斜向悬吊钢结构，构件外露

侧面

图6-11 香港上海汇丰银行新厦

香港上海汇丰银行大厦总建筑面积9万9千多平方米，地下4层，地上48层，高178.8m，成为香港的一座标志性摩天高楼，1983年获得英国皇家建筑师协会的金质奖章。

9. 避雷针——高层建筑的空中卫士

盛夏季节里，常有雷暴轰鸣，闪电呼啦啦的刺破长空，城乡中很多高耸建筑物、大树甚至行人被电击中而损毁，留下了很多被人们称为"上帝之火"的惨然故事。据史料记载，1889年8月的一天，雷电竟欺负到了"天子"头上，一声巨大的爆响后，北京天坛38m高的祈年殿被顷刻击毁，吓得光绪皇帝跪地祈祷。

随着科学技术的不断发展，人们对雷电逐渐加强了认识和懂得了应对的对策。而今，屋顶上竖起的一根尖尖的钢针，它能将大自然空中的雷电顺利的引下释放于地层深处，使人们在雷电环境中仍能安详地工作和生活。这尖尖的钢针成了大楼的空中"卫士"。凡有"卫士"站岗的地方，雷电就无可奈何了。

　　真正在实际生活中驯服雷电，发明避雷针，那是18世纪中叶的事了。在美国有个名叫本杰明·富兰克林的印刷工人，他对电学实验、摩擦生电现象有着浓厚的兴趣，当他用橡胶梳子梳头发时，迸发出蓝色的火花，并伴有轻微爆声，这不是空中雷电的缩影吗？"上帝之火"可能就是天地间不同电荷的激烈摩擦冲撞吧！1752年，他不顾生命危险，在雷雨交加、电闪轰鸣中到荒野里放出了一只大风筝，风筝下系了一根铜丝，当风筝钻进乌云后，铜丝瞬间迸放出猛烈的火花，"啪"地一声爆出一个霹雳，富兰克林激动万分，他们在随后的实验中认识到了尖端放电的原理后，终于建成了世界上第一根避雷针。

　　避雷针安装于建筑屋顶的高端处，既站得高，又磨得尖，通过引线将导电体焊牢并埋入地下 2 ~ 3m 处，再浇上一定量的氯化钠溶液（盐水），使其通畅传电，接地电阻不得大于 10Ω，还应定期进行检查，以防蚀坏。

七、建筑杂谈

建筑——是一种社会大产品，是人类衣、食、住、行四大生活要素之一，建筑与人息息相关，围绕建筑也衍生出很多有趣的事件和故事。

1. 高楼无端常摇晃，原是共振惹的祸

2002 年 6 月，位于上海市漕宝路东兰兴城内的一个新建小区发生了高楼摇晃怪事。这个小区名叫"蕙兰苑"，主要是 6 层楼的多层住宅，此外还设计了三幢 11 层楼的小高层。当居民满怀喜悦的搬进三幢小高层新居时，却发现高楼在不停地摇晃，最先发现的是搬进 8 楼的葛先生，家里的吊灯来回晃个不停，摆得好好的餐桌自己会挪位，脸盆里盛满的水总是会溢出。葛先生 90 多岁的老母亲被晃得头晕眼花，还摔过一跤。接着，住在 10 楼的高老伯家的摇晃感更明显，水平如镜的金鱼缸里居然掀起了波浪，晃得厉害的时候水甚至从鱼缸里溅了出来，坐在房间的沙发上就像坐在摇篮里一样……

住户一开始还以为发生了地震，但打电话向上海市地震局询问后，回答是根本没有，但三幢楼房仍夜以继日地摇晃着。

房屋开发商接到住户投诉后，开始认为住户"神经过敏"，没有理睬。后来实地查看后，发现三幢小高层楼房果然都在摇晃。他们百思不得其解，东兰兴城先后建造了几十幢楼房，从未听说过哪一幢楼房摇晃。"蕙兰苑"从规划、设计、到建设，所有手续流程都符合国家规范要求，为什么其他楼房都平安无事，偏偏就这三幢小高层楼房日夜摇晃呢？

为了彻底查清这起"楼房摇晃"的怪现象，房屋开发商于 2003 年 1 月聘请上海地震工程研究的专家进行检测。他们在小区附近进行了 50 多次布点测试。经过一个多月的日夜监控，终于发现引起楼房摇晃的"震源"是距蕙兰苑 800 多米的塔星石材厂，这个厂有 4 台大型锯石机日夜轰鸣，经测试，锯石机

工作时的振动频率与蕙兰苑三幢小高层固有的振动频率相一致，从而引起了楼房的"共振"。

这种由共振引起的楼房摇晃的现象在河北省石家庄市也发生过，该市的义堂小区和延东小区有两幢住宅楼也不定时地发生摇晃，放在桌上的瓶子能倒下，电灯能摆起来，立放的自行车也摇摇欲坠。经历过邢台地震和唐山大地震的老人都说："至少相当于4级地震。"可是小区内结构相同、相邻的住宅楼却纹丝不动。住在楼内的居民纷纷叫苦不迭："花钱买了一幢能晃动的房子。"少数迷信者也摇唇鼓舌："房子盖的风水不好，镇住龙尾巴了"等谣言惑众。

共振是当振动体在周期性变化的外力作用下，若外力的频率与振动体固有频率很接近或相等时，振动的幅度会急剧加大。建筑物虽然重量很大，也逃脱不了共振的威力。

据上海市地震工程研究所专家测试，塔星石材厂锯石机切割石头的工作频率为90次/min，即1.5Hz，这一工作频率恰好与蕙兰苑三幢11层楼房的固有频率相一致。由于楼房的固有频率与其自身高度、建筑材料、房屋结构等多种因素有关，因此，小区的6层楼房固有频率远低于锯石机的1.5Hz，故没有产生共振。

原因找到后，在科学数据面前和政府部门的多方协调下，塔星石材厂最终对锯石机作了改造，两台锯石机正向运转，两台锯石机逆向运转，并调整了机器的安置方向，以达到抵消一部分振动，改变设备频率的效果。

锯石机改造后，蕙兰苑的居民虽然感到晃动的幅度减小了，但仍没有从根本上消除晃动。更为棘手的是，与塔星石材厂一路之隔处又新建了三幢小高层，经过检测，房屋比蕙兰苑摇晃得更厉害。地震专家认为，最彻底的解决方案是石材厂迁出这个人口密集的居民区。

建筑方面专家指出：楼房设计一般只考虑房屋的抗风、抗震、承重、结构强度、变形、沉降等指标，对房屋自身的振动频率一般不予考虑。如果当初规划时环境检测部门多作一项"振动频率"的指标，这起罕见的高楼共振纠纷案也许可以避免。

据有关资料介绍，历史上曾有因共振现象造成的桥毁人亡的惨痛事例：

1906年，在俄国彼得格勒的爱纪华特大桥上，走过一支沙皇军队，步伐整齐，唰唰作响，大桥顿时摇晃起来，并越晃越厉害，在一声巨响后，大桥突然垮塌了，士兵纷纷落水，伤亡惨重。经过调查，破坏者就是受害者，士兵整齐的正步走所产生的振动周期与桥梁固有的振动周期相同，共振导致了桥毁人亡。

我国唐朝，有个寺庙的磬（注）常常不敲自鸣，突然来的磬声，使和尚惊恐不安，疑神疑鬼。此事被当时管理宫中音乐的太乐令遇见，他作了试验和解释，原来此磬与前殿的钟音调相同，由共振而发生了共鸣，前殿敲钟，磬就自鸣。后来把磬锉了几下，改变了固有频率，也就不响了。

注：磬，古代打击乐器，形状像曲尺，用玉或石制成。佛教用的打击乐器，常用铜制成。

2. 会"吹口哨"的高楼

20世纪90年代初，美国纽约警方不断接到居民投诉，说他们不时的被一种尖锐的口哨声所困扰，警方花了很长时间也未能找到噪声源。在一次例行巡逻中，周围突然回荡起尖锐的口哨声，他们立即循声前进，直到被引至曼哈顿区一幢竣工不久的大楼拱顶，被那里发出的凄厉尖叫声震得头皮发麻，警方才断定大楼拱顶就是恼人噪声的发源地。

在英国的曼彻斯特市中心，耸立着171m高的比瑟姆塔，自从塔顶14m高的"叶片"雕像竣工后，当地居民抱怨"口哨声"太强的投诉逐渐增多。在刮大风的日子里，用玻璃和不锈钢制成的叶片带动周围空气以数千赫兹的频率往复振动，吹得人不得安宁，而建筑师也拿不出解决的办法。

研究证实，高楼产生的噪声与人们吹空啤酒瓶的道理相同，而声音的大小与风速、风向、建筑物设计的形状、外部环境都有关系。我们在吹空啤酒瓶时，扰乱了瓶口边沿空气的正常流动，在瓶颈处制造了一个个气体漩涡，漩涡的振荡频率与瓶颈大小、风速有关，一旦其振动频率和瓶腔的固有频率相一致时，瓶子就会发出强烈的像口哨一样的尖叫声。

荷兰的一座展览馆也是有名的噪声建筑物。这个展览馆有一堵长长的具有倾斜角度的金属格栅墙，只要当地刮起风速在70km/h以上的大风，且风向与墙的走向一致时，它就会发出强大的嚎叫声。

在埃及的特本，有一座古老寺庙，石柱林立，其中有一根石柱中间有一空洞，当太阳光照射时，空气就在石柱内受热膨胀并产生奏鸣声，因而每当晴天的上午9时左右，就会奏出优美动听的旋律。

建筑学家认为，高楼上的气窗、格栅、栏杆等相当于瓶颈，它们制造出的气体漩涡是产生噪声的根源。

风噪声专家指出，解决这类问题，须找到气体漩涡的来源和共振腔的位置，打破二者之间的固有关系就可解决。但至今人们还没有找到绝对有效的办法。

建筑界流传着一句"针大的洞，斗大的风"的谚语，其意是指建筑物的外围护结构上如存在着细微的洞眼或缝隙时，在大风天气里，墙面在强大风力、风压作用下，会向室内吹进一股相当强大的风力，并伴随着一阵阵"嘘……"的吹口哨似的尖叫声。在高层建筑中，这种洞眼、缝隙的风力效应特别明显，因为随着高度的变化，风速和风压的变化也急剧上升，"地面风和日丽，空中劲风呼啸"是真实的写照。这句建筑谚语提醒人们应十分重视建筑物外围护结构的密封性能，特别是门窗工程，应选择气密性良好的构配件，并建立定期维修的物业管理制度。对于因温度变化或沉降不均而产生的墙体裂缝，应及时进行修补，在外围护结构面上，应杜绝任何贯穿性的洞眼和缝隙，以保证建筑物室内良好的工作和居住环境。

3. 混凝土强度耐久性与建筑物合理使用寿命

（1）国家法律、法规对建筑物合理使用寿命的规定：

①《中华人民共和国建筑法》有关条文规定：

第六十条：建筑物在合理使用寿命内，必须确保地基基础工程和主体结构的质量。

第八十条：在建筑物的合理使用寿命内，因建筑工程质量不合格受到损害的，有权向责任人要求赔偿。

《建筑法》合理使用寿命的提出，说明了国家对建筑工程质量的高度重视，也含蓄简洁地提出了要实行建筑工程质量责任终身制。

②国务院于2000年1月30日颁布的《建筑工程质量管理条例》第二十一条规定："设计文件应当……，注明工程合理使用年限。"这就明确了首先应从设计文件上确定建筑物的合理使用年限。

（2）从三峡大坝的寿命讨论看混凝土强度、耐久性与建筑寿命的关系。

1996年12月份，一位民主党派的高级工程师向党中央领导提交了一份材料，提出有关水利工程混凝土耐久性问题，指出"我国兴建的大量混凝土坝在运行10～30年后，局部呈现严重病害，以致危及大坝安全。"文中提出了"三峡混凝土坝的耐久寿命，预计50年"的估计。

这份材料引起了党中央领导的高度重视，对此，国务院召开了有关专家会议进行研究。讨论中大家认为，混凝土建筑物的耐久性寿命有特定的含义，系指建筑物在满足设计指标情况下正常运行而不必大修的年限，这类似于汽车发动机或飞机发动机第一次大修以前的使用年限一样，并不意味着到了这个期限发动机就要报废，而是须进行大修后再继续使用。例如：丰满水电站的大坝已运行50多年，中间经过大修补强，现仍在正常使用中；三门峡电站大坝也已运行40多年，亦在正常使用中，而且混凝土强度还在继续增长；四川都江堰水利枢纽工程经过历代的修缮已运行2000年以上。专家们认为，混凝土强度和建筑物的耐久寿命是两个不同的概念，前者耐久寿命可能只有50年，而后者可设计为500年。

专家们说，对混凝土耐久性的影响因素十分复杂，由于其他因素难以量化，目前国内外一般只用混凝土抗冻融循环次数来表示混凝土的耐久性。我国现行标准规定，冻融循环数最高为300次。各地按环境温度不同还可选用50次、100次、150次等不同抗冻等级的混凝土。三峡工程大坝在设计时按设计规范，对外部混凝土冻融标准定为150次，内部混凝土为50次。至于冻融次数与建筑物耐久寿命之间的定量关系，世界各国目前都没有定论。丰满水电站那里每年冬季气温都在-20℃，虽然每年发生冻融，但经过维修，大坝仍可安全运行。

三峡大坝常年温度在 0℃以上，不会产生冻融的影响。由此分析，提出大坝耐久寿命 50 年、100 年的说法是不确切的。

由上可知,混凝土的抗冻耐久性能与建筑物的寿命构成了直接的影响关系，而影响混凝土抗冻耐久性的因素，首先是混凝土的强度等级有关，混凝土强度等级越高，混凝土越密实，抗冻性就越好，这是常识方面的问题。其次应采用低碱水泥和含碱量低的骨料拌制混凝土，防止混凝土产生碱—骨料反应，影响混凝土的抗冻耐久性。

（3）落实建筑物的合理使用寿命是一个系统工程，它涉及设计、施工、业主等多个方面的责任。作为施工单位，应严格按设计图纸施工，严把施工质量关，保证工程良好的实体质量和完整的技术资料质量。作为业主使用单位，应合理使用建筑物，防止因荷载超重，使用不当等对建筑物造成损伤，同时应建立定期维修保养制度，使建筑物始终处于正常的工作状态。

4. 水浮力——可贵的施工资源

由滴水和涓流形成的江河湖海，你可曾想到，它们是我们建筑施工中重要的合作伙伴，也是一种可贵的施工资源。

根据物理学上的阿基米德定律可知：物体浸在水（液体）中时，水（液体）对物体将产生一定的浮力作用，其浮力的大小，等于物体排出水（液体）的重量。

水的浮力在工程建设中有重要的作用和影响，合理地利用它，将成为工程建设的有力助手，若是忽略它的存在，它将给你带来很多麻烦，甚至造成质量或安全事故。

（1）从浮运谈起

几百吨、甚至成千上万吨重的庞然大物，或是几十米、上百米长的巨型物件，怎样进行长距离运输？又怎样进行安装？即使现代化的交通运输工具——飞机、火车也是难以进行的，而采用浮运则能成功地解决这个难题。

浮运，顾名思义，是利用水的浮力在江河湖海中进行运输。它既是一种古老原始的运输方法，也是一种有效的现代运输方法。它特别适合于超重超长物件的运输，在桥梁、隧道建设中，更被广泛采用。

福建漳州有一座宋代建造的大石桥——虎渡桥。巨大的石梁宽七尺，高五尺，长七丈多，重达二百多吨。建桥时是如何把石梁架设到桥墩上去的呢？原来聪明的桥梁工人们是巧妙地利用浮运技术来完成运输和架桥任务的。为了使巨型石梁便于搬运，防止折断，首先在石梁上涂上黄泥，用麻筋绳子裹绑，晒干，使它成为滚圆的石柱，然后滚到木架上运至河边，装上木排，再利用涨潮，把它浮运至桥位，当落潮时，巨大的石梁就准确地架设于两端的桥墩上了。这是多么巧妙的施工方法啊！它充分反映了我国劳动人民的聪明才智。

由桥梁专家茅以升自行设计、自行施工的我国第一座现代化的双层铁路公路联合桥——钱塘江大桥，在施工过程中，用于桥墩下部的钢筋混凝土沉箱和桥身部分的钢梁等大型物件的运输和安装也多次采用了浮运的施工方法。

浮运架桥法的最早记载见于周亮工的《闽小记》中"激浪以涨舟，悬机以弦牵"的描述。周亮工为明代人，距北宋建桥时相隔已数百年，他的记述，究竟是根据明代桥梁施工情况所作的描述，还是从北宋建桥时的历史资料转引得来，还待考查。据分析，"激浪以涨舟"就是利用潮汐的涨落，控制运输船只的高低位置，以便于桥梁构件的浮运、起落、就位，和现代的浮运架桥法基本相同。"悬机以弦牵"，是指当时的一种吊装设备，它的起重装置的一部分应是悬空的，所以称"悬机"，从"悬机"牵引构件就位、架设桥梁，与现代应用各种土法吊装设备架桥其原理也基本一样的。

现代采用浮运架桥时，不仅利用潮汐的涨落，还可利用船上的抽水设备，人为地增加船的浮升能力，以加快施工进度。

采用浮运架桥法有很多优点，不仅能加快桥梁建造的进度，而且在施工过程中，河流可以少断航或不断航。还能减少水上作业，有利于安全生产。同时还可减少好多临时设施，因而可以降低造价。

现在，浮运技术也被应用到江河、海底隧道建筑中。1958年6月1日建成的古巴哈瓦那港口水底隧道，其中水中部分采用了预制管段、浮运沉放的施工方法。

每个预制管段宽 21.85m，高 7.1m，长 107.5m，如图 7-1 所示，像一艘巨型客轮。每个管段的钢筋混凝土建造体积为 6500m³，全重达 16000 多吨。在附近临时船坞中制作后，由七八艘拖轮拖着浮运到江中指定位置，再缓缓下沉到海底的隧道基础上，如图 7-2 所示。这种施工方法进度快、水上作业时间短，是一种比较先进的施工方法。

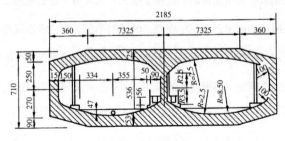

图 7-1 预制管段断面

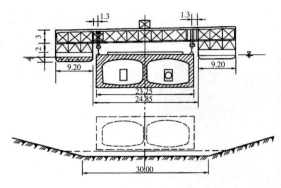

图 7-2 预制管段吊在钢桁梁上准备下沉

2000 年建造的上海市外环路黄浦江隧道也采用了预制管段、浮运沉放的施工方法。这是由我国自行设计、施工的沉管隧道，其规模位居亚洲第一、世界第二。

上海外环隧道东起浦东三岔港，西至浦西吴淞公园附近，全长 2880m，其中沉管段长 736m。每节管道宽 43m，高 9.55m，管节内设 3 孔 8 条机动车道，最长的一节长 108m，自重达 45000t，如图 7-3 所示。制作管段的船坞设在黄浦江东岸，共有两个，其中 A 坞占地面积 4.2 万 m^2，B 坞占地面积 8 万 m^2，相当于 12 个足球场那么大，开挖深度达 -13.9m。

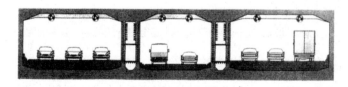

图 7-3 上海市外环路黄浦江隧道断面图

本工程施工时先在陆上建造干坞，然后在内制作管段，最后干坞开闸灌水

图7-4 上海外白渡桥北段桥身由驳船装载后回归原位

将管段浮运至预定的设计位置沉放到位, 这是当今国际上出现的一种新的隧道施工方法, 它始于1910年美国的底特律河隧道, 迄今为止, 世界上已有100多条沉管隧道, 其中横截面宽度最大的是比利时亚伯尔隧道, 宽为53.10m。

始建于1907年的上海百年外白渡桥, 桥长104m, 是上海第一座钢结构桥。2008年4月被整体搬移进入工厂进行全面大修。于2009年2月经全面整修后, 分南、北两段乘船浮运到原来桥位, 利用涨潮时的高水位顺利安全的架设到原来的桥墩上, 如图7-4所示。

2009年施工建设的镇江二重基地, 其中有二根钢桁车梁, 跨度50m, 其起重量为850t, 自重达760t, 在南通船厂制作完成后, 由大驳船水运至镇江建设工地, 用起重量为1000t的浮吊起吊安装就位。

(2) 冰运——水力浮运的另一种形式

你见过冰上扬帆吗?

在北极寒冷地区, 有一种张着帆在冰层上滑行的冰船, 这种冰船的船底和冰面之间的接触面极小, 所以摩擦力也很小。这种冰船不仅作为运输工具使用, 也给文体爱好者作为文体活动之用。他们特别喜欢在逆风中行驶, 他们往往能在每小时80km的风速中得到每小时100～160km的前进速度, 甚至更高的速度。在严寒的北国风光中, 同样可以看到风帆点点, 千舟竞发, 与江南水乡的江河湖海可以媲美。

冰运——除了在冰冻的河道上进行运输之外，在我国古代，还有采用人造冰河进行运输的记载。如果你到北京去故宫参观时，请注意看一看保和殿后面御路上镶有一块长方形的巨大石雕，名曰"云龙阶石"。在这块又大又厚的青石上雕有九条腾飞的巨龙，出没于流云之间，下面为海水江崖。石雕的四周刻有卷草纹图案。整块石雕构图极为严谨壮观，形象生动，雕饰精美，堪称我国古代石雕艺术中的瑰宝。石料为艾叶青石，长16.57m，宽3.07m，厚1.7m，重200多吨，采自北京西南的房山区，距北京有100多里路，如何把这块巨石运到北京呢？就是在现在，这么重的巨石也是难以搬动的，何况交通运输工具落后的古代呢？原来我国勤劳智慧的劳动人民利用冰运解决了这个难题。当时的皇帝发布军令，沿途百姓每隔500m路挖一口井，到冬天，从井内汲水泼成一层厚厚的冰道，然后用旱船拖拉，直至北京。真是一石采运，动用数万人之多。厚厚的冰道，既是我国劳动人民智慧的表现，也是由千百万劳动人民的血泪凝成的。

5. 先起房　后打桩

现在有一种先起房、后打桩的逆向作业的小径静压桩施工工艺，它与常规的先打桩、后起房的施工工艺相比，有加快施工进度、确保桩基工程质量、无污染、无噪声、压桩设备简单和施工操作简便等优点，在低层和多层房屋建设中均适用。

（1）工艺概况

先起房、后打桩的小径静压桩施工工艺，顾名思义是先起上部结构（或先起一部分上部结构），后进行基础打（压）桩，形成上部结构施工与下部桩基施工同时进行的局面，像基础逆作法施工一样。从施工工期上讲，它省去了基础打桩的整个施工期，扩大了现场施工作业面，加快了工程施工进度。

先起房、后打桩施工工艺流程如图 7-5 所示，施工操作概况如图 7-6 所示。

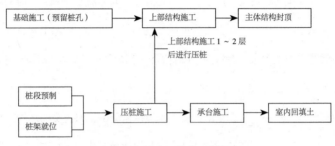

图 7-5　先起房、后打桩工艺流程

（2）压桩机理

压桩机理如图 7-6 所示，压桩时，桩架下部靠预埋在钢筋混凝土基础内的螺栓固定，再通过钢梁形成固定的反力架。

桩段靠油压千斤顶作用于钢梁上造成的反力而徐徐入土。入土时，对土产生挤压作用，使桩周围的土在一定范围内出现重塑区，土的黏聚力瞬间遭到破坏，超孔隙水压力增大，土的抗剪强度降低，桩侧摩阻力减小，

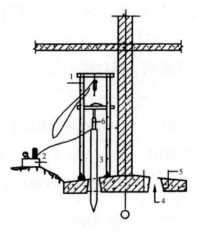

图 7-6　小径静压桩施工操作示意图
1—桩架；2—油压操作柜；3—桩段；4—预留桩孔
5—预埋锚固钢筋，上部有丝扣；6—千斤顶

桩段顺利入土。当桩尖达到设计土层时，桩顶压力也相应到达设计要求，即停止压桩。

压桩结束后，超孔隙水压力逐渐消散，土的结构强度得到恢复，抗剪强度随之提高，桩侧摩阻力明显增大，桩的承载力也随即提高。一般情况下，7～10d后即能达到设计承载力。

由于压桩力控制在单桩设计标准承载力的1.5倍，而桩的最终承载力将达到压桩力的1.5倍以上，所以，桩的最终承载力指标值完全能达到设计要求，这从事后的检测结果得到充分证实。

（3）施工操作要点

1）基础施工

先起房、后打桩小径静压桩施工工艺通常应用于房屋基础为钢筋混凝土条形基础或独立基础。基础土方开挖至桩顶标高后，夯实或辗压平整，然后浇筑钢筋混凝土条形基础。根据设计桩位，在基础上预留倒锥形方孔作为桩孔，孔径应比桩径大60～80mm，如图7-7所示。并在桩孔四角预埋直径18～20mm短钢筋，下部伸入基础受力钢筋网下面，并用铁丝与受力钢筋扎牢或焊牢。上部伸出混凝土面50～100mm，露出部分车成丝扣，一方面在压桩时作为桩架下面固定螺栓，另一方面与后浇筑的混凝土承台钢筋连接。

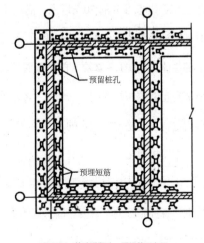

图7-7 基础预留孔、预埋筋示意图

2）桩段预制

桩段预制一般与基础施工同时进行，每根桩段长 2 ~ 2.5m，桩径通常为 200 mm×200mm、250mm×250 mm 和 300mm×300mm，可在现场或预制加工厂内制作。桩段的下端留有 4 根插筋，上端留有深 200mm、直径 20mm 的连接孔 4 个，如图 7-8 所示。

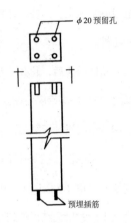

图 7-8　桩段预留孔、预留筋示意图

制作桩段时，应用固定的钢模，端面与桩竖向轴线应保持垂直，预留筋与预留孔位置上下对直，确保连接质量。

3）压桩施工

①压桩时间确定

何时开始压桩，应考虑下列两个因素：一是基础钢筋混凝土强度应达到设计强度等级标准值的 70% 以上，满足压桩过程中压桩架向上的抗拔力，防止对基础钢筋混凝土结构造成伤害；二是未压桩前，原有地基应能承受已施工的上部主体结构（1 ~ 2 层）的荷载而不造成建筑物沉降，保证上部结构施工时，下部有足够的压桩时间。一般 5 ~ 6 层高的房屋建筑，上部主体结构施工完二层后进行压桩是比较适宜的。

②压桩质量

由于在室内压桩，每根桩都由多根 2 ~ 2.5m 的桩段连接而成，因此，要特别注意控制桩的垂直度。因为桩的垂直度对桩的最终承载力有较大影响。压桩过程中，宜用桩架垂直度来控制桩身垂直度，其中首节桩的垂直度控制是整个桩垂直度控制的关键，应控制在 5mm 以内，压桩架在起吊桩段时，应尽可能使桩段保持垂直，对准、对直后，用夹具夹住，然后轻轻提起上段进行灌浆连接处理。

压桩时上下段的连接质量至关重要，常用硫磺胶泥作为连接剂。硫磺胶泥的凝结时间很短，通常为 1 ~ 2 min，施工操作时间很短，必须相互密切配合，保证接头质量。

4）承台处理

压桩结束后，应将桩顶钢筋凿出，另加承台钢筋，使之与桩顶钢筋和原基础内预埋的短钢筋焊接，形成钢筋网，按设计要求浇筑混凝土，做成单独的或连成一体的承台。

5）回填土

承台施工结束后，养护数日，便可进行室内回填土，应注意回填土夯实时，防止对承台混凝土造成损伤。

6. 打（压）钢筋混凝土预制桩时，为什么会把相邻的建筑物压歪

在预制钢筋混凝土桩基施工过程中，应高度重视打桩对周围地面产生的负面影响，这种负面影响包括地面位移和地面隆起两种情况，它对影响范围内的建（构）筑物、市政管线设施等将会产生伤害，严重时会造成事故。同时，这种地面位移和隆起，对桩基施工本身也会产生不利影响，可使桩位中心偏移和减少桩的入土深度等。

（1）产生地面变形原因分析

在预制桩基的打（压）桩过程中，地面土体产生变形的直接原因是预制桩入土后的体积影响，它使地基土将产生三向压缩和位移，以一根断面为40cm×40cm 的预制钢筋混凝土桩、长度以 30m 计为例，其体积就是 $4.8m^3$，若一个工程的桩基数量以 500 根计算，则打（压）入土中桩的体积就是 $2400m^3$，这个数字是相当可观的，对场地及周围土层的影响是不容忽视的。同时，在打（压）桩施工中，将使地基土中的地下水，产生超静水压力，在超静水压力的作用下，也将使场地地面土层产生位移和隆起，对其影响范围内的地面建筑物及其市政管线设施等将产生很不利的影响。

例如，某建筑物为点式高层住宅楼，采用断面为 40cm×40cm、长 27m 的预制钢筋混凝土桩基，共 193 根。场地土层自地面以下的 40m 范围内均为高压缩性～中压缩性的淤泥质黏土和淤泥质粉质黏土，40m 以下为硬粉质暗绿色土层，采用压桩法施工，施工速度每天 8～10 根。据实测点数据反映，周围地面最终的位移量在 18～151mm，平均在 80～100mm；地面最终隆起值在9.4～171.4mm，平均隆起 105mm。压桩的影响范围约在 40m 半径范围以内，40m 以外影响十分微小，可以不计。其中 40～30m 间影响较小，25m 以内影响明显，10m 以内影响强烈，日位移量可达 17～38mm。

（2）预制打（压）桩施工注意事项

为了尽量减少打（压）桩施工中地面土层的变形影响，应注意以下几点。

①确定合理的打（压）桩顺序和打（压）桩方向，打（压）桩时，地面的变形情况与桩基施工的顺序和施工方向有密切关系。图 7-9 所示为几种常见的打（压）桩顺序和土壤的挤密情况。如图 7-9（a）所示，若采用逐排打入的

施工顺序，会使场地土层向一个方向挤压，使地基土的挤压程度不均匀，会使桩的打入深度逐渐减小，容易引起建筑物产生不均匀沉降。如图7-9（c）所示，自四周边沿向中央打入，会使中间部分的土层越挤越密实，使桩不易打入，并且打中间桩时，已打的外侧桩有可能受挤压而升起。根据施工经验，打桩的顺序以图7-9（b）和图7-9（d）为较好，即自中央向周边打入和分段打入为较好。此外，打（压）桩方向不应向着已有建筑物或市政管线设施一侧进行，宜向着空旷方向或影响较小的一侧进行。

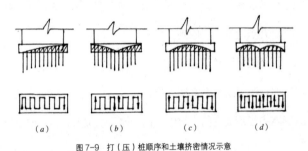

图7-9 打（压）桩顺序和土壤挤密情况示意
（a）逐排打入；（b）自中央向周围打入；（c）自边沿向中央打入；（d）分段打入

②打（压）桩的施工速度不宜过快，根据场地土质情况，应合理制订每天的打（压）桩数量，必要时，可采用跳跃式布置，这样虽给施工带来不便，但对控制地面土层的位移和隆起，会有一定效果。

③在重要保护目标（例如建筑物或市政管线设施等）一侧，必要时，可采用打钢板桩等保护性措施，同时，施工中不宜进行连续施工。

④加强信息化施工，在打（压）桩区域周围地面和建筑物上，设置一定数量的观测点，每天定时、定人进行土层的位移和隆起观测，一旦发现异常情况，应及时采取有效防治措施，以确保施工顺利进行。

7.基坑井点降水不当造成相邻建筑物裂缝和倾斜事故

深基坑基础工程施工中，井点降水是目前较为普遍采用的一种降低地下水位的方法，它可使基坑在干燥状态下施工。但用井点降水法在降低地下水位的同时，会使周围的土层因失去原有的水分而产生固结压缩，如果处理不当，将会造成危害，特别是在软土地层中进行井点降水施工时，更应加以注意。因井水降水施工不当造成相邻建筑物裂缝、歪斜的事故实例屡见不鲜。在井点降水的同时，辅之以井点回灌，可收到良好的技术经济效果。

（1）土层沉降的原因及危害

井点降水时，四周的地下水在下降，其水位变化曲线呈漏斗状，如图 7-10 所示。在其影响半径范围内的土层中，由于地下水位下降，造成土层中间的孔隙水不断减少，向上的水头压力随之减小，土层原来的压力平衡状态受到破坏，使土层中的黏性土产生固结而造成压缩，含水砂层的土层中，因水的浮托力减小而被压密。上述现象反映到地层表面就会使地面产生沉降及裂缝。图 7-10 所示右边楼房下，因 A 点处的地下水位明显下降而使土层压缩，而 B 点处的地下水位则影响较小，这就容易使建筑物因沉降不匀而产生裂缝、倾斜，严重时甚至会倒塌。

（2）井点回灌防止土层沉降

在采用井点降水的同时，

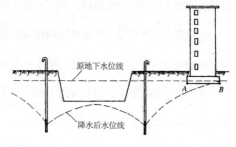

图 7-10　井点降水水位曲线状况

在井点降水系统与需要保护的建
筑物（或构筑物）之间设置一道
回灌井点，如图 7-11 所示。回灌
井点的工作方式与井点降水的原
理刚好相反，将水灌入井点后，
水向井点周围的土层中渗透，在
土层中形成一个与降水井点相反
的倒向的升水漏斗。通过井点回
灌，向土层中灌入足够的水来补

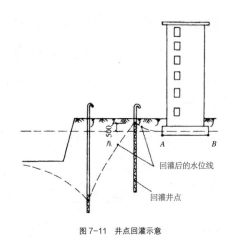

图 7-11　井点回灌示意

偿原有建筑物（或构筑物）下流失的地下水，使地下水位保持不变，土层压力
处于原来的平衡状态，如图 7-11 所示右侧楼房下 A 点和 B 点处的地下水位将
保持原有水位，这样的井点降水对周围建筑物（或构筑物）的影响就减少到最
小程度，或不产生有害影响。

（3）工程应用实例

某工程是一栋长 82m、宽 34m、高 33m 的框架结构，基础埋深为天然地
面下 −3.400 ～ −4.200m。该处常年地下水位为 −1.500m 左右。建筑物东侧有
一高 30m 的宣传大楼需加以保护，该大楼距新建工程平面距离为 10m。

施工中，新建工程采用井点降水，沿建筑物四周按矩形布置降水井管 109
根。在降水井点与宣传大楼之间埋设一排回灌井点，平面长度 38m，设 13 根
井管，与降水井管呈平行布置，两者平面间距为 7m，回灌井点压力为 0.4N/
mm²。为掌握降水影响及灌水效果，设置了 13 个水位观测井及 37 个沉降观测
点，对降水井点和回灌井点的流量、压力及周围建筑物的沉降等进行观测。根

据观测结果，对降水井点或回灌井点的有关参数及时进行调整。

该工程整个井点系统自第一年的 12 月开工至第二年 5 月停止，历时 4 ~ 5 个月。基坑边坡的地下水位稳定在 −5.500m 左右，满足了施工要求，回灌处的地下水位由于调整适当，始终稳定在 −1.500m 左右的原始水位高度，使宣传大楼免受了基坑降水的施工影响。

（4）回灌井点的施工要求

1）回灌井点的设置位置，应在降水井点与保护对象的中间，并适当偏向后者，以减少回灌井点的渗水对基坑壁的影响，并保持良好的降水曲线。

2）回灌井点的埋置深度应根据透水层厚度确定，在整个透水土层中，井管都应设滤水管。

3）井管上部的滤水管应从常年地下水位以上 0.500m 处开始设置。

4）在回灌井点与需保护的建筑物（或构筑物）之间应设置水位观测井，建筑物（或构筑物）周围应设置沉降观测点。观测工作应定时、定人、定设备仪器。根据观测情况，及时调整回灌井水的数量、压力等，尽量保持抽、灌水平衡。

5）回灌井点的水应用清水。

6）回灌系统与井点降水系统应同步进行。当其中一方停止工作时，另一方也应停止工作，不得单方面停止工作。

8. 盲目加深基坑降水深度，造成邻近民房开裂、沉降、倾斜

在地下室工程施工中，为消除地下水对基坑施工的干扰，常采用轻型井点降水或管井降水的方法，以降低基坑的地下水水位。《建筑基坑支护技术规程》

JGJ 120—2012中7.3.2条对降水提出了明确的要求："降水后基坑内的水位应低于坑底0.5m"。这主要是为了地下室基坑能在干燥状态下进行施工操作。为此，在实际工程施工中，应根据土层情况，详细制订基坑降水方案，并认真进行技术交底，以保证基坑顺利施工。

这里介绍某工程基坑施工中，由于盲目加深降水深度，结果使基坑外侧附近建筑物造成严重损害的事故实例。

（1）基坑挖深和土层情况（图7-12）

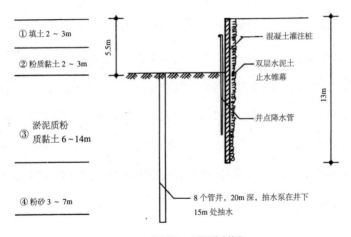

图7-12 基坑挖深、土层及降水情况

本工程挖深为自然地面下5.5m，基坑支护结构为钢筋混凝土钻孔灌注桩，止水帷幕为双层水泥土搅拌桩,灌注桩和水泥土搅拌桩长度均为13m,如图7-12右侧示。场地土层结构如图7-12左侧示。①土层为填土，厚2～3m；②土层为粉质黏土,厚2～3m;③土层为淤泥质粉质黏土,厚6～14m;④土层为粉砂,厚3～7m，此土层内有承压水，基坑底坐落于③土层上。

（2）降水情况

本工程采用了两种降水方式，基坑周边采用轻型井点降水，井管长 7m，主要抽取③土层内的地下水。基坑中间采用管井降水，共计 8 个管井，管井深 20m。

由于施工中对在管井中降水深度未作详细交底，实际操作人员又错误地认为降水深度越深越好，将抽水泵一直放到井内 15m 处抽水，据操作人员反映，水泵抽水量一直较好。

（3）基坑东侧民房损伤情况

降水数日后，基坑内降水效果很好，完全达到干作业挖土的要求，但在距离基坑 100 多米外的几排民房住宅（2 层别墅楼），传来地基下沉、房屋倾斜、墙体裂缝的信息，表 7-1 为检测单位提供的其中一次检测数据，自西向东 6 个测点测出的坑外地面竖向位移值，这些数值与管井降水后形成的降水曲线的梯度坡度是相一致的，即距离基坑越近，水位降水越多的点位（如表 7-1 中的 R_1 点），其竖向位移值越大；距离基坑越远，水位降低较少的点位（如表中的 R_6 点），其竖向位移值越小。

坑外地面竖向测点位移值（其中一次测报值）　　　　　　　表 7-1

项目＼数值＼测点	R_1	R_2	R_3	R_4	R_5	R_6
本次竖向位移（mm）	-13.77	-10.55	-11.47	-5.31	-1.19	-1.02
累计竖向位移（mm）	-52.78	-42.53	-35.15	-21.30	-13.15	-12.48

（4）原因分析

1）降水使地基土层中的空隙水流失，在上部自重作用下土层受到压缩。

在含水土层中降水，不论采用轻型井点还是管井，都会形成以降水点为中心的降水曲线，它以漏斗形状向四周辐射，俗称降水漏斗，如本书图 7-10 所示。由于地下水位下降，使土层中的孔隙水不断减少，向上的水头压力随之减小，使土层中的黏性土产生固结而造成压缩，含水砂层中因水的浮托力减小而被压密，上述现象反映到土层表面就会使地面（及建筑物）产生不均匀沉降、从而引起建筑物的倾斜和裂缝。

2）本工程管井降水施工存在多处失误。

本工程在基坑四周采用轻型井点降水，井管长 7m，主要抽取 3 号淤泥质粉质黏土层中的地下水，它仅仅在基坑周边一定范围内起到疏干土层的作用。当基坑面积较大时，中间部位增设管井进行降水疏干是比较有效的。但本工程对管井的设置深度、抽水泵下井深度未作认真交底，使 8 个管井深度达 20m。抽水泵下井深度达 15m，主要抽取的是④土层粉砂层中的地下水，这是失误之一。粉砂层含水量丰富，水在粉砂层中的渗透速度又快，管井抽水后，将周边粉砂层中的水迅速抽走，表 7-1 中坑外 100 多米处地面检测的竖向位移值充分反映了地下水位自西向东降低的趋势。

管井降水施工前，没有在东边民房一侧设置地下水位变化观测井，这是失误之二。在基坑周边外围设置地下水位观测井，对保护周围建筑物、道路、管线安全起有重要作用，也是信息化施工的重点所在。

发现东边民房出现沉降、倾斜、裂缝后，施工单位立即采取了回灌措施，但回灌井管长度仅 7m，底部仍在 3 号淤泥质粉质黏土层中。水在淤泥质粉质黏土层中渗透速度很慢，使失水后已经沉实的土层难于复原回升。回灌时间过迟，回灌井管偏短，这是失误之三。应从本工程中吸取经验教训。

9. 逆作法施工技术建造地下室施工工艺

自古以来，建房子都是从下往上建，而拆房子则都是从上往下拆。自从发明逆作法施工技术以来，这种施工方法被彻底颠覆了，现在建地下室可以从上往下建，而拆房子也可以从下往上拆了。

逆作法建造多层地下室施工方法和施工工艺

该方法适用于周边环境复杂，或地质条件复杂的工程项目。其施工工艺原理和步骤如下：

（1）先沿建筑物四周边线浇筑地下钢筋混凝土连续墙，作为地下室及上部建筑结构的边墙以及基坑的挡土、挡水的围护结构，浇至地下室顶板底。同时，在基坑内部，按设计确定的柱网，在柱子位置浇筑混凝土灌注桩，该桩按设计要求，可一直浇筑至地下室顶板底，地下室部分作为柱子使用，也可浇筑至地下室底板后，上部用型钢柱子插入桩内连接。施工状况如图 7-13（a）所示。

（2）用在地面上的支模方法，在地下室顶板标高位置（即 ±0.000 位置）挖去部分土方后支模、绑扎钢筋后浇筑地下室顶面梁、板。顶板钢筋与周边连续墙、中间支承柱钢筋按设计要求规范连接。顶板上还应留置出土孔、塔吊孔以及出土运输通道等。此时，地下室顶板已成为周边地下连续墙刚度很大的水平支撑结构，这对减小基坑变形和对相邻建筑的影响是极为有利的。完成之后的状况如图 7-13（b）所示。

（3）待地下室顶板混凝土达到设计强度等级后，通过出土孔即可进行板下坑内挖土施工，土方从出土孔内运出，待挖至地下室负一层地面位置时，按上述（2）的方法进行立模和绑扎钢筋后浇筑负一层的楼面混凝土梁、板，并在相应位置留出出土孔、塔吊孔等。

在进行坑内挖土的同时，即可同时进行 ±0.000 以上楼层的施工，形成地上、地下同时施工的局面，这对加快总体施工进度是极为有利的。施工状况如图 7-13（c）所示。

（4）不断重复上述施工步骤，地下室从上往下逐层深入施工，上部主体结构也不断往上延伸。施工过程如图 7-13 所示。

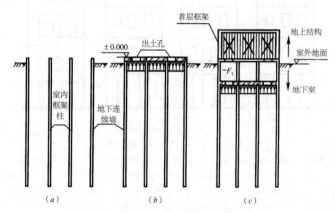

图 7-13　逆作法从上往下建地下室施工图示

（a）沿建筑物四周边线浇筑地下连续墙，基坑内按设计柱网浇筑钢筋混凝土桩（柱）；（b）在±0.000位置挖去部分土方后立模浇筑地下室顶板，留置出土孔及运输通道；（c）在基坑内挖土，浇筑一层地下室底板，地面上同时施工首层框架，上下同时施工

10. 逆作法施工技术拆除高楼施工工艺

日本东京市内一栋标志性高层建筑——赤坂王子酒店大厦就是用逆作法拆除方法从下往上进行拆除的。赤坂王子酒店大厦由于它建造年头已久，需拆除

重建。该建筑高 138.9m，因位于闹市，不能使用常规的爆破、机械拆除、铁球撞击等拆除方法进行拆除。为此，日本大成建设集团研制出最先进的"缓降法"，将大厦从下往上进行逐层拆除施工。

具体拆除方法和施工步骤如下：

（1）先拆除底层的门、窗和各种管线以及内、外墙体、仅留出几十根支撑大厦的框架柱子。施工后状况如图 7-14（a）所示。

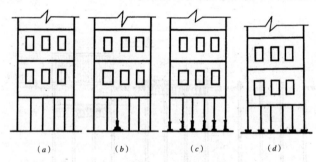

图 7-14　逆作法从下往上拆高楼施工图示

（a）将底层门、窗、管线、墙体全部拆除，仅留支撑大厦上部结构的框架柱子；（b）将其中一根柱子在下部截去千斤顶的一个行程（约 700mm）和千斤顶的底座高后，用千斤顶抵紧；（c）将所有柱子逐根截去相同尺寸后，用同一型号的千斤顶抵紧，大厦全部重量落在所有千斤顶上；（d）将千斤顶同步统一下降一个行程（约 700mm），整座大厦就平稳下降了 700mm

（2）将其中一根柱子在顶上四周的梁下作临时支撑，稳固后，在其下部截去千斤顶的一个行程（约 700mm）和千斤顶的底座高度后，随即用千斤顶抵紧，随后拆去柱子顶上四周梁下的临时支撑材料。由于整栋大楼由几十根柱子坚强的顶着，在一根柱子上截去一段后并随即抵紧千斤顶的施工过程时间很短，不会对大厦安全产生影响。其施工后状况如图 7-14（b）所示。

（3）重复上述（2）的施工方法，随后将所有柱子在下部逐根截去相同尺寸后，用同样型号的千斤顶抵紧，直至所有柱子都截去相同尺寸，并全部用统一型号的千斤顶顶着为止。至此，大厦所有的上部重量都落在几十个千斤顶上。施工状况如图 7-14（c）所示。

（4）将千斤顶统一动作下降一个行程（即 700mm），整座大厦也就平稳下降了 700mm。施工后状况如图 7-14（d）所示。

（5）重复上述（1）~（4）的动作，整座大厦就第二次下降。当下降到第二层楼面时，将楼面结构层拆除后继续按上述方法进行施工，直至顶层落地，拆除施工即告结束。

逆作法拆除高楼施工过程如图 7-14 所示，这种拆除方法基本在室内和低空进行操作，不受天气因素影响，安全系数较大，也大幅度减少了粉尘、噪声对周边环境的影响，特别适合于城市市区超高大楼的拆除施工。

当然采用这种逆作法拆除高楼时，也要高度重视拆除施工过程中高楼本身的安全、稳定，特别是在第 3 步骤施工时，要防止因地震、暴风雨等恶劣自然灾害对高楼的安全稳定造成袭击和威胁。为此，应在柱群中选择几根起关键作用的柱进行特别加固措施，使高楼一旦遇到意外受力，仍能起到稳定作用。

11. 无足的建筑物能行走——谈建筑物的整体搬移

因城市建设规模的扩大或因城市规划的调整，有些建筑不得不需要拆除让位，但有些建筑物具有重要的史料价值或文物保护价值，拆除后的损失和影响是很大的。若拆除后作异地重建，也常常会失去原有的口味，特别是一些很精致的古典建筑，拆除后很难重建复原。对此建筑界人士发明创造了给建筑物"整体打包"后进门整体移位搬迁的施工技术，全国每年都有若干幢建筑物被成功整体搬迁的实例报道。有的建筑物不仅能在平面方向作整体移动，还能在高度方向进行升降，还有的能转动角度方向作整体移动，从而使很多建筑物免遭了拆除的厄运，获得了新生。

一幢体积庞大的建筑物需作整体打包后整体搬移时，应认真制订详细的施工技术方案，特别是一些历史悠久的砖混结构建筑和砖木结构建筑，原本就十分"娇气"，稍有不慎便会造成损坏。通常情况下，将通过以下几个步骤实施：

第一，要对建筑物进行加固处理，以应对在搬移施工中的非正常受力的影响，保证原有承重墙（柱）结构的受力状态。加固工作通常是搭建满堂脚手架，墙壁内、外都要贴上木板、木龙骨（或钢材），将整座建筑物"包裹"成了一个整体。

第二，在沿建筑物的每道承重土墙（柱）的基础部位（宜在 ±0.000 下）浇筑钢筋混凝土托梁和滑道，托梁嵌入承重墙（柱）体 5 ~ 6cm，在托梁和滑道之间设有钢制滚轴。待托梁和滑道的混凝土达到设计强度等级要求后，将建筑物承重墙（柱）在托梁下面沿水平切断，使整幢建筑物的重量全部落在托梁和滑道上，形成一个可移动的承重底盘，如图 7-15 示。托梁和滑道应设置在一个统一的标高上，以使整体移动操作时步调一致。图 7-16 为武汉市某百年老建筑实行整体平移时，施工现场的实

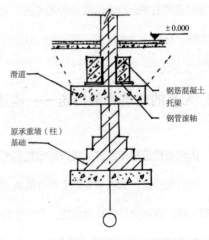

图 7-15　在基础部位浇筑的钢筋混凝土托梁和滑道示意图

景照片，其钢筋混凝土托梁和
滑道以及建筑物的钢管脚手架
的加固情况清晰可见。该建筑
为武汉市文保单位，建筑是砖
木结构，屋架和楼梯都是木质
的。加固时楼房内外搭建了满
堂脚手架，楼房底部用钢筋混

图 7-16 武汉市一百年老建筑整体平移施工现场实景照片

凝土浇成一个"托盘"，整个
建筑的重量和平移时的受力点
都在"托盘"上。

图 7-17 为南京市莫愁湖
公园南大门的古典式牌楼建筑
因水西门大街拓宽，由南向北
整体平移 10m 的施工现场实
景，在下部用型钢设置的托梁
和滑道以及上部用型钢作的加

图 7-17 南京市莫愁湖公园南大门的古典式牌楼建筑因水西门
大街拓宽，由南向北整体平移的施工现场实景

固处理，也清晰可见，保证了牌楼建筑平移的安全受力。

第三，在建筑物的新就位处设置新的基础及滑道。两端的滑道应设置在同
一标高上，以方便对接处理。如两端滑道不能设置在同一标高上，则到达新的
位置后尚须作顶升或下降处理，其技术要求相对要复杂些了。

第四，设置建筑物行走动力装置。

建筑物整体搬移的动力装置通常有"推"和"拉"两种形式。推——是用

千斤顶在背面将建筑物向新的位置方向推进，所用若干个千斤顶因统一型号，事前进行校验统一行程，统一步调。通过千斤顶循环往复的不断顶推，最终将建筑物推进到新的位置。拉——是用卷扬机在建筑物移动的前进方向牵拉钢丝绳，将建筑物拉向新的位置。所用若干卷扬机也要统一型号，事前也需要进行校验，以使统一行程、统一步调。但与用千斤顶"推"的方法相比，采用卷扬机牵拉钢丝绳的方法缺陷较多，特别是钢丝绳的松弛程度难以控制一致，所以在实际施工中此方法使用较少。

第五，整体平移至新的位置后，拆除行走装置，承重墙（柱）与新基础作连接处理，拆除建筑物内、外加固材料，并作适当整修。至此，建筑物的平移工作可宣告安全结束。

据有关资料介绍，上海市需保护的某幢古建筑，根据制订的整体搬移的施工方案，第一次平移了 10.4m；第二步垂直提升了 0.82m；第三步在顶升后又再次平移了 6.55m；第四步转角 23°；第五步横移了 1.93m，最后安全平移到位，其难度之大，技术要求之高，使整个平移过程充满了风险。施工技术人员不畏艰险，以科学理论为指导，多次优化原施工方案，从而一举成功，成为我国建筑物整体平移施工的一个典型工程。

2004 年，我国新闻媒体曾报道了广西梧州市人事局一幢综合大楼进行整体平移的施工情况，平移施工时，住在里面的几十户人家无一搬出，照常正常生活，施工方对楼内的所有管道都作了软管连接，电力、通讯有临时线路，供水管道则通过软管输送。卫生间的厨房的下水口也接上了软管，与临时化粪池相连……住户第二天早上醒来一看，房子移动到了新的位置上了，创造了住宅建筑整体平移的一个奇迹。

与拆除后异地重建相比，建筑的整体平移具有工期短、造价低、对周边影响小等特点，特别对于文物建筑而言，平移技术让城市建设和文物保护在博弈中得到了双赢。因此，在旧城改造、道路拓宽以及历史建筑保护等方面得到了较为普遍的应用。

12. 从废纸篓中捡回来的世界建筑奇迹

蜚声于世、并被列入世界遗产名录的悉尼歌剧院，坐落于澳大利亚著名港口城市悉尼三面环海的贝尼朗岬角上，占地逾 1.8 万 m^2，它由一个大基座和三组巨型拱顶型壳片组成，远远望去，那错落有致、依山临海的白色建筑，如桔瓣罗列，似含苞的花朵，如海蚌张合，又像扬起风帆的航船，与湛蓝的海、碧绿的山、蔚蓝的天空和雄伟的海港大桥互相映衬，显得极为美妙和谐（图 7-18）。它的造型别致，超凡脱俗，是澳大利亚的象征，是二十世纪建筑史上的经典之作，与纽约的自由女神像、埃及的金字塔、巴黎的凯旋门和埃菲尔铁塔一样，是镶在大地上的一个强音。

(a)   (b)

图 7-18 悉尼歌剧院

(a) 空中鸟瞰悉尼市；(b) 远眺悉尼歌剧院

然而，有谁会想到，这座世界奇迹建筑，曾经是一个难产的宠儿，它的设计方案图纸竟然是从废纸篓中捡回来的，差一点胎死在腹中。

1956 年，当时的澳大利亚总理凯希尔应担任乐团总指挥的好友古申斯的请求，决定由政府出资在贝尼朗建造一座现代化的歌剧院，并决定向全世界公开征集歌剧院的设计方案，进行一场大规模的设计竞赛。美、英、法、意、德、日等十多个国家的 233 位设计师应邀参加投标，报送了 232 个歌剧院的设计方案。

1956 年上半年的一天，37 岁的丹麦建筑设计师 D·J·乌特松看到了一则澳大利亚政府向海外征集悉尼歌剧院设计方案的广告后，心情十分激动，跳跃欲试。乌特松常识渊博，创意敏锐，常常灵感勃发。几天后，他在街头偶遇几位来自悉尼的姑娘，便向他们打听了解悉尼的情况，姑娘们向他介绍了悉尼一带旖旎的风光和沁人的芬芳……由于时间十分有限，乌特松提供的歌剧院设计方案仅仅是一张示意性草图。

1957 年 1 月，由美国著名建筑师沙里宁等世界著名建筑设计师组成的评委会汇集悉尼，负责设计方案的评选。评选初期，沙里宁因故未能及时参加，到方案初评结果出来后，他才赶到，他对初评出来的十个候选方案认真审阅后感到都不太满意，于是提出要看看初评中被淘汰的其他所有方案。由于乌特松设计的方案当时只是一张示意性草图，初评时就被淘汰了，有的人甚至将其斥之为"不伦不类的怪物"，乌特松一气之下将图纸揉成一团丢进了废纸篓中。可当沙里宁看到这张示意性草图后，独具慧眼的他突然眼睛一亮，如获至宝似的当场惊呼："啊！艺术珍品，难得的艺术珍品！"沙里宁以他睿智的专业眼光，全面独到的分析、耐心地向评委们解释。他指出乌特松的设计方案，运用悉尼港得天独厚的地理环境，巧妙地把海湾和建筑物和谐地融为一体，这正是他创新的魅力所在。他终于力排众议，说服了评委，使这个初评时已被废弃的方案终获通过。

1957年1月29日，悉尼艺术馆大厅内座无虚席，来自世界各国的著名建筑师组成的评委会庄严宣布：37岁的丹麦建筑师D·J·乌特松的设计方案战胜了231竞争对手荣幸获选。

1963年，澳大利亚议会通过了兴建悉尼歌剧院的方案，联邦政府正式拨款并集结了一批施工专家，开始动工兴建这项宏大的工程。乌特松带着妻子和三个孩子来到悉尼，并进驻施工现场，他根据建筑的进展情况，开始潜心研究，着手修改、绘制歌剧院内部工程的一系列施工图纸，他先后画出了7000多张各个细部的设计图纸，并解决了一项项施工过程中出现的难题。

当工程进行到过半时，州政府提出了较大的修改方案，决定要把音乐厅改为可以演出交响乐、芭蕾舞和歌剧的综合大厅，座位也要增加到3000～3500个，而戏剧厅座位也要增加到1200个，另外再增建一个实验剧场。这样几乎全盘改变了乌特松原来的设计方案，也给施工单位带来了许多新的难题。当时的澳政府公共设施部部长休斯因乌特松坚持歌剧院内部原设计方案而拒绝继续拨款，并下令强行拆除了原先设计并已施工的旋转舞台，致使整个工程处于瘫痪。

在这种情况下，乌特松只好提出了辞职报告。临行前，他还为歌剧院屋顶设计了一个刻有波纹的白瓷砖，以解决南半球强烈阳光的反射不那么刺眼的问题。1966年5月，乌特松怀着满腔忧愤带着妻儿离澳回到了丹麦。后来，大剧院的内部装修，由3位澳大利亚工程师组成的施工小组取代乌特松负责继续进行施工，并于1973年10月全面落成，工程从方案确定到竣工落成历时十六年之久，工程总耗资 1.04 亿美元，超过原预算的十四倍。

1973 年 10 月 20 日，悉尼歌剧院举行了隆重的竣工盛典，在贝多芬《第九交响曲》庄严激越的乐曲声中，拉开了庆祝盛典的序幕。英国女皇伊丽莎白专程前来为歌剧院剪彩。英皇室成员、政府要员和各国政界、艺术界的嘉宾纷纷来到悉尼湾畔，倾听来自世界各地音乐家的精彩演奏，然而，作为歌剧院建筑设计者的乌特松竟然缺席而未参加。

1978 年，为了表彰乌特松的成功设计，英国皇家建筑学院授予他金质奖章，1985 年，乌特松被澳大利亚皇家建筑学院也授予金质勋章。

如今，悉尼歌剧院是人们公认的 20 世纪最生动、最激动人心的建筑艺术形象之一，也是世界上演出活动最繁忙的场所之一，除了每年的圣诞节和耶稣受难日外，每天都要开放 16h，平均每天有 10 个不同的活动项目，成为人们节假日的文化娱乐中心，也为澳大利亚增添了新旅游景观，吸引了成千上万的旅游者。

1993 年 10 月 20 日，悉尼歌剧院举行了建成 20 周年大庆，来自世界各国的嘉宾聚集一堂，当时已定居于西班牙一座淡海城镇的乌特松仍没有去赴会，只是让他两个学建筑的儿子到悉尼参加盛典。兄弟俩在谈到他们父亲的设计经历时，乌特松告诉他们当时构思歌剧院的设计方案时，其灵感竟来自一只剥开的桔子，而并非有人说的来源于航行中的风帆，也非从海蚌的张合模样中得到的启发。乌特松对他的两个儿子说："每件艺术作品都可以让后人去想象、去补充，才能使它更完美。"如果你把桔子剥成几瓣，它们的形状难道不像歌剧院屋顶的造型吗？乌特松向人们揭开了那令人神往、惊诧的谜底。

1998 年，澳大利亚新南威尔士州政府决定，对悉尼歌剧院的内部进行翻修，方案公布后，已是耄耋之年的乌特松向澳大利亚友人致信表示：悉尼歌剧院作为时代的产物，仍保留原貌为好，即使按它的原设计重新进行内装修，说不定也会对现有结构造成破坏。

乌特松为人们留下了一座传世杰作，他那对艺术执着追求的品质和尊重历史的博大胸怀，令人肃然起敬。

13. 会旋转的房屋

伟大的诗人、作家、画家，而且也是卓有成就的科学家和建筑师歌德说过："建筑是凝固的音乐！"而今，人类凭借非凡的想像力与日新月异的高科技相结合，终于把建筑变成了流动的音符。十多年前，在巴西的库里蒂巴市一幢奇妙的智能公寓大厦落成使用。这座大厦中，每户（层）住宅都能独立地左右作360°的旋转。

这座号称是全球独一无二的公寓大楼外观是个圆柱体，共有 11 层，每户公寓占据一层，面积为 $300m^2$。公寓内分成两部分：一部分为固定不动的中心结构，包括厨房和洗手间；而另一部分则是包括储藏室、浴室、烧烤炉间等在内的外围圆形结构，它可以在声音命令的控制下左右旋转，每转一周需要一个小时，可在你不知不觉之间，室外的景色就发生了"乾坤大挪移"。由于楼层独立，因此各层的旋转方向也互不影响。

无独有偶，西班牙的隆卡建筑事务所晚几年也推出了一种旋转式的公寓住宅，很引人注目，也很有市场潜力。这幢住宅的房间约 24h 旋转一周，亦可按季节调整其旋转方位和旋转周期，以保证每个房间都可以得到充足的阳光和流

通的空气。旋转机构设计独特，全部由
计算机操纵和控制。

　　美国的建筑专家也构思巧妙的开发
出了一种会旋转的房屋，这种房屋里安
装了一种如同雷达的红外线跟踪器，屋
内的马达在天一亮时就会自动启动，整
幢房子便像向日葵似的迎着太阳缓缓转
动，一直与太阳保持着最佳的角度，从
而确保屋内能够照射到最多的阳光。在
太阳下山后，房屋又会慢慢地复回到原
位。它一方面充分地利用太阳能驱动房
屋运动，确保了室内的日常供热和用电，
另一方面又能储存宝贵的光能，以便阴
雨天和晚间使用。

图 7-19　某城市电视塔外形

　　还有一种建筑，本身不会自动旋转，
但外形是旋转的形状，也别有一番风味。图 7-19 为某南方城市电视塔的外形
照片，扭转的线条很有规律，也很有韵味，给人很舒适的视觉感受。图 7-20
为在阿拉伯联合酋长国迪拜建成的世界最高的扭曲塔——"卡延塔"，73 层、
高 310m。大楼外形新颖别致，楼体自上而下扭曲了 90°。但也有的扭曲建筑
由于扭曲幅度过大，让人看了很不太舒服，如图 7-21 所示为某地正在建设中
的一幢高科技研发中心大楼，被路人戏称为"拧麻花大楼"，网友称看了"腰
疼"。

图 7-20 迪拜的世界最高扭曲塔

图 7-21 拧麻花大楼看着腰疼

14. 神奇的音乐建筑

从事建筑的人都知道歌德讲过的一句名言："建筑是凝固的音乐，韵律是流动的建筑。"建筑和音乐是两门性质很近的艺术，二者都具有内在视觉和听觉上的和谐、对比、节奏等美感因素，而且不少能工巧匠建造出了很多奇妙的建筑，它们能奏出十分动听的音乐来，成为人类的传世之作。

我国古代的建筑艺术很讲究音响效果，其中最著名的要算北京市天坛景区的回音壁和三音石了。回音壁位于天坛南侧的皇穹宇旁，是一座直径为 65.1m 的正圆形砖围墙，始建于明嘉靖 9 年间（公元 1530 年），它的特点是一人在围墙的一端轻轻的说一句话，在距离几十米的围墙另一端的一个人却能听得清清楚楚他讲的什么话，它主要是利用声音在光滑的墙壁上产生的折射原理生成的音响效果。和回音壁同样令人稀奇的三块奇妙的回音石，你若站在第一块石板中央，用双手鼓一下掌，你随即会听到一声"刮"的清脆的回音声；你若站在第二块石板中央，同样用双手鼓一次掌，则你随即会听到两声"刮！刮"的清脆的回音声，而且两声的声音强度不同，第二声略弱一点；你若站在第三块石板中央后也用双手鼓一次掌，则你随即会听到三声"刮！刮！刮！"清脆的回音声，三次回音的声音强度依次减弱，这种回音效果主要利用的是声音的反射和聚焦原理所产生的音响效果。

在河北遵化清代东陵顺治皇帝的孝陵神道上，有一长 110m、宽 9m 的七孔桥，两边嵌着 116 片石栏板，当人敲打石栏板时，它就会发生十分悦耳的叮叮咚咚的乐曲声来，有的很清脆，有的则低沉，其音响是按我国古代的宫、商、角、徵、羽五个音阶设计的。因此，当地人称此桥为"五音桥"。我国长城的嘉峪关被誉为"天下第一关，"其中有一段燕鸣墙位于城内东北和西北的拐角处，每到此处旅游观光的人，都会兴致勃勃地弯腰捡块石子敲打城墙。原来，每当石子敲击城墙时，城墙便会发出婉转悦耳十分动人的燕鸣声。

现代科技的发展为有声建筑注入了一种新的生机，五光十色的音乐建筑在世界各地悄然兴起。1987 年 3 月，法国马赛市的一个地铁站内建成了一堵神奇的绿色音乐墙，它利用电脑储存各种音符和短曲，构成了一个简单的作曲系统。当人们经过墙前时，随着人们的脚步节奏会发出阵阵悠扬的乐曲声来。行人的步子有快有慢，墙内光电管的感光程度也有强有弱，因而产生的曲调也就不同，如果行人仅仅赶路，它就奏出激越的进行曲；行人散步时，它便发出轻松欢快的乐曲。

日本爱知县的丰田市，有一座长仅 31m、宽 2.5m 的音乐桥，两侧的栏杆上装有 109 块不同规格的音阶栏板，过往行人用木板敲击左侧，就会奏出一首法国名曲《在桥上》；回来时，敲打桥的另一侧，会奏出脍炙人口的日本民歌《故乡》。

在墨西哥境内靠美国边境有一条道路，往昔交通事故频繁。于是建筑设计师在事故多发地段建造成音乐马路，当车辆路过时，路边的音乐装置会演奏出振奋精神的迪斯科乐曲，让疲惫的司机精神一振，因而交通事故大为降低。

在印度新德里的一座七层大厦内，设置了奇妙的音乐楼梯，建筑师选用共鸣性好、敲打时能发生音乐声的花岗岩石板做楼梯踏级，每级楼梯踏板有固定的音阶音调，当人们上下楼梯，脚踏石级时，石级就会发生与乐曲极其神似的音响，悠扬动听，使人感到妙趣横生。

在比利时首都布鲁塞尔的一座公园里，随处可见一些模样令人发笑的胖木偶形式的音乐垃圾箱，木偶的大嘴张开着，当游人把垃圾丢入它口中时，它会大声说一声"谢谢，并随即发出一段悠扬动听的乐曲来。"

据有关资料的介绍，匈牙利的索尔诺克市建有一座音乐塔，法国巴黎市郊建有一座音乐亭，当人们走进这些音乐建筑时，就能听到悠扬动听的音乐声，从而给人们带来无限快感。

现在，有些音乐建筑元素（件）也植入到了住宅建筑中了，据报纸报道，比尔·盖茨的住房，可以做到你喜欢的音乐随你的位置的变动移换到不同的房间。

※   ※   ※   ※

随着建筑技术的发展，人们不但能使建筑随着人们的行走（动）而发出悦耳动听的音乐声来，而且能使建筑随着音乐而"起舞"，使建筑由常见的静态之美变成动态之美。

早几年前，在云南昆明国际旅游节开幕式上，人们看到了建筑的屋顶是如何伴随着音乐和节目情节的变化而改变，这是我国第一座可开合的动态建筑，它的设计者是上海交通大学建筑设计研究院。

在昆明世博艺术广场改造的投标中，上海交通大学建筑设计院提交的动态建筑方案因能满足苛刻的视线要求和优美的孔雀开屏的造型以及新颖的动态概念而中选。改造方案是将总覆盖面积约2270m²的观众席雨篷，分成五个可开启的分体，每个分体长37.7m，上檐宽8.5m，下檐宽18m。每个单体在千斤顶的作用下逐渐开启，千斤顶作用点布置在后端，雨篷旋转轴距后端8.5m。舞台雨篷总覆盖面积约508m²，由两个可相对滑动的分体组成，前檐高17.1m，后檐高11.3m。整个雨篷远看呈孔雀开屏状。舞台雨篷通过树枝状钢杆支撑于两侧的弧形托架上，托架固定在宽8m，长19.3m，高1.5m的钢结构行走小车上，行走小车连同上部结构在间距6m的轨道上运行，以完成舞台雨篷的开合。覆盖形式采用附着式膜结构。膜材本身材质轻盈，理化性能优良，构造工艺精美，对建筑形象和结构体系均起到良好作用。

该工程的动态形式不仅能很好地满足该剧场独特的观演要求，还可凭借自身形态的变化参与表演，孔雀开屏的形象创意独具一格，寓意贴切、内涵丰富，体现云南风情、展示世博园风貌，具有较强的标志性。白天，观众席雨篷闭拢低伏（仰角14°），舞台雨篷滑开。游人在建筑旁的友谊路上，视线越过观众席雨篷可望到山崖上的"EXPO99"标志；进入观众席后廊，可看到200m外的主景山崖山顶（60m高）。室内室外，视线均畅通无阻。晴夜，观众席雨篷张开（仰角38°），形成高视线角度、广视野宽度、阔空间范围，观众安全置身于山水自然之中，充分满足观赏音乐喷泉（60m高，80m宽）、水幕电影（直径50m）、激光表演（依山势立体分布）等的需求。雨篷开启后形成的开放、向上的体形，更加烘托了表演现场的热烈气氛。雨夜，歌舞表演时，观众席雨篷闭拢低伏（仰角14°），舞台雨篷滑至中心，形成良好的室内观演空间；

音乐喷泉及水幕电影表演时，观众席雨篷打开（仰角 25°），舞台雨篷滑至两侧，视线无阻隔，形成室内外交融的独特观演空间。

上海交大设计院联合建工与力学学院及机械学院，在综合考虑了项目的各方限制条件，提出了动态建筑的设想。之后，就该方案的建筑、结构、机械等进行了全面深化设计。还委托国家重点试验室——北京大学空气动力学试验室进行了风洞试验，在工程施工过程中，尽力保证现场的施工精确度，终于换来了中国第一座动态建筑的诞生。在建筑历史上具有重要的意义。

动态建筑综合了建筑、结构、机械、自动控制等多学科技术，利用高科技切实地为功能、为环境、为艺术形象服务。动态建筑改变了传统建筑固定的空间形态，使建筑可以根据使用功能或使用要求的变化而提供变化的空间，这种变化是通过主体结构构件的运动来实现的。

15. 精彩的地下世界（建筑）

随着城市化速度的加快，地下空间的开发利用越来越引起人们的关注，国外的很多大城市都把地下空间看作新型的国土资源，进行立体开发。

在很长一段时间内，我们一直在水平方向和向高空寻求更大的生存空间。随着地下空间的开发，城市应在地面、地上和地下协调发展的新概念已逐步为人们所认识。由于经济的发展，城市在人口数量和人口流量方面迅速增加，给城市造成了很大的压力，当这种压力超过一定程度时，就需要对城市进行全面和局部的改造和扩建，而大量地开辟道路和修建高架桥，势必带来城市环境的恶化并破坏城市景观，因此，在兼顾各种功能的前提下，加紧开发"地下空间"，从根本上改变城市空间结构，建成"立体化"城市的新格局就显得尤为迫切。法国巴黎市中心区地下空间的再开发，便是一个成功的实例，它位于巴黎旧城的中心部位，在强调保持城市传统特色的同时，开辟了一个以绿色为主的步行广场。广场地下一、二层是购物中心以及体育馆、游泳池、音乐厅、剧场、图书馆等文化娱乐设施，高速公路和地铁在地下第四层，地下三层是车站大厅与可容纳1850辆汽车的停车场。广场西侧设有一个面积为3000m²、深13.5m的下沉式广场，通过宽敞的台阶和自动扶梯，沟通了地面和地下空间，在塞纳河畔形成了一个具有文化气息的城市开放空间，大大提高了环境质量。

国外大规模开发城市地下空间是从1863年英国伦敦建设世界上第一条地铁开始的，之后各国陆续建设了很多地下停车库。近几十年来，则大规模的建设步行街，形成融购物、停车为一体的地下综合体。美国在1974年～1984年的10年间，用于地下公共设施建设的投资达7500亿美元，占基本建设总投资的30%。日本已开始研究50m以下深层地下空间的开发利用问题。我国从20世纪90年代起，开始进行城市地下空间的开发利用工作，如西安市的钟鼓楼地下商业城、上海的地铁工程和人民广场工程等，并由中国工程院院士、教授牵头组成的专家组进行"21世纪中国城市地下空间开发利用战略及对策"的研究。据预测，如地下空间能得到合理的开发利用，其面积可达到城市地面面积的50%，相当于一个城市增加了一半的面积。

（1）巴黎的地下城

巴黎下水道被法国人称之为"城下的城市"，的确令人叹为观止。首先是其规模很大，其次是设施清洁。名义上被叫下水道，其实它具有多种功能。其中底部为水渠，上部整齐地排布着自来水管道、排水管道和电缆等，密密麻麻，像蜘蛛网似的。下水道总长度为 2100km，十分壮观。

有趣的是，下水道像一条小河一样，可以行船，水渠房还有人通行，昼夜灯火通明。在巴黎的地下城里，有许多能够通行汽车的地下街道、270 个车站的地铁和可以容纳 7 万多辆汽车的地下停车场。今天，地下城已经成为旅游的好去处。不少巴黎人在节假日里，都喜欢到此一游，以摆脱地上城市的拥挤和嘈杂。

（2）日本的地下街

在日本，只要是大城市，都有几条多姿多彩的地下街道，是世界上地下街道最多的国家。

大阪地下街位于大阪市中心区，分南北两个，上中下三层。

唯波地下街规模比较小，早在 1957 年修建而成，是世界第一条地下街。

彩虹地下街目前称得上是大阪乃至整个日本最大的地下街，长 1000m，宽和高分别为 50m 和 6m，街顶离地面 8m。它上通地面商店，下接地下电车车站，交通十分方便。可同时容纳 50 万人，每日有 170 万人次乘地铁而来。彩虹地下街有 38 个进出口，它们设计讲究，造型各异。地下街有 3 个商场，构成了一个独立的商业区。它开辟"爱的广场"、和"光的广场"、"泉的广场"和"绿的广场"，每天吸引着大批国内外的观光客。

（3）莫斯科的地下掩体

在莫斯科，克里姆林宫和一个建筑在城市西郊的巨大地下掩体相通。掩体内各种设施一应俱全，有电影院、剧院和豪华公寓等，能够居住 12 万人。

地下掩体四通八达，进出方便。一旦战争爆发，俄罗斯领导人几分钟内就能从克里姆林宫的地下通道乘车进入掩体，指挥军队打仗。地下掩体可以防止原子弹和氢弹的袭击，里面储备的物资十分充足，能够保证俄罗斯领导人生活 30 年。

（4）赫尔辛基的地下教堂

在芬兰首都赫尔辛基，有一座 1969 年 9 月建成的地下教堂，它同时还是一个音响效果极好的音乐圣殿。这座地下教堂的全部工程都用风钻在岩石层上挖掘而成，四周岩壁故意没有抛光，以使音响效果真实、和谐。稍稍高出于岩石的圆顶窗户，直径为 24m，倾斜角为 265°。中央顶层是用铜皮制成的，四周再用玻璃覆盖，在阳光的照射下，通过玻璃反射，编织出五彩缤纷的光环。地下教堂的顶盖用了 180 根钢筋混凝土柱支撑，布置非常合理，丝毫不显零乱。柱子之间，舞台、钢琴、铜管等都有机地互相衔接着，看得出设计者煞费了一番苦心。

教堂内还配有同声传译设备及电台转播设备，供信仰者们聆听传教，也供来者听音乐。芬兰人发现，利用地下教堂独特的名气、独特的风格、独特的音响效果举办定期的音乐会是十分受人欢迎的一件好事，也为芬兰的旅游吸引了大批的外国游客。

16. 智能建筑·智能住宅小区·城市智能化

随着计算机技术和电子信息技术的迅速发展，以及两者之间的有机结合，智能建筑和智能住宅小区也随之应运而生，它是综合地反映时代高科技成就的科技产物。传统建筑向智能建筑的转化是历史发展的必然进程。智能建筑虽然历史很短，但前景十分广阔，21 世纪智能建筑和城市智能化将得到全面发展。

智能建筑是将建筑、装备、服务和经营四大要素各自优化、相互联系、全面综合并达到最佳组合，获得高效率、高功能与高舒适性的建筑，通常被人们称之为"3A大厦"或"5A大厦"。它是由通信自动化系统（英文简称CA）、办公自动化系统（英文简称OA）和设备管理自动化系统（英文简称BA）三大部分组成的。有的智能建筑在设计时，将火灾报警和自动灭火系统（英文简称FA）从设备管理自动化系统中分割出来，形成防火自动化系统，或将安全保卫自动化系统（英文简称SA）也单独成为独立的自动化系统，则就在"3A"基础上形成了"4A大厦"或"5A大厦"了。

全球第一座智能建筑建成于1984年，位于美国的康涅狄格州的哈福德市，迅速引起了世界各国的重视和仿效。1985年，日本东京市的一座智能建筑也宣告落成。日本于1985年末成立了国家智能建筑专业委员会和智能建筑研究会。英国、法国、德国、加拿大、瑞典等国在20世纪80年代末和20世纪90年代初也都先后建成了富有自己特色的智能建筑。

进入20世纪90年代，美国开始实施信息高速公路计划，作为信息高速公路结点的智能建筑更受到重视，在智能建筑领域，美国始终保持着技术领先的势头。1995年之后，美国大幅度增加了智能建筑的建设比例，新建和改建的办公楼约有70%为智能建筑。日本在20世纪末，已有65%的建筑实现了智能化。新加坡为推广智能建筑，拨巨资进行专项研究，计划将新加坡建成"智能城市花园"，韩国准备将其半岛建成"智能岛"，印度于1995年起在加尔各答的盐湖开始建设"智能城"。

智能建筑于20世纪80年代中后期开始进入中国市场，得到了我国政府的高度重视，并得到了迅速发展。1986年，由国家计委会同国家科委主持制订的国家"七五"重点科技攻关项目中，已将"智能化办公大楼可行性研究"列为科技攻关课题之一，1995 年 3 月，中国工程建设标准化协会首次推出了智能化建筑的《建筑与建筑群综合布线系统设计规范》（CECS72：95）。同年 7 月，华东建筑设计研究院受上海市建委委托，率先推出地区性的《智能建筑设计标准》，并在上海地区执行。同年底，南京建筑工程学院成立了建筑智能化研究所，并于 1996 年秋开设国内第一个"建筑智能化本科专业"。1996 年 1 月，建设部在上海召开了我国第一次智能建筑研讨会，对智能建筑的发展起到了积极的推动作用。1996 年 2 月，建设部成立了建设部科技委智能建筑技术开发推广中心，协助有关部门对全国智能建筑的建设进行协调、指导与管理。中心组建了智能建筑技术专家组，负责智能建筑工程项目评审和方案审定工作。

我国的智能建筑建设开始时主要应用于办公楼、写字楼、机场、医院等建筑，随后迅速向公寓、酒店、商场、地下空间及住宅扩展；同时，智能建筑还从单体向区域群体发展，20 世纪 90 年代中后期，出现了一批"智能大厦（广场）"以及"智能小区"，从而有力的推进了我国城市的智能化建设。

如果说，"智能大厦"是以先进的计算机中心这个"大脑"来控制空调设备、通信设备、照明设备、防火防盗系统、电梯等来提高办公效率和保证安全的，则智能住宅小区它将先进的计算机网络技术应用于小区建设，依靠计算机中心这个"大脑"来控制小区，服务住户。住户在智能住宅小区内享受到的服务主要集中在下面几个方面：

网络化教育：通过信息共享，合理调用国内外的信息资源。

购物电脑化：小区的商场通过网络与每个家庭相连，住户在家即可通过终端挑选商品，让店家送货上门，并用电子货币结算。

娱乐电脑化：智能住宅小区有公用光盘中心库，通过网络与家庭相连，住户可以像在歌厅点歌一样点播卡拉 OK，看电影、录像。

阅读通邮电子化：住户在家中通过网络终端阅读国内外藏书、期刊和当日报纸，看到股票、期货信息，在家中进行"投资活动"、商务活动，还可以随时发送电子邮件给国内外的亲友。

物业管理高效率：房租、水、电、气收费由电脑管理，一目了然；保安、洗衣、社区厨房的服务进入网络，住户不要跑腿，即有人代办完毕；自动家用报警系统进入每个家庭。从而真正体现了以人的需求为中心的服务理念，使住户享受到高科技社会带来的种种便利和舒适。

下面是媒体记者在上海市的一个智能化小区（邮电二村）亲眼看见智能化服务的生动描述：在小区的电脑网络中心，邮电物业公司的小区管理员指着墙上一只排列着九个按钮的显示控制器说，生活在这里的居民，不用像过去一样月月抄水、电、煤气表。他依次按了一下水、电、煤气三只按钮显示屏立刻出现了这套住宅水、电、煤气三表的度数。在这个小区已开通了该网络的一幢高层和多幢多层住宅，家家安装了这套设施，大大提高了生活质量。

不仅如此，小区还有防盗、报警、防煤气泄漏等功能。居民只要在出门前按一下"无人"按钮，设有红外线和磁性两种报警方式防盗系统就开始工作了。一旦发生外人闯入，电脑马上就会接到报警，并可立即通知保安和警方。打开电脑中心的网页，还有"家政服务"、"为您送菜"、"网上报修"等内容，住户的生活舒适度大为提高。

据新闻媒体报道：新加坡正努力打造、建设世界上第一个智能国家。他们制定的口号是"智能城市有很多，智能国家仅此一个"。新加坡政府制定了科研、创新与企业计划 2020 计划，将拨款 190 亿新元（约合 140 亿美元），用于支持科研创新。这意味着在未来 5 年内，新加坡将建成一个能连接 1 亿个智能终端的国家操作系统，利用互联网将日常生活用品接入网络，人均拥有 20 个智能终端。新政府承认，为了实现目标，他们不会吝惜投入各种资源。仅在负责"智能国家"项目的新加坡资讯通信发展管理局（IDA），就有超过 3000 人为此工作。总之，为了实现史上第一个"智能国家"，新加坡有数千人正在为此付出努力。

下面再看看智能房屋一天的工作情况和房屋中智能部件的工作情况：

（1）智能房屋里的一天

早晨不到 8 点，我们来到了位于马德里市郊的一所房屋前。这座小屋远看并不起眼，但随着我们越走越近，它的诸多功能便一一体现。

以下是记者体验智能房屋一整天的亲身经历。

1）08：00 大自然闹钟

住在莫雷诺的智能房屋里，清晨你不用担心被恼人的铃声吵醒，自然光会让你惬意地苏醒。房屋的百叶窗和遮阳罩同房屋自带的气象系统相连接，能够根据自然光线或预先设定的时间自动开启和关闭。

2）08：30 花园浇水

给花园浇水是居住在这座智能房屋里的家庭每天清晨要做的事。灌溉装置会在预先设定好的时间开启。如果下雨，这套先进的灌溉装置会根据房屋气象系统探测到的湿度和降雨量自动暂停浇水作业，因而能节约大量的水。

3）09：00 电话遥控开门

主人正要出门，此时屋外有人敲门。在普通住宅，只有主人去门禁系统应答才能开门，而在这里，通过任何一台固定电话或手机都能实现此功能。同时敲门人的图像能显示在屋内任何一台电视机的屏幕上。

4）11：00 远程保安

快到中午室里空无一人，但莫雷诺一家不必为家里的安全担心。智能房屋的安保摄像装置会在有人闯入、煤气泄漏等情况发生时，将图像信息通过互联网和手机实时远程传送给户主。

5）12：00 煤气泄漏了怎么办

在智能房屋里，无论在煤气管道还是自来水管道上都安装有先进的泄漏探测系统，一旦发生问题，中央计算机会在第一时间传送信息给户主。

6）14：00 无烟烹饪

到做饭时家家户户都会飘出油烟，但智能房屋是个例外：强力的抽油烟机探测到空气中有烟时自动开启。

7）15：00 新一代浴室：

尽管现在是冬天，莫雷诺家人仍可以走进浴室好好享受。温控系统让浴室可以随时提供适宜的洗澡水。此外，水质净化装置能在不使用任何化学产品的情况下保证水的质量。

8）18：00 电视电脑

孩子做作业，如果有电脑和互联网的帮助就再好不过了。莫雷诺家的孩子只需要一台电视机，因为家里任何一台电视都能作为显示器显示电脑里的内容。

9）19：00 多功能手机

莫雷诺先生在回家之前先要远程察看一下家里是否一切正常。他的手机和计算机能直接交换信息。打开院门、点亮院里的灯、给客厅供暖——一封电子邮件或一条短信足以办到。

10）21：00　跟着人走的灯光

天已经黑了，但住在智能房屋里的人可能察觉不到，因为所有公共区域的灯都连接了红外线感应器，能随着人的脚步开关。这种设计大大节约了电能。

11）22：00　家庭影院

在一天结束的时候，按几个按钮就能在家看上一部令人放松的电影。控制室内所有视听器材，甚至包括调节灯光亮度，都能用同一个装置完成。影片中的不同场景还能储存下来反复播放。

12）24：00　规划明天

睡觉之前要给计算机输入第二天运行的指令。从屋里任何一个终端上都能轻松预设第二天的采暖温度、起床时的灯光亮度等。

（2）智能窗户

住在机场附近或生活在运输繁忙的公路旁的居民，都有说不尽的烦恼：频繁起落的飞机和疾驰而过的载重卡车会产生噪声。长期受噪声干扰，有害于身心健康。

对付噪声，人们似乎只有紧闭窗户，把噪声尽量挡在外面。可是，一直关窗，总是一个消极的办法。再说，炎热的夏夜，谁也无法在密不通风的房内入睡。

最近，澳大利亚悉尼大学的研究人员设计出了一种能自动开闭窗户的防噪声装置。这套装置由一个微型麦克风、一台噪声辨别电脑及一部自动开闭仪组成。微型麦克风装在窗户外面，专司捕捉噪声之职。一旦有噪声传来，它立即向电脑"报警"。电脑对噪声分贝数进行测定，当分贝超过安全标准时，电脑即向自动开闭仪发出指令，自动关闭窗户。当噪声减小或消失后，电脑又发出指令，自动开启窗户。据测试，这一装置能使住房内的居民减少 20dB 的噪声。

有趣的是，这套装置还能在"需要的噪声"和"不需要的噪声"间作出辨别，有些声音尽管较大，比如住宅附近的狗叫声，它也不会拒之窗外，它只对会造成人体损伤的噪声才紧闭窗户。

（3）会"听话"的厨房

美国一家公司最近推出一种会"听话"的厨房，房内拥有许多最先进的设备，置身其中，不需用手，只要用声音指示，它就会为人效劳。

在这间用声音启动的厨房里，你只要开口吩咐它做某件事，它就乖乖地执行任务，比如你想搅果汁，只要说一声"搅拌机"，然后再说"启动"，厨房柜台特设的黑色玻璃控制板就会徐徐升起，里面待命的就是你要的搅拌机。它会自己开动，搅出一杯鲜果汁。

美国这家公司设计与建造的厨房，由一架以声音启动的电脑操作，此电脑同时控制室内的警铃系统、电灯、音响录像器材及一个能自动旋转的食物储藏室。此外，由电脑控制的废料处理器还能将垃圾分门别类。

厨房内还设有电脑营养编排系统，帮助主人拟定一周的食谱，并为主人提供菜谱购物单。

这种厨房中的电脑和电子数据表连接，因而它能记录下使用者每日体重的增加和减轻，并按其体重帮助制定出一天的饮食食谱。

17. 建筑节能知识谈

（1）为什么要提出建筑节能？

建筑节能是在 1973 年国际石油危机以后，在建筑领域出现的一个世界性的大潮流，这个大潮流首先席卷了所有的发达国家，并很快成为世界性共识，成为整个社会共同需要，具体有以下几点：

1）经济发展的需要

能源为经济发展提供动力，或者说经济发展依赖于能源的发展。1973年石油价格的飞涨，使石油进口国的经济受到极大冲击，发达国家幡然醒悟，不能依赖石油进口，必须节约使用能源。由于建筑能耗一般占到国家总能耗的30%～40%，所以，建筑用能的情况如何，是牵动一个国家经济发展的全局性问题。

2）减轻大气污染的需要

减少建筑能耗与减轻大气污染关系密切。人们已认识到，建筑采暖时，燃烧物排放的硫和氮的氧化物会造成环境酸化，危害人体健康。而产生的二氧化碳的积累，将导致地球产生重大气候变化，危及人类生存。以北京大气环境为例，几个污染因素指标，如SO_2、NO_2等，在非采暖期间是符合国家标准的，而在采暖期间则大大超过标准。

3）改善建筑热环境的需要

随着现代建设的发展和人们生活水平的提高，舒适的建筑热环境已成为人们生活的需要，而这种需要要靠消耗能源来实现。因此，合理地、科学地利用好能源，已成为世界性的共识。

目前，我国的能源形势是相当严峻的，我国是一个发展中国家，人均能源资源相对贫乏，煤炭、石油、天然气以及水资源的人均拥有量，分别只有世界平均值的1/2、1/9、1/23和1/4。能源消费量如用人均标准煤计算，我国目前还不到1t，不足世界人均能源消费量2.4t标准煤的一半，仅为发达国家的

1/5 ～ 1/10。

（2）民用建筑节能是指哪些具体内容？

民用建筑节能是指民用建筑在规划、设计、建造和使用过程中，通过采用新型墙体材料，执行建筑节能标准，加强建筑物用能设备的运行管理，合理确定建筑围护结构的热工性能标准，提高采暖、制冷、照明、通风、给排水和通风系统的运行效率，以及利用可再生能源，在保证建筑物使用功能和室内热环境质量前提下，降低建筑能源消耗，合理有效地利用和使用能源。

（3）建筑节能的主要途径是什么？

以北京采暖居住建筑本身的耗热量为例，由围护结构传热产生的耗热量，约占73%～77%，通过门窗缝隙的空气渗透产生的耗热量，占23%～27%。再进一步细分，可知外墙耗热量约占23%～34%，门窗耗热量约占23%～25%，屋顶约占7%～8%，楼梯间隔墙约占6%～11%，阳台门下部约占2%～3%，户门约占2%～3%，地面约占2%。窗户的传热耗热量与空气渗透耗热量相加，约占全部耗热量的50%左右。

由此可见，建筑节能的主要途径是：减少建筑物外表面积和加强围护结构的保温，以减少传热耗热量；提高门窗的隔热性和气密性，以减少空气渗透耗热量。在减少建筑物总失热量的前提下，尽量利用太阳辐射所得热能和建筑物内部所得热能，最终达到节约采暖设备供热量的目的。

（4）窗户是节能建筑中的重要部位，在设计、施工中应注意哪些问题？

对于节能建筑，外墙上的窗户，首先面积不宜过大，不同朝向的窗墙面积比，不应超过表7-2的规定。如对于空调负荷，窗墙比为50%的房间与窗墙比为30%的房间相比，其设计的冷负荷要增加25%~42%，运行负荷要增加

17% ~ 25%。窗户面积越大,对空调建筑的节能越不利。

不同朝向的窗墙面积比 表 7-2

朝向	窗墙面积比
北	0.25
东西	0.30
南	0.35

其次,应重视门窗缝隙(包括门窗框与墙体之间的缝隙)的气密性质量,防止和减少因空气渗透产生的热量损耗。

最后,减少玻璃的吸热传热量,对于东、西向窗户,可采用双层玻璃、中空玻璃、热反射玻璃、阳光反射镀膜以及各种固定的或活动的遮阳设施等。

(5)我国目前建筑节能与世界发达国家相比,有哪些差距?

以采暖居住建筑为例,我国围护结构的保温水平普遍较低,热环境质量差,采暖能耗大。与发达国家气候条件相近的地区相比,我国采暖建筑围护结构的保温水平,对于符合热工规范要求的居住建筑,每年每平方米的采暖能耗约为发达国家的 3 ~ 4 倍。国内外建筑围护结构传热系数的比较见表 7-3。

国内外建筑围护结构传热系数比较 表 7-3

国别			屋顶	外墙	窗户
中国	北京	按热工规范 按新标准	1.26 0.80,0.60	1.70 1.16,0.82	6.40 4.00
	哈尔滨	按热工规范 按新标准	0.77 0.55,0.30	1.28 0.52, 0.40	3.26 2.50
瑞典南部地区(含斯德哥尔摩)			0.12	0.17	2.00
加拿大	度日数相当于北京地区		0.23(可燃的) 0.40(不燃的)	0.38	2.86
	度日数相当于哈尔滨		0.17(可燃的) 0.31(不燃的)	0.27	2.22

续表

国别	屋顶	外墙	窗户
英国	0.45	0.45	
德国	0.22	0.50	1.50
丹麦	0.20	0.30（重量 ≤ 100kg/m²） 0.35（重量 > 100kg/m²）	2.90

注：传热系数 k，单位 W/（m²·k），指稳定条件下，围护结构两侧空气温差为 1k，1h 通过 1m² 面积传递的热量。

（6）发达国家是如何推行建筑节能的？

发达国家在经历了 1973 年世界性石油危机后，普遍都把建筑节能作为国家的大政方针，一方面从建筑立法和节能技术上予以保证，一方面从经济政策上加以引导、鼓励和限制。为了推进建筑节能，各国都颁布了若干项标准，组成配套的标准系列。随着科学技术的进步，每隔几年就修订一次与能源有关的标准，不断提高节能要求，挖掘节能潜力。如法国现在执行的是石油危机后第三个节能 25% 的标准。英国标准中的外墙传热系数限值，1963 年时为 1.6，能源危机后的 1974 ~ 1975 年即降到 1.0，到 1982 ~ 1983 年又降至 0.6，1988 年再度降至 0.45。又如北欧国家对建筑保温本来就比较重视，丹麦的建筑法规规定，外墙按其自重的不同，传热系数应不大于 0.6 和 1.0，经 1977 年和 1985 年修订后，降低至 0.30 和 0.35，而现在则又分别降低到 0.2 和 0.3。

（7）我国建筑节能工作的进展情况如何？

从 20 世纪 80 年代中期起，我国政府越来越重视建筑节能工作，并着手制订相应的标准和法规。1986 年建设部颁发了《民用建筑节能设计标准（采暖居住建筑部分）》（JCJ26—86），该标准要求在 1980 ~ 1981 年当地通用设计的基础上节能 30%，其中房屋建筑节能 20%，采暖系统节能 10%。根据工作进展和科技进步，建设部又组织编制了采暖居住建筑第二阶段节能标准，即JCJ26—95，并从 1996 年 7 月 1 日起开始执行新的节能 50％ 的要求。同时，还编制颁发了《公共建筑节能设计标准》（GB50189—2005）。从 2006 年 1 月 1 日起，又执行建设部新的《民用建筑节能管理规定》，它比原规定（建设部令第 76 号）的要求又向前提高了一步。

与此同时，多年来，建设部和各省市建设主管部门根据需要，已经安排了数以百计的建筑节能科研开发项目，取得了多方面的科研成果，其中以外墙外保温墙体和单一材料墙体方面成果较多。在保温门窗方面，也取得较大进展，主要是塑料窗、钢—塑和铝—塑窗，双玻和三玻窗、中空玻璃窗以及门窗密封条、保温窗帘等方面。太阳能在建筑中的应用方面的研究工作也取得丰硕成果。

建设部、国家发展和改革委员会、国家环保总局于 2006 年 3 月 28 日～30 日，在北京召开第二届国际智能、绿色建筑与建筑节能大会暨新技术与产品博览会，进一步推进建筑节能工作。

在采暖区的一些城市，还建设了一批示范试点建筑和试点小区。对既有建筑也开展了节能改造试点。这些试点工程，对节能建筑研究、取得相应测试数据以及示范推广建筑节能技术都起到了重要作用。在太阳能应用方面，也建设了一批示范工程。现在，太阳能采暖、太阳能热水器的应用，也得到了较快发展。

我国政府还加大了与国际合作的方式进行建筑节能的研究、改造工作，如与瑞典、英国、加拿大等多个国家进行过建筑节能的合作研究，学习他们的先进经验，以进一步加快我国建筑节能的工作步伐。

（8）在新形势下，我国建筑节能工作有什么新的要求？

2016 年 2 月 6 日颁布的中共中央、国务院《关于进一步加强城市规划建设管理工作的若干意见》和今年的政府工作报告中都强调了要提高建筑节能标准，推广绿色建筑和建材，大力发展钢结构和装配式建筑。分类制定建筑全生命周期能源消耗标准定额，完善绿色节能建筑和建材评价体系。国家发展改革委和住户城乡建设部于 2 月初联合颁发的《城市适应气候变化行动方案》中提出，到 2020 年我国将建设 30 个适应气候变化试点城市，绿色建筑推广比例将达到 50%。这意味着绿色建筑将进入新一轮政策期，我国绿色建筑必将实现跨越式发展。

我国绿色建筑的核心是节地、节水、节能、节材和环境保护，即"四节一环保"的观点。我国绿色建筑起步较晚，但在政策利好推动下，发展迅猛，几年来，绿色建筑发展规模始终保持大幅增长态势，目前，我国绿色建筑数量已居全球第一。截止 2015 年底，我国绿色建筑面积已达 4.6 亿 m^2，3979 个项目获得绿色建筑评价标识。目前，我国绿色建筑已形成规模化、区域化的发展趋势，已从单体建筑走向群体建筑、区域建筑，走向了绿色城市。我国绿色生态城区国家标准也已编制完成，待审查后即可全面进行推行实施。

建筑工业化是绿色建筑的重要组成部分，实施建筑工业化是推动工业化和城镇化良性互动的重要手段，国家政策鼓励装配式建筑。国家"十三五"规划已明确建筑工业化列为优先发展方向。我国从 20 世纪 50 年代就开始抓建筑工业化，但进展一直缓慢，现在情况发生了变化，首先是节能减排战略的要求，与传统施工方法相比，装配式建筑在节能、节水、节材、节时等方面成效明显，还可大幅度减少建筑垃圾和扬尘，实现环保的目的。目前国外发达国家的预制率 50% 以上，新加坡和日本达 70% 以上，我国有些地方的有些项目预制率也达到了 65% 或 70%。总之，装配式建筑是实现高水平建筑节能和绿色建筑的重要途径，是我国新形势下实行建筑节能的新要求。

在新建工程严格执行绿色建筑节能标准的同时，对于民用建筑工程在扩建和改建时，应当同时对原有建筑进行节能改造。寒冷地区和严寒地区对既有建筑进行节能改造时，应当与供热系统的节能改造同步进行。

18. 房屋建筑会生病、得癌症吗?

如果说房屋建筑和人一样，有生命，也有生命周期；会生病，也会得癌症，你可能不太相信，甚至会嗤之以鼻。那请你先听一下两幢房子的深夜谈话吧！

甲、乙两幢房子已有20多年的邻居关系了。甲房子是20世纪30年代建造的一幢老房子，混合结构，现已列入市近代建筑保护管理范围了；乙房子是20世纪80年代建造的一幢综合性办公楼。

在一个万籁俱寂的深夜，甲房子（以下简称甲）听到乙房子（以下简称乙）在轻轻的、不断的呻吟，它转过脸来问道：

"小伙子，怎么不舒服啦？是不是生病了？"

乙满脸痛苦的回答说：

"啊唷，大伯呀，我浑身筋骨酸疼，很不舒服，真难受。"

甲："得叫主人帮你找个专家来看看毛病吧！"

乙："唉！主人哪里想得到这事呀，他们一个劲的只是要我为他们挣钱呐！"

甲："你还年轻吃，为主人挣钱的时间还长着呀！"

乙："说来很惭愧，设计单位当初给我设定的使用寿命是70年，可我现在未老先衰呀，能活到 50 岁已是上天保佑。大伯你虽已到了'古稀'年龄了，但看上去你精神很好，神采奕奕的，真是我学习的榜样啊！"

甲："这主要归功于我的主人，他们对我极为关心爱护，定期给我进行体检，一旦有病，就及时进行治疗保养。你看我外貌虽然历经沧桑，但我的筋骨还是挺健壮的。"

乙："我真羡慕你，遇上了一个好主人！"

甲："上个月主人说我已到'古来稀'年龄了，又请专家对我进行了一次体检，重点是混凝土梁、柱、板，他们使用了回弹仪、钢筋探测仪等多种设备进行检查，结果发现二层大梁有点骨质酥松，有可能影响大梁的承重性能，最后采取了外包角铁加钢丝网后再粉水泥砂浆的加固措施，你看我现在脸上气色好多了，专家结论，像我这样再活 30 年，活到 100 岁肯定没问题。"

这时乙的三楼楼板说："大伯，请你过来看看，我这间屋子自从主人当作仓库使用后，我整天被重物压得抬不起头来，当初这楼板设计单位定的是综合办公楼，规范规定的楼面负重每平方米仅为 2kN，而现在堆得满屋子的货，每平方米负重达 4kN 多，我的底面已开始出现裂缝了，我真担心不知哪一天会垮掉。"

三楼的大梁接着说："楼板兄弟，你的负重加大后，最后一起传到了我的肩膀上，累得我也整天直不起腰来。现在，我的设计安全系数已经用尽，再不减负，总有一天咱俩将会同时丧命！"

这时，外墙上的铝合金推拉窗也说话了："自从我诞生以后，主人从来没有在我的滑动部分加过油，开始几年我还默默地工作，自去年以来，我的关节开始转动失灵，主人每次推拉时，我都发出'吱嘎、吱嘎'撕心裂肺的疼叫声，可主人充耳不闻，一点都不关心我。我担心哪一天使劲硬推，将我推落掉地砸到人酿成大祸后，我的罪孽就深重了。唉……"

窗子还没说完，屋面就抢着说了："自从去年不知哪一家在屋面上安装了广告牌后，我就遭殃了。广告牌的撑脚将我的防水层砸了几个大洞，他们事后又未作认真修补，现在每逢下雨，屋面就漏水，我经常的遭骂挨打，我真冤枉死啦！"

外墙上的落水管也迫不及待进行诉说："自从主人安装上我后，一天都未问过我，年代一久，我上面的落水斗内积满了垃圾，遇有大雨，落水不畅，水就漫过水斗沿着墙面流下来，使内外墙体都受潮，大伯你看，内墙面都已发霉变色，粉刷层也已开始脱落了，屋内也充满了一股霉气味！"

木门、地面、上水管、下水管、电灯管线……个个都争着向甲房子大伯诉苦，乙房子蹬了一下脚说："兄弟们安静点，咱们马上开个会吧，我负责将大家的意见集中写成书面材料，待天亮后送给主人，请他们早日给我们安排维修保养。"

甲提醒说："最好建议请你们的主人订个制度，定期进行体检，定期进行维修保养，这样才能始终保持身体健康！"

乙非常感激的连连说："很好！很好！谢谢大伯！"

※　　　　※　　　　※

众所周知，混凝土是现代建筑中使用范围最广、使用量最多的建筑材料，人们在使用混凝土时，普遍注意的是它的强度，很少有人关注它的含碱量问题，但很多触目惊心的工程损害实例，向人们敲响了高碱混凝土危害性的警钟。高碱混凝土的碱——骨料反应，被专业人士称为钢筋混凝土的癌症，严重影响混凝土结构的耐久性。

混凝土的碱—骨料反应（Alkali—Aggregate Reaction，简称 AAR 反应）对钢筋混凝土结构有着极大的危害。AAR 反应按参与反应的骨料类型可分为碱硅酸反应（Alkali—Silica Reaction，简称 ASR）和碱碳酸盐反应（Alkali—Carbonate Reaction，简称 ACR 反应）两种类型，其主要机理是水泥中含过量的碱（Na_2O，K_2O）与骨料中所含活性 SiO_2 在长期潮湿条件下（水的存在）发生化学反应。反应新生物硅酸碱类呈白色凝胶状，在大气中经风干后呈白色粉状物，其反应式为：

$$2NaOH + SiO_2 \xrightarrow{H_2O} NaO \cdot SiO_2 + nH_2O$$

上述化学反应对钢筋混凝土结构造成危害的机理，主要是新生物硅酸碱遇水其体积膨胀，试验证明体积约增大三倍，更严重的是这个化学变化的全过程是在胶结材料水泥与骨料之间进行的，已形成的水泥晶体——水泥石，内部受到极大的膨胀压和渗透压，由试验资料可知该压力可达 3 ~ 4MPa，因而造成混凝土剥落、出现裂缝、甚至混凝土崩溃，从而影响结构的正常使用，成为结构隐患。这种破坏就称为 AAR 破坏。

遭受 AAR 破坏的工程实例很多，如 1920 年最早发现 AAR 破坏的美国海滨公路桥、护坡和路面，建成后仅两三年便严重开裂。苏联、日本、加拿大等国也发生过类似事故。我国自 20 世纪 50 年代起也开始这方面的研究工作，对受到 AAR 破坏的工程进行分析研究。

北京市的三元立交桥于 1984 年建成，使用北京地区含碱量较高的砾石作骨料，施工中为了防冻和缩短凝固时间，又掺入了防冻剂和早强剂，使部分混凝土中碱的含量高达每立方米 13kg，从而导致了混凝土严重的碱一骨料反应，到 20 世纪 80 年代末已发现盖梁及桥台严重开裂，裂缝宽度最大已达 1.4cm，钢筋外露。又如秦皇岛海港某电厂冷水塔构件破坏，经分析也属此类破坏。实践证明：在潮湿环境下若混凝土出现剥落或出现裂缝，就应考虑是否有 AAR 破坏的可能性，以便及早进行处理。

1982 ～ 1984 年由北京某构件厂生产的预应力混凝土铁路桥梁 188 根，用于山东兖石线上，1991 年调查了 183 根，其中无裂缝的仅有 6 根，裂缝宽度一般在 0.2 ～ 0.4mm，最大的达 0.7mm。其预制构件系采用高碱纯硅酸盐水泥，混凝土的碱含量每立方米达 6.5kg，虽然强度很高，但开裂也很严重。

山东潍坊机场建于 1984 年，混凝土的碱含量约每立方米 3.9kg，20 世纪 90 年代调查时，开裂的跑道达 33.3%。经过在实验室仔细鉴定证明，该机场跑道主要为碱碳酸盐反应引起的破坏。

专家们指出，引起混凝土破坏的原因尽管很多，但碱一骨料反应是内因，造成的破坏范围大，开裂后将诱发其他诸多破坏因素，且难以阻止其继续发展，如果进行修复加固，其费用约是原造价的 3 倍。

为了防止混凝土发生碱一骨料反应，提高混凝土质量，延长建筑物的寿命，国家已制定了相应的标准规范，如 GB50204—2002（2010 年版）中的 7.2.1 条规定：钢筋混凝土结构、预应力混凝土结构中，严禁使用含氯化物的水泥。7.2.2 条规定：预应力混凝土结构中，严禁使用含氯化物的外加剂。钢筋混凝土结构中，当使用含氯化物的外加剂时，混凝土中氯化物的总含量应符合现行国家标准《混凝土质量控制标准》GB50164 的规定。上述两条都作强制性条文应予严格执行。

在实际工作中，应注意以下几个方面：

（1）结构设计中，应避免片面追求高强度、高性能混凝土，盲目加大水泥用量。混凝土中的碱含量应控制在每立方米 3kg 的安全含碱量以内。施工中应尽量使用低碱水泥。

（2）加强混凝土骨料的选用。含碱黏土、砂石料在我国分布较普遍，北方地区尤其严重。施工中所用骨料应通过试验确定，严格控制活性骨料（含活性 SiO_2）的含量。

（3）严格限制含氯外加剂（早强剂、减水剂）的应用，大力开发无氯无碱外加剂。

（4）在混凝土拌制时，适量掺入加气剂，使混凝土中形成微气泡结构，可减小硅酸碱因体积膨胀而造成的膨胀压和渗透压。

（5）在混凝土配合比中适量掺入磨细粉煤灰，增加混凝土的密实性，提高其抗渗性。

（6）水是碱—骨料反应的先决条件，为避免 AAR 破坏，必须防止外界水分渗透到混凝土内，尽量使钢筋混凝土结构处于干燥环境中受力，这样可大大减缓碱—骨料反应，甚至可以完全终止反应的继续发展。

19. 施工中应警惕喜欢惹祸的线膨胀系数

热胀冷缩是建筑材料的一个重要物理性能，通常用线膨胀系数 α 这一指标来衡量其热胀冷缩值的大小。

（1）什么是线膨胀系数

国家标准《建筑结构设计术语和符号标准》GB/T50083—1997 中规定，线膨胀系数是表示材料在规定的温度范围内以规定常温下的长度为基准，随温度增高后的伸长率和温度增量的比值，以 1/℃或 1/K 表示。常用建筑材料的线膨胀系数 α 值见表 7-4。

常用建筑材料的线膨胀系数 α 表 7-4

材料名称	α	材料名称	α
钢材	10.5 ~ 11	砖瓦	5.5
黄铜棒	19.3	砖砌体	5
铝板	20.7	混凝土	10 ~ 14
铝铸件	22.2	水泥砂浆	10 ~ 14
木材	5 ~ 8	花岗岩	8.3
建筑石材	4 ~ 7	大理石	3.5 ~ 4.4
玻璃	8.8	陶瓷	3.6

对建筑工程来说，线膨胀系数这个指标，似乎被谈论得不多，但它却是一个喜欢惹祸的指标，因此，从设计到施工都应十分重视，建筑结构件大多由线膨胀系数值不同的建筑材料组合而成，它们之间的差值越大，胀缩变化值的差异也越大，惹祸也越多。

（2）因胀缩产生的事故实例

1）某市一单层厂房，跨度 21m，长度 66m，两端间和中间 4m 宽的走道采用整体水磨石地面，铜条嵌缝，一气呵成，水磨石走道两侧为无砂水泥地面，横向沿轴线每开间设一道伸缩缝，内灌细砂，施工时间为 12 月上旬，昼夜平均气温为 5℃。第二年夏季，气候十分闷热，一天下午 3 时许，车间内突然响起一声闷雷似的爆裂声，长 66m 的水磨石走道在接近中间部位炸开了一个 2m 长的大裂口，两侧的无砂水泥地面安然无恙。

2）1999年6月13日下午2时30分，重庆市解放碑广场，在重庆百货公司与新潮商场之间的数十米花岗岩地面，随着一声沉闷的爆裂声而拱起。

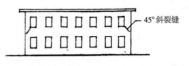

图7-22　二层两端窗台下出现45°斜裂缝

正在此处信步的游人，忽然间在地面上弹跳了一下后，还以为地震了。后查其原因是气候炎热，采用密缝铺设的花岗岩地面在高温受热后产生膨胀。

3）2001年7月2日下午3时许，武汉市气象局附近的路面被炸开了一道2～3m长的大口子。附近一小店店主说，突然间地面响起了一声很闷的爆裂声，地面和房子都晃了两晃，还以为地震了。后查其原因是水泥混凝土路面施工时伸缩缝留置不够，路面在烈日下受热膨胀而被挤破。

4）某高校图书馆系两层砖混结构，平屋面，秋冬季节施工，竣工后半年多，发现二层两端的窗台下出现45°斜裂缝，如图7-22所示。在正常天气时，斜裂缝的宽度从早上到下午是变化的，即早上裂缝极细微，经太阳照射后，下午裂缝渐宽，太阳落下后，裂缝又渐渐缩小，周而复始循环变化，夏季更为明显。

5）某家庭客厅系采用釉面砖铺设，夏季高温时在住户指导下施工。地面用1:2水泥砂浆找平，釉面砖用纯水泥浆密缝铺贴，四周抵紧墙壁。在初冬的一个深夜，客厅内突然响起一阵格格的爆裂声，客厅中间部分的釉面砖发生空鼓，少数釉面砖被胀裂。

（3）原因分析

线膨胀系数告诉我们，建筑结构件在温度变化时会产生胀缩现象。当结构件处于无约束的自由状态时，不会产生不利结果，但当胀缩受到约束时，尽管线膨胀系数 α 的值很小，但在结构件中将产生一定的膨胀力或收缩力，这种膨胀力或收缩力大到一定程度时，将对结构件造成损害，轻则裂缝，重者破坏。

实例1）、2）和3）是属于同一种类型的事故，都是在高温季节时地面受热膨胀造成的。以实例1）为例，该地夏季气温达35℃以上，与水磨石地面施工时的温差高达30℃，此时水磨石走道地面的膨胀值可用下式计算：

$$\triangle L = \alpha \cdot L \cdot \triangle T$$

式中 α ——水磨石材料线膨胀系数，由于较密实，取 14×10^{-6}（ $1/℃$ ）；

L ——水磨石走道长度，取66m；

$\triangle T$ ——高温季节气温与水磨石地面施工时的温差，取30℃。

$$\triangle L = 14 \times 10^{-6} \times 66 \times 30 = 0.02772（m）= 27.72（mm）$$

计算结果说明，在炎热的季节，66m长的水磨石走道地面面层将膨胀27.72mm，在中间未设伸缩缝，两端又抵紧砖墙的情况下，膨胀力只有在中间的薄弱部位寻找出路了。

实例4）中窗台下的45°斜裂缝，是由于屋面在太阳光照射下，现浇的钢筋混凝土屋面层、天沟、檐口圈梁受热后的膨胀值远远大于砖砌体膨胀值的缘故，两者的膨胀值之差使砌体内产生了一定的拉应力，两端窗台处是砌体最薄弱的部位，所以常在此产生45°的斜向裂缝。

至于实例5），为什么会在初冬的深夜出现爆裂呢？这是由于温度下降时，不同材料的收缩值差异所造成的。该住户客厅平面尺寸为4.2m×5.2m，如上所述，该客厅地面系夏季高温季节铺贴，施工时房间内温度高达35℃以上，垫层用水泥砂浆和粘贴用的纯水泥浆强度等级又高，其热胀冷缩值也大。当进入初冬时，气温下降较多，深夜客厅气温在5℃左右，在此情况下，地面的水泥砂浆垫层和纯水泥浆粘结层所产生的收缩值，为釉面砖收缩值的3~4倍，从而使釉面砖受到一个向地面中心的挤压力。由于釉面砖密度较高，铺贴时又采用密缝铺贴方式，最终导致釉面砖崩裂而向上拱起。

（4）施工中应注意的问题

1）在施工室外水泥混凝土道路、场地时，应根据施工期温度和当地夏季最高，冬季最低的温差情况，按地面工程和道路工程规范要求，留置一定数量的伸缩缝，其作法应符合规范要求，伸缩缝中间用沥青胶泥或沥青木丝板填嵌。

室外场地铺设花岗岩或地砖地面时，不宜采用密缝铺贴。如果必须采用密缝铺贴时，应每隔 2~3m 设一道宽 8~10mm 的缝。铺贴及嵌缝的砂浆强度不宜过高，可用水泥石灰膏砂浆。

2）对于室内混凝土地面，在夏、冬季节不采用空调的房间，也应按规范要求设置一定数量的伸缩缝。对于工业厂房，通常每一轴线留置一道缝。地面与周围墙壁间可用一层油毡隔离。

3）对于实例 4）所示的砖混平屋顶结构建筑，应重视屋面保温隔热层的设计，尽量避免大气温度对其产生的冷热影响。窗台下面，特别是建筑物两端间的窗台下，应增设一道钢筋混凝土过梁，或在砌体内增设一道钢筋网层。

4）室内铺贴釉面地砖时，宜留 1~3mm 缝隙，并不应与四周墙壁抵紧。找平、粘贴及擦缝用砂浆，宜用水泥石灰膏砂浆。

5）吊装测量中，极易受到阳光照射的影响。特别是对细长柱子的垂直度测量，应注意由于阳光的照射，使柱子的阳面和阴面产生温差，造成柱子向阴面弯曲，影响垂直度测量质量。故垂直度测量或复测宜利用早晨或太阳落山后以及阴天进行，以提高测设质量。

20. 变形缝——建筑物忠实的安全卫士

一座建筑物在落地生根之后，在以后其生命的全周期内，除承受正常的静、动荷载之外，还将承受来自大自然的风、雨、雪、温度变化、地基沉降以及地震等各种自然灾害的考验，为此，建筑设计人员在设计中给建筑物人为的设置了多种变形缝，使它们成为建筑物忠实的安全卫士，使建筑物在日后漫长的使用过程中，能积极而有效的减少很多裂缝的产生，使建筑物从外形到内在保持完整性和整体性。

（1）伸缩缝（又称温度伸缩缝）

建筑结构件和建筑材料会随着温度的变化产生伸长或缩短，这是众所周知的热胀冷缩道理。混凝土在凝结硬化过程中也会产生收缩现象。由于这种伸长或收缩在结构成型之后将受到一定的约束，结果就会在构件内产生一定的拉伸（或压缩）应力，当这种拉伸（或压缩）应力超过结构件或材料的极限承受力时，就会在表面或内部出现裂缝或破坏，具体参见本书 19. 施工中应警惕喜欢惹祸的线膨胀系数。

为了防止和减轻结构件（材料）因胀缩变化而引起建筑物产生的裂缝，当建筑物长度超过一定数值时，在建筑物平面适当位置设置一道或多道缝隙，让结构件有个自身胀缩的自由，这种缝就是伸缩缝，亦叫温度伸缩缝。由于地表以下温度变化较小，所以伸缩缝只做在房屋基础 ±0.000 以上的结构中，基础部分一般不设置伸缩缝。伸缩缝的宽度通常为 50mm，中间填沥青麻丝板，不得有硬块材料在缝中抵紧，外墙面用镀锌铁皮或不锈钢薄板单面锚固牢。

图 7-23 ～图 7-26 为地面、楼面、屋面温度伸缩缝常用做法图示。

（2）沉降缝

建筑物通过基础将上部荷载传给了地基土，地基土在上部荷载作用下，产生压缩变形，使建筑物产生沉降。采用桩基的建筑物，也会产生沉降，只是沉降数值相对偏小一点。当建筑物的上部结构形体变化较大，或层数相差较多，或地基土性质发生差异变化，或在靠近老建筑旁建造新建筑等情况时，常会造成因房屋不同部位的沉降差异而造成墙面或楼面出现裂缝，影响房屋的安全使用和外观质量。

为了防止和减轻房屋不均匀沉降对建筑物造成的伤害，从建筑物基础开始至上部结构设置一道或多道缝隙，使各部分的地基沉降相对自由，这就是沉降缝。沉降缝宽度通常也为 50mm，缝中和外墙面的做法要求同伸缩缝。

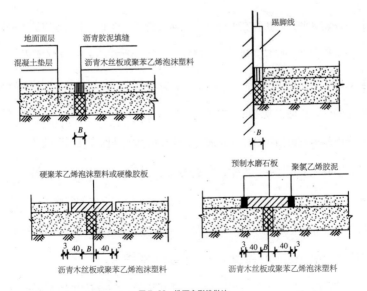

图 7-23 地面变形缝做法

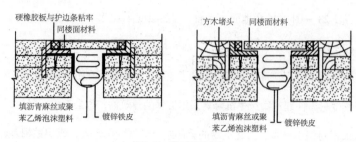

图 7-24 楼面变形缝做法

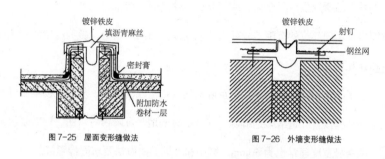

图 7-25 屋面变形缝做法   图 7-26 外墙变形缝做法

（3）防震缝

在地震区域，建筑物在地震波（纵向、横向、水平、垂直地震波）的影响下，会发生振动、摇晃，建筑物高度越高，其晃动幅度越大，这在结构上称为鞭梢效应。当建筑物外部形态比较复杂，或房屋各部分的高度、刚度和重量等相差悬殊时，在地震发生时，由于各部分的自振频率不同，在各部分的连接处必然会引起相互碰撞和挤压，从而造成房屋墙体或楼面开裂甚至破坏。

为了避免上述情况的发生，在建筑物的上部（±0.000 以上），沿不同的结构部位设置一道或多道缝隙，尽量减少地震时相互间产生的碰撞和挤压，这就是防震缝，亦叫抗震缝。防震缝宽度通常为 70 ~ 90mm，中间不填任何东西，也不允许缝中有硬块材料抵紧。外墙面处理同伸缩缝。

建筑物中设置了多种变形缝后，虽然可以防止和减轻由于结构件（材料）

胀缩变形、地基土不均匀沉降和地震作用给建筑物造成的伤害，但它毕竟也给建筑物带来了一些麻烦，成为建筑物的薄弱部位，不仅影响美观，还容易造成渗漏等弊病，因此，有时可将三缝合一使用，即达到一缝多用的目的。同时在施工中，对变形缝的施工要求应认真交底，认真检查，精心处理和加以保护。对变形缝处使用的预埋木砖，镀锌铁皮、沥青麻丝板等材料应保证材料质量和施工质量，使变形缝真正成为建筑物的安全卫士。

21. 有趣的厕所建筑和厕所文化

看到这个标题,也许有人会嗤笑一下:解决人们内急的厕所还有什么名堂?也值得书写吗? 厕所给人的印象大多是臭气漫溢、苍蝇飞舞、极不卫生,特别是在广大的乡村地区。这其实是一种老概念了，随着社会文明的不断进步，厕所建筑、厕所文化也得到了很大的改进和发展，很多地区、很多国家从重视公厕的数量到重视公厕的质量，有的给厕所建筑制订了建设标准，有的甚至给厕所建筑立法，使登不了大雅之堂的厕所建筑也上了一个台阶。

（1）法国巴黎街头的公厕建筑

在"花都"巴黎的一些通衢大道上，往往相隔不远就会有一个圆形或椭圆形建筑物,其状如我国的交通亭,但装饰得却十分漂亮辉煌:三面都是玻璃橱窗,灯火通明。橱窗内陈列着化妆品、彩色照片或电影海报之类。

一些刚到法国的人，还以为这是一座广告亭呢! 然而，当走近观之，你会发现另一面还有一扇弧形的不锈钢大门，门旁设有一个投币装置，只要你投进1～2个法郎硬币，门就会自动打开，原来这是一个仅容一人空间的公共厕所，当人走进去后，钢门又会自动关闭。

这种设置在街头的公共厕所全部由电脑系统操作控制，使用者在投入法郎硬币、自动开门、待人进入其内、自动关门后，抽水马桶就会立即掀开供人如厕使用。在这个小小的一人空间里，四周有电热材料，温度宜人，空气中飘散着一股淡淡的清新香气。内部洗手盆、烘手器、镜子、手纸等一应俱全，纤尘不染。用不锈钢板拼成的墙壁上无数小孔洞里还奏出舒缓柔和的世界名曲。

但这种公共厕所也是限时使用的，以提高公厕的利用率，一般投入 2 个法郎的硬币后，使用时间为 5min。坐便器对面的电子显示屏上，不时的显示着时间。当显示屏上跳闪出 2min 时，音乐节奏便 慢慢加快了一些；当显示屏上跳闪出 3min 时，音乐节奏就格外快了；当显示屏上跳闪出 4min30s 时，音乐声响大作，乐曲已达到高潮。如果你这时如厕还未完成，则可在室内门口的投币口再次投入 2 个法郎硬币，就可延长 5min 使用时间，音乐又回到柔和状态。如果你不继续投币，则当显示屏上跳闪出 5min 时，乐曲会戛然而止，这时上下、左右顿时会喷出无数细小的水柱，催促你抓紧结束使用或再次投币，如果你不予理会，则不锈钢门就会自动打开，强行下逐客令，你不但会被没头没脑的水柱淋得像个"落汤鸡"，还会让你大出洋相。

（2）日本的智慧型厕所建筑

日本对公厕的建设也很重视，厕所文化已风靡日本。日本最大的便池制造商东润公司设计、生产出了一种极为先进的智慧型抽水马桶，在马桶盖旁边还安装了一块多功能电子控制仪表板，上面装有数字显示式时钟和多个按钮，只要轻轻按一下按钮，喷水管的喷头就可以向任何方向喷水冲洗，可以喷出涓涓细流，也可以喷出湍急的水流，可以直着冲刷，也可以向旁边斜着冲洗。马桶上还装有温度自动调节器，可以控制座圈的温度。另一个按钮可以提高或者降低座圈。节水在日本是个老问题，这种智慧型厕所是完全达到节水标准的。

智慧型厕所在人入厕后，电子控制仪表还能自动做尿液分析，显示身体的健康状况和是否怀孕等。能在 1s 内将污物冲洗得一干二净，并在 24h 内释成高级复合肥料。

日本重视公厕的建设，在文学作品中也有反映，一位著名作家在他的作品中写道："日本的厕所真是一个精神上歇息的地方。厕所总是离开主楼，或者修建在走廊的顶端，或者建在布满了绿叶和长满了苔藓的空气清新的小树丛中。"

日本甚至还在 1985 年成立了一个厕所协会，它自称是一个"研究人员、设计师、政府官员、便池制造商、公共卫生和运输专家以及完全致力于厕所改造的公民组成的自愿网络"。这个组织发起了"全国厕所日"、厕所问题研讨会和国际厕所问题论坛等活动。它还设立了一项奖，奖励全世界独特的厕所设计。它的目的是"创新 21 世纪的厕所文化"。

（3）豪华、舒适的美国厕所

美国公厕的豪华、舒适是世界有名的，很多方面让人赞许。诸如有专供儿童使用的贴在墙上、高度位子适中的小便器；有提供给残疾人、驾驶员方便的专用通道和方便器；厕所内各种设施一应俱全，有冷热水供应；还备有坐便器纸垫，以防皮肤直接接触等。美国人的公厕大多清洁无尘、气味芬芳、舒适美观。

目前，美国的一些公厕向艺术化、保健化方向发展，厕所内挂壁画、放音乐，又将电子技术引入公厕，使公厕向自动化、智能化发展。它可以记录人的血型和尿常规，从而能检验出一些容易被人忽视的疾病。通过电脑分析并打印出结果。

（4）意大利的休闲公厕

意大利雅典的一些超市设有"休闲公厕"，不仅为顾客提供"方便"，而且也可兼作顾客的休息室。这种厕所分内外两室，内室是厕所，而外室则铺着漂亮的地毯，摆着一圈长沙发，天花板上吊着水晶灯，墙上挂着配有雕花柜的大镜子。妇女们在商场购物走累了，便可走入"休闲厕所"稍息片刻，他们脱下高跟鞋，宽松一下衣衫，或在沙发上打个盹。而男人们则往往上"休闲厕所"抽上一支烟放松一下，因为其他公共场所是不准抽烟的。

（5）土耳其的"公厕教授"

土耳其的杜那里杰也许是世界上唯一的一名以不断改善本国公厕的事业的教授。在所有到过土耳其旅游观光过的西方观光客眼中，土耳其的公厕一直是最臭、最脏的。杜那里杰教授一次出访巴黎时，发现巴黎的厕所都是窗明几净，清新芬芳，触动很大。回国后，立志要改变土耳其的厕所现状，他组织了拥有几千名公共卫生工作人员的"绿色志愿团"，在全国各地兴建"卫生公厕"，并不厌其烦地给各地公厕评级，每年还选出各城市的"最佳公厕"。正是在他的努力下，土耳其国内的公厕状况得到了很大改观，表示"厌恶"土耳其公厕的外国游客下降比例达 50% 以上，他本人也得到了"公厕教授"的称号。

（6）专营公厕成富翁

1990 年，德国柏林市政管理者决定对公厕经营权进行拍卖。然而，在公告推出后，却鲜有人问津。正在管理者大失所望之际，有个叫汉斯·瓦尔的把这个所有人都认为赔钱的买卖揽了下来，并承诺免费修建和维护，免费提供服务。他的这一举动遭到了几乎所有人的嘲笑，都在等着看他的笑话。

汉斯却不理会人们的冷嘲热讽，立即着手实施自己的计划。

他进行的第一个大动作是改造公厕外墙，将其变成了广告墙。改造后，虽然只是一面墙，还是厕所的墙，但看上去却极富有美感。再加上广告费用低廉，结果，广告量很大，汉斯接广告接到手软。世界级的大公司苹果、香奈儿、诺基亚等，也都登上了"大雅之墙"。之所以达到如此效果，那是因为汉斯早已对市场做过调研。原来，德国有规定，城市繁华地段每隔500m要有一座公厕，一般地段每隔1000m要有一座公厕，整个城市公厕拥有率应达到每500～1000人一座。如此密集的曝光率，精明的广告商自然都看到了它强大的传播效应，于是纷至沓来。

接下来，汉斯的一系列奇思妙想得以实施。比如，针对人们如厕时喜欢阅读的习惯，他将文学作品和广告印在手纸上；在公厕内安装了公用电话；与餐饮机构合作，如厕者可获取餐券等。他还针对不同层次的人群，聘请国际著名设计师，设计推出了"智慧型"、"挑战型"等高端公厕……

除此之外，为解决公厕的日常管理问题，汉斯还拥有专业的保洁、维修队伍和专职的巡逻车，发现问题及时处理，从不超过24h，他们的服务被一直点赞。

结果一发不可收，汉斯的公厕生意越做越大，不仅冲出柏林、走向德国其他60多个城市，而且还走进土耳其；进军世界，办成了全球连锁。有人开玩笑说："以后，全球的公厕都是他家的了。"

汉斯的成功令当初那些等着看笑话的人无地自容。商机，从来不在嘲笑人的手里，而往往在被嘲笑人的手中。

（7）男、女分厕趣史谈

2016年3月，美国的北卡罗来纳州爆发了一场新的厕所文化革命，州政府制定了一条法律，规定人们只能使用与出生证件上性别一致的卫生间，其目的是要更好保护个人隐私。这条法律影响到了跨性别者，这个群体自己认可的性别并非出生时确定的性别，因而引起了巨大的争议。

人类隐私这个观念本身是在不断变迁的，如古罗马时代，就以多厕位的洗手间而闻名，人们如厕时，肩并肩的坐在一条长板凳上，中间没有任何隔板，各行方便，互不干涉。考古学家在考察公元2世纪的别墅遗址中发现，有为仆人和办事人员准备的多座如厕设施，而主人与贵宾则使用相对私密的独座厕所。

历史上记载的首个男女隔离的公共卫生间是1739年在巴黎的一次舞会上临时搭建的设施，舞会的组织者在两个房间内各安置了一个便箱（即一个箱子中放了一个带有座椅的便壶），供男人、女人分别使用，让舞会上的人都感到稀奇有趣。1887年，美国的马萨诸塞州通过一项法律，规定雇用女性的工作场所必须为女性设置卫生间，到20世纪20年代，这种法律已经成为标准做法。

目前，世界各地的公厕建筑都是男、女分设的，其门上都有明显的性别因素标志，表示女厕的图案有裙子、手提包、丝巾、高跟鞋以及涂有口红的嘴唇等。而表示男厕的图案有大礼帽、烟斗、手杖以及剃须刀等。德国法兰克福一家公厕门上则分别画着芭蕾舞鞋和黑白相间的标准足球，令人耳目一新。

（8）我国的一场公厕革命

近几年来，在住房和城乡建设部的大力推动下，全国上下悄然开展了一场公厕革命，开始重视城市公厕这个民生问题，尽心尽力让城市公厕所牵系的国家战略和民生幸福这两个翅膀并驾齐飞。住房和城乡建设部的心力主要体现在以下几个方面：

1）抓紧制订、设立城市公共厕所的标准、规范。

自 1988 年以来，我国陆续颁布了《城市公共厕所卫生标准》GB/T17217、《城市公共厕所设计标准》CJJ14、《免水冲卫生厕所》GB/T18092、《活动厕所》CJ/T378 等相关标准，对城市公共厕所的设计、卫生作出了明确的规定，完善了城市公共厕所相关标准，极大地推进了城市公共厕所的建设和管理。更为可贵的是：及时完成了《城市公共厕所设计标准》的修订工作，调整了社会关注的男女厕位的比例，明确了正常情况下女性和男性的厕位比例为 3∶2，人流密集区域提高到 2∶1。近几年来的实践证明，厕所改革必须认识先行，"理念一变，天广地宽"。业内权威人士认为，过去一直把厕所看成是单纯的"五谷轮回之所"，没有认识到它应有的高度。实际上，厕所关系到民生幸福、国家战略。出门找不到公厕，即使找到了，要么臭气熏天，要么无处下脚，要么排成长龙，总之让人皱眉、头疼，真的是"小厕所，大民生"。

2）出台了与城市公共厕所相关的系列法规政策。

1991 年，印发了《城市公厕管理办法》，对城市公厕的规划、建设和管理提出了具体要求。2008 年，印发了《关于加强城市公共厕所建设和管理的意见》，要求进一步提高城市公厕的建设管理水平。这些法规政策的颁布实施，对城市公厕的发展作出了有力的推进和积极的贡献。例如《城市公厕管理办法》颁布后，我国城市公厕数量从 1992 年的 95136 座猛增到 1995 年的 113461 座，增长了 19.26%。

3）广泛动员各方力量投入到公厕建设事业中。

2004 年 9 月 28 日，中国城市环境卫生协会公厕建设管理专业委员会于北京成立，并很快开展了有力的工作。委员会组织举办了十余次全国性的公厕建设运行研讨会和相应的展览，并在汶川、玉树、盈江等地的抗灾应急工作中发挥了重要作用，赢得了社会一致称赞。

在住房和城乡建设部的推动下，不少省（市）一级层面上的地方政府也先后制订、颁布了相关的法规政策。如海南省先后颁布了《海南省公共厕所管理办法》、《海南省公厕建设管理实施方案》、《海南省公共厕所管理及保洁服务标准》等，印发了公共洗手间导识系统设计方案，规范和统一了全省的公厕标识系统。在2010～2014年的4年间，全省累计投入近5亿元，用于公厕的建设和运营管理，全省从中心城市到县级城市，其公厕数量得到了大幅增加，公厕质量也有显著提高。2016年3月份，河南省住房和城乡建设厅与河南省财政厅联合下发了《关于加快城市公厕建设的通知》，决定在全省实施公厕建设提升公厕，县级以上城市到2017年底要消灭旱厕，并对不同类型的城市一、二类标准公共厕所所占比例作出了明确规定。浙江省杭州市提出把杭州市公厕打造成为"全国一流品牌"，全面提升公厕服务管理品牌。2010年，陕西省临汾市的公厕获得住房和城乡建设部颁发的"中国人居环境范例奖"，2012年，获得"迪拜国际改善居住环境范例奖"，这也是中国在城市公厕领域获得的最高国际荣誉。

4）开展了一场女厕的"供给侧改革"。

长期以来，我国在公厕建设上，男厕中的小便池是不计算在坑位中的，女厕的坑位又往往少于男厕，因此，常造成女厕坑位不足，如厕困难。增加女厕中坑位的数量，解决女性如厕难问题，成为城市"公厕革命"的重要内容之一。在《城市公共厕所设计标准》修订前，北京市环境卫生设计科学研究所组织工作人员对全国有针对性的八个城市234个公共厕所进行了实地调研，调研的一项重要内容就是男女公厕厕位数量及比例，男女如厕排队情况，如厕时间长短等。同时，还组织了大量人力连续多年在"五一"、"十一"长假期间，每天从早上8时至晚上20时，对7座固定厕所、9座临时厕所进行了调研统计，最后提出了调整社会关注的男女厕位比例方案，明确女性与男性厕位的比例为3∶2，人流密集的区域提高到2∶1，并作为强制性条文。做出这样的修改和调整，充分显示了住房和城乡建设部在解决实际民生问题上的决心，也切实推动了"公厕革命"。

5）完善配套，满足女性如厕多元化需求，逐步完善人性化设施。

现代社会中，女性参与社会生活和公共事务活动越来越突出，解决女性如厕难的问题已成为一件民生大事。合理的公厕设计，不仅有利于维护基本的公共秩序，还可以增强女性的社会归属感，让女性生活更方便、更幸福。

公厕也是城市文明的一面镜子。"一个坑，两块砖，三尺土墙围四边"，这是过去对简易厕所的形象化描述。随着城市文明建设标准的提升，公厕建设标准也显著得到提升，从"人工清掏"到"水冲入网"，从"厕位敞门式"到"厕位有隔挡"。

现在，在公厕建设中，还十分重视人性化设施的配套和完善，如设立"第三卫生间"，既解决了男女厕位混用问题，又方便了家人对行动不便的人的照顾。再如，在公厕内配有母婴护理台，幼儿坐便器，无障碍设施等，以方便特需人群的如厕需求，这些措施有力地提高了公厕的文明程度和方便程度，也提高了公厕的实用性和舒适性。

22. 东、西、南、北、中——建筑方位古今谈

现在的建筑、地理方位是用东、南、西、北来表示的，而在古代是以青龙、

朱雀、白虎、玄武来代表的。它们既是东、南、西、北四个方位的代表，也表示青、朱、白、黑四种颜色，是道教信奉的四方之神。

青龙：其意是东方之神。如位于东海之滨的历史名镇青龙镇。此外，尚有青龙塔、青龙港、青龙河等，都代表着它们的位置在东方。

朱雀：其意是南方之神。二十八宿中南方七宿的合称。我国众多旧城的南门均以朱雀冠名，如南京的朱雀门、朱雀桥，长安的内街朱雀门等，都代表着它们的位置在南方。

青龙和朱雀（凤凰）也可作为神仙、金童玉女坐骑之用。

白虎：其意是西方之神。二十八宿中西方七宿的合称。古人因"白虎"含有贬义，所以以其作地名的甚少，常用于禁人的要地之名，如白虎堂、白虎厅、白虎庙等，以白虎之名喻地势之紧要，这些地名的大门都是朝西的。

玄武：其意是北方之神。玄武亦指龟蛇的合体，二十八宿中北方七宿的合称，道教中以武帝君作神来象征。南京的玄武湖，位于钟山之后，故东晋初年被称为北湖。唐朝长安的玄武门也是指北门。

在现代的规划、设计图纸上，都注有方位标志及风玫瑰图，如图7-27所示，图中大多用"北"或"N"来表示北向方位。因为英文中的东、南、西、北四个字分别为 EAST、SOUTH、WEST 和 NORTH，故方位采用了四个词的第一个字母 E、S、W 和 N 来表示，这是目前世界通用的标注方法。

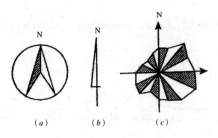

图 7-27　方位标志及风玫瑰图

（a）方位图一；（b）方位图二；（c）风玫瑰图

23.谈谈太阳能与建筑一体化

低碳时代的到来，将建筑节能问题更加凸显出来，也把太阳能的利用提到了重要的日程上，太阳能与建筑一体化成为建筑节能的一个重点，成为人们议论的一个热门课题。

（1）发展太阳能等可再生能源具有重大战略意义。

人类的生存与发展离不开能源，随着经济的迅猛发展和人口的急剧增加，使得传统能源已日渐枯竭。据有关资料介绍，地球上的石油储量仅可供开采45年，煤炭可供开采220年左右，天然气资源可供开采60年，人类将面临能源严重短缺的挑战和威胁。

我国也是一个能源资源十分匮乏的国家。20世纪最后20年，我国取得了国内生产总值翻了两番的好成绩，其支撑力主要靠的是能源产量翻了一番。目前，我国能源生产和消费均居世界前列。从长远看，能源的短缺将会严重制约我国经济的发展，也影响着我国经济的安全。

太阳能是取之不尽、用之不竭的能源，也一直是人类可以利用的最洁净、最丰富的能源。太阳能可以用来发电、采暖、空调制冷以及热水供应等，是最适于建筑物节能环保的一项应用技术。我国是太阳能能源极其丰富的国家，全国总面积2/3以上地区年日照数大于2000h，每平方米年辐射总量相当于110 ~ 280kg标准煤的热量。全国陆地面积每年接受的太阳辐射能约等于2.4万t标准煤。如果将这些太阳能有效利用，不仅能大量减少二氧化碳的排放，保护生态环境，对保证我国经济发展过程中能源的持续稳定供应都将具有重大而又深远的意义。

（2）太阳能建筑技术在我国的发展情况。

我国发展太阳能建筑技术已有近30年的历史，也取得了可喜的成绩。据国际能源行业权威杂志《可再生能源世界》报道，中国已经是全球最大的太阳能热水器生产和使用国，太阳能热水器总保有量占世界的76%，居世界首位，并出口世界30多个国家和地区。截至2008年底，我国太阳能光伏电池的年产量达到1781MW，居全球首位。太阳能光伏发电解决了700多个乡镇，约300万偏远人口的基本用电问题。如西藏已建成近400个县级和乡级太阳能光伏电站，总装机容量达近8000kW，成为我国集中型光伏电站最多的省区。近年来，在科研开发、住宅小区大面积推广应用、太阳能产品建材化、太阳能与建筑一体化等方面也都取得了一定的成绩。2008年的北京奥运村全部采用了平板式太阳能热水器，广东五星太阳能有限公司成为2010年亚运会绿色能源供应商，承担亚运会场馆平板太阳能热水器工程的设计与施工。

2009年5月，一座完全按照低碳标准设计、未来生产和生活都将"围绕太阳能转"的新城在新疆吐鲁番开工建设，新城的每幢房子既能产热，又能发电。整个城市没有一座加油站，所有公交车和出租车都将以"太阳电"作为动力之源。

但从总体上讲，我国的太阳能利用还处于起步发展阶段。2007年世界太阳能大会组委会提供的一份调查报告显示，中国现有的大型建筑95%是高能耗的，造成大量能源浪费，其能源消费是发达国家的2~3倍。中国的建筑能耗已成为全世界所关注的焦点。目前建筑能耗已经占中国商品能源消耗的30%，其中仅空调和采暖耗能就占建筑耗能的65%。这也说明了我国建筑节能方面以及对太阳能的利用方面还有很大的差距，与世界发达国家相比也还有很大差距。

太阳能将是21世纪新能源的重要来源，这是世界各国科学家的共识。可以说，哪个国家对太阳能利用的重要性认识得深，行动的快，投入的人力和财力多，科研开发转化得快，谁就能占领这一领域的科技制高点，谁就能赢得这一领域发展的市场主动权。

（3）什么是太阳能与建筑一体化？

"太阳能与建筑一体化"就是把太阳能利用与建筑有机结合起来，尽可能地利用太阳能替代常规能源，减少建筑能耗对常规能源的依赖关系，达到降低能耗，提高能源利用率的目的。

建筑业界对太阳能与建筑一体化的理解是：太阳能集热器（指具有热水供应或采暖、制冷以及太阳能发电等功能）应做成建筑构件型，成为建筑物围护结构的一部分，如太阳能墙板、太阳能屋面板、太阳能阳台板等与土建工程同步施工、同步安装、同步验收。集热器的规格、尺寸应定型化、标准化，当然也可根据建筑设计的尺度量身定做。

太阳能与建筑一体化后，无论在建筑景观、建筑功能方面，还是在太阳能的利用方面都将大大向前提高一步，建筑节能水平也将上一个新台阶。

当前使用较多的太阳能产品，如太阳能热水器，大多置放于建筑物的屋顶上，成为与建筑物不相干的一个附着物，既影响建筑景观，也容易产生安全隐患，在高层（住宅）建筑中，安装更是困难，因此，在发展太阳能与建筑一体化方面受到很大制约。

（4）太阳能与建筑一体化在国外的发展情况如何？

太阳能与建筑一体化的设计思想，最早是由美国太阳能协会创始人史蒂文斯特朗在20多年前倡导的，他建议不再采用在屋顶上安装一个笨重的装置来收集太阳能，而是将半导体太阳能电池直接嵌入建筑物的墙壁或屋顶内。史蒂文斯特朗的这一设计思想，被美国电力供应部和能源部采纳，并合作推出了太阳能建材化产品，如住宅屋顶太阳能屋面板、"窗帘式墙壁"等产品。之后，太阳能与建筑一体化在美国得到迅速推广应用。

1997 年，美国实施"百万太阳能屋顶计划"。在全国的住宅、学校、商业建筑等屋顶上安装 100 万套太阳能发电装置，光伏组件累计用量将达到 3025MW，相当于新建 3 ~ 5 个燃煤发电厂的电力，每年可减少二氧化碳排放量约 351 万 t。通过大规模的应用，使光伏组件的价格从 1997 年的 22 美分 / kW·h 降到 2010 年的 7.7 美分 /kW·h。

日本及欧洲共同体也积极推行"太阳能房屋计划"，大量建造采用太阳光能发电的住宅小区，德国还建造了零能量的住房，所需能量 100% 靠太阳能。法国国家实用技术研究所研制了建筑外墙玻璃兼作太阳能热水器的一体化产品，对于一幢大楼来讲，仅仅利用建筑外墙玻璃，就能把热水问题解决，每年可以节省大量的电力和煤气，具有很强的市场竞争力。

根据欧洲光伏工业协会新近数据显示，到 2020 年，欧洲大约四成的用电可以由建筑物安装的太阳能电池板供给。

（5）我国在太阳能与建筑一体化方面的发展情况如何？

2009 年 5 月，由我国科技部等单位主办的第十三届中国北京国际科技产业博览会在人民大会堂隆重开幕。低碳经济、绿色经济、循环经济成为本届科博会的最大热点。作为科博会的重要组成部分，在中国国际展览中心举办的高新技术展览会上，重点展出了我国太阳能与建筑一体化技术在发展循环经济领域里取得的最新成果。由清华阳光独家冠名的中国太阳能产品与低碳经济推介洽谈会暨"太阳能与建筑节能"专场同期举行。这里向人们发出了一个强烈信息——即太阳能与建筑一体化已经被高度关注，太阳能产品的水平也已达到了一定的高度。国家相关政策已给"太阳能与建筑一体化"课题以有力的支持，原建设部也将太阳能应用作为建筑节能的重要组成部分列入《建筑节能"九五计划"》和《2010年住宅建设规划》，把太阳能等新能源作为重点发展的八项节能技术之一。近年来，全国很多地区、很多大专院校、科研院所和太阳能企业在太阳能与建筑一体化的实施方面，进行了大量的研究、探索和实践。北京市、云南省、江苏省、山东省、安徽省等很多太阳能企业都研制出了太阳能建筑构件，并进行了工程实践，使太阳能与建筑一体化技术大大向前跨了一步，使太阳能集热器由零散式安装转变为集中式安装，将"事后安装"转变为"事先安装"，将太阳能集热器的布局、设计、安装等工作一并纳入整个工程的土建工作之中，安装调试工作和土建工程同步进行，如云南省昆明市建设了昆明红塔住宅小区和蒙自红竺住宅小区示范工程。2007年，山东省组织实施"百万屋顶阳光计划"，大力推广太阳能与建筑一体化应用技术，并相继出台有关技术标准和优惠政策。山东省的力诺瑞特在成为国家住宅产业化基地的3年时间里，这家太阳能热利用龙头企业推广了3400万m²的太阳能与建筑一体化住宅。从2008年起，济南市12层以下民用住宅已经推行太阳能与建筑一体化建设。目前，山东省济南、烟台两市出台文件，在一定范围内强制实施太阳能与建筑一体化设计与施工。江苏省生产的太阳能电池占全国市场的7成，2009年江苏省光伏出口达54.9亿美元。今年7月，由中国建筑标准设计研究院主办的太阳能建筑一体化应用技术研讨会在北京举行，此次会议对我国太阳能产业的发展和太阳能建筑一体化技术的发展将产生一定的推进力。

在看到成绩的同时，还应该看到，我国在太阳能与建筑一体化方面还刚起步，与全面推行还有很大距离，可谓任重道远。太阳能与建筑一体化是一项系统工程，是一个大课题。它需要太阳能界、建筑界及其暖通动力、空调制冷、给排水等各个方面的专家、工程技术人员以及房地产开发商的团结协作，共同努力，还需政府相关部门的组织领导和协调工作，并适时的给以政策性支持。只有这样，才能使太阳能与建筑一体化得到全面、持续和稳定的发展。

（6）目前我国发展太阳能与建筑一体化方面的瓶颈在哪里？

我国在太阳能与建筑一体化方面虽然做了很多工作，也取得了可喜的成绩，但时至今日，业内人士仍有"两头热、中间冷"的感叹。所谓两头热，是指相关管理部门、太阳能热利用专业委员会、基层用户以及太阳能热水器生产企业等对建筑一体化比较关心和热心。中间冷是指建筑设计院和开发商等对建筑一体化的关注较少，也就成为了发展太阳能与建筑一体化的瓶颈。

造成中间冷的原因主要有以下几个方面（以太阳能热水器为例）：

1）当前我国的太阳能热水器市场虽然竞争激烈，但销售依然旺盛，不少太阳能企业对太阳能与建筑一体化方面的研究和投入甚少，形成了太阳能产品"百花齐放"的多样化状态，没有形成较为稳定的标准化、定型化的产品，也缺少统一的国家行业标准和检测机构。

2）建筑设计人员在进行太阳能热水系统设计时，缺乏必要的基础设计参数，不像常规生活热水供应系统所用的热源，比如热水锅炉等，其额定产热水量可以从产品样本上非常方便的查找到。到目前为止，在很多太阳能热水器的样本中难以准确给出在不同的气候条件、不同季节里的产热水量，同时也难以做到 24h 稳定、可靠的供应热水，这就使得设计人员感到心中无数，从而导致设计人员缺乏积极性。

3）太阳能与建筑一体化后，将增加一定的工程造价，在对开发商没有落实优惠、扶持政策的情况下，开发商的积极性也难以调动起来。

（7）当前我国的太阳能热水器主要有哪些类型产品？对太阳能与建筑一体化的影响如何？

目前，我国太阳能热水器主要有两种类型：真空管型太阳能热水器和平板型太阳能热水器。其中真空管型热水器占据的市场份额超过90％。在全球范围内，以真空管型为主的国家只有我国。法国、意大利、德国、西班牙等欧洲国家以及日本都以平板型为主。葡萄牙、以色列、希腊、巴西等国更是接近100％为平板型产品。

平板型太阳能热水器与真空管型热水器相比，有较多的优越性：

1）对太阳能与建筑一体化的适应性较强，能在建筑物的屋面、墙面以及其他部位较易与建筑构件结合成一体，其建筑美观性更好，安全性更高。

2）使用寿命较长，通长可达25～30年，而真空管型热水器通长寿命为8～10年。

3）当使用二次循环系统和防冻液后，经试验可知，平板型热水器能在-40℃的低温环境中正常工作，因而使用地域更广，而真空管热水器的低温环境通常在-10℃左右。

4）平板型热水器的流道材料采用纯铜管，盖板采用钢化玻璃，整机系统各部件安全可靠。同时当系统采用承压设计时，压力恒定，出水压力大，水流也大。

综合以上，平板型太阳能热水器将更有利于推动太阳能与建筑一体化的进程，具有强大的发展潜力和广阔的市场前景。

目前，真空管型太阳能热水器产品由于有一定的成熟度，也得到了人们普遍的认知和认可，且价格较平板型热水器便宜，故被广泛应用。特别在既有建筑的节能改造和太阳能利用上有一定的优势，因此，仍有很好的市场前景。

24. 在单层工业厂房内进行增层改建工程的实践

随着经济改革和工业产品结构调整，有一部分工业厂房被闲置了起来，实践证明，对闲置不用的厂房进行合理的改建可带来可观的技术经济效益。本文介绍在单层工业厂房内进行增层改建的工程实践。

（1）工程实例

1）实例一

图 7-28 为原镇江市接插件总厂某分厂 2 幢框架结构车间的平面图和剖面图。该厂房建于 20 世纪 80 年代初期，建筑物跨度 12m，柱距 6m，檐口高 7m，每幢建筑面积为 823m²。因产品结构调整，在停产数年后，转卖给镇江市电子中等专业学校，经在室内进行增层改建后，两幢车间分别成为具有 20 个教室的教学楼和能住 500 余名学生的宿舍楼。另原锅炉房在室内进行增层改建后成为教职工食堂。图 7-29 为增层改建成外走廊式的教学楼平面图和剖面图，图 7-30 为增层改建成内走廊式的学生宿舍楼平面图和剖面图。

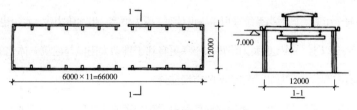

图 7-28　框架结构车间平面及剖面示意

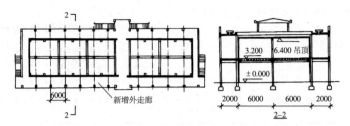

图 7-29 改建后教学楼平面及剖面示意

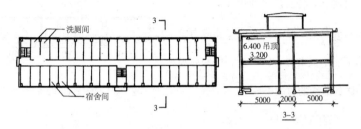

图 7-30 改建后学生宿舍楼平面及剖面示意

2）实例二

图 7-31 为原丹阳市柴油机厂铸造车间的平面图和剖面图。该车间系排架结构，建于 20 世纪 90 年代初期，建筑面积 5000m²，三跨（跨距为15m，18m，15m），柱距 6m，檐口高度 10.9m。因产品结构调整和城市规划等因素而中途停建。1995 年 4 月，市政府决定将其改建为展览中心。经在室内增加一层，装饰后成为一座具有

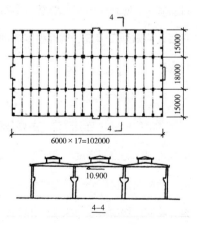

图 7-31 原厂房平面及剖面示意

11 000m² 的双层展览馆，取得了良好的社会效益和经济效益。图 7-32 为增层改建后的平面图和剖面图。

（2）改建工程设计要点

改建设计比新建设计复杂，因为一方面改建后要符合新的使用功能，并具有相对完整性；另一方面还要使原有结构尽可能不被破坏，并尽量利用原有结构，达到节约的目的。

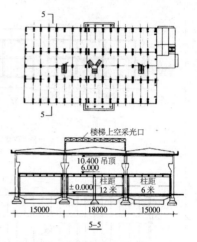

图 7-32　改建后的建筑平面及剖面示意

1）收集原始资料

改建设计前，应认真收集原有设计、施工及使用后的有关资料，包括原有地质勘察资料，设计施工图、竣工图；基础开挖后的验槽资料；建筑物地下管线布置情况；建筑物沉降观察记录；建筑物维修检查记录等。在查阅资料基础上，应到现场实地勘查，检查结构的完好程度，有无裂缝等破坏情况，必要时应对地质情况、构件强度等进行检测，以正确判断建筑物的实际工作状况。

2）结构受力体系

在单层厂房内增层改建，主要是利用其内部高大空间的有利条件，其增加层数可视厂房空间高度和实际需要而定。由于单层厂房的受力体系多属排架结构，而增层改建部分的受力体系多属框架结构，所以其增层部分的结构受力体系宜与原厂房结构受力体系分开设置，以免改变原厂房的结构受力性质，保证使用安全。新的增层结构成为一个完整的受力体系，结构受力明确，避免了新老结构相互影响或重组新的结构受力体系的麻烦。

当原厂房结构承受荷载较大，而新的增层结构荷重较小时，也可对原受力结构和基础作适当加固后，将新结构荷重直接加到原结构上。

3）基础设计

当增层结构受力体系独立设置时，增层部分的基础须与原厂房基础分开设置，单独承受增层部分传来的荷重。本文实例一中图 7-29 所示为新老基础轴线错开布置的形式，实例二图 7-32 所示为新老基础位于同一轴线，但基础相互脱离布置的形式。新基础的埋深不宜超过原基础，宜和原基础相同。当增层部分层数较多或荷重较大时，亦可采取加固地基的形式，以避免挖土深度过深或基础底面积做得过大而造成施工困难。

①新基础应力取值

原厂房基础经过多年工作，有了一定沉降值后已进入稳定状态。改建为民用建筑后，取消了行车荷载，则基础荷载相应减少，故一般不会再继续沉降。为避免新的增层结构的基础沉降值过大，基础应力的取值应小于原基础的应力值，其减小幅度可在 10% ~ 30% 之间（土质较差者宜取上限值）。

②新老基础的相互影响

基础设计中，当新老基础间距较小时，如图 7-32 所示，应考虑其相互影响，必要时可适当增加基础间距，尽量减少相互影响。

③新基础沉降计算

控制新基础的沉降值，减少新老基础间的沉降差，是基础设计中的关键。在考虑上述两方面的因素后，算出的基础沉降值如偏大时，应适当调整基础底面积，或对基础下土层进行适当加固，以减小其沉降值。

4）构造及消防设计

①新基础如在靠近原基础处作悬挑处理时（图 7-32），在设计上应提出构造措施，保证悬挑结构正常受力，以防由于施工失误造成挑梁直接搁置于原基础上，造成原基础不均匀沉降。构造措施如图 7-33 所示，确保挑梁底部和两侧留有一定空隙。

②增层楼面与原厂房的柱、梁、墙等结构应作分离处理，其间隙可取 60～70mm，既满足抗震需要，又满足沉降需要，缝隙用泡沫塑料板填嵌，以保证各自受力，避免相互影响。边沿处宜设翻边沿子，以免冲洗地面时污水流入下面，其构造措施如图 7-34 所示。

③原工业厂房改建成民用建筑后，使用人数大为增加，应考虑增设安全疏散楼梯。若室内难以安排，应在山墙处增设疏散楼梯，并按消防要求设置消火栓等。

（3）施工注意事项

1）基础挖土时应防止超挖，当需进行抽水处理时，应尽可能保持原基础土层中的水位稳定，防止因水位突然下降而造成原基础不均匀沉降。

当新基础在原基础附近作悬挑处理时，施工中应作认真的技术交底，以确保悬挑部分与原基础之间留有一定空隙。

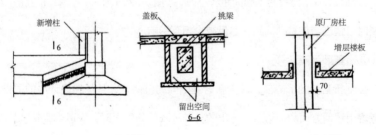

图 7-33 构造措施之一   图 7-34 构造措施之二

2）对原厂房结构不得随意进行剔凿，如削弱断面、焊接钢筋、铁件等。特别值得注意的是，不得破坏厂房的屋盖及柱间的支撑系统，不得在屋架及支撑系统上搭设脚手架或悬挂起重设备等重物。

3）对原厂房局部损伤部位，如裂缝、剥落、锈蚀等，应精心修补。涉及结构性问题，应与设计单位商定好修补方案后再行施工。

（4）技术经济分析

以镇江市电子中专学校改建工程为例，其改建费用见表 7-5。

镇江市电子中专学校改建费用分析表 表 7-5

原建筑名称	改建后名称	改建内容	改建后建筑面积	改建费用	平均单方费用	如新建一幢所需费用
1 号车间（823m²）	教学楼	室内增加一层，加外走廊、外楼梯	2336m²	90 万元	385 元 /m²	128 万元（以 550 元 /m² 计）
2 号车间（823m²）	学生宿舍楼	室内增加一层，加内走廊、内楼梯	1653m²	64 万元	387 元 /m²	91 万元（以 550 元 /m² 计）
锅炉房（230m²）	教职工食堂	食堂室内增加一层，加内楼梯、炉灶等	400m²	17 万元	425 元 /m²	24 万元（以 600 元 /m² 计）
土地费用				100 万元（转让地价）		148 万元（新征地价）
合计			4389m²	271 万元		391 万元

注：费用中未考虑交纳城市建设费用。

由表 7-5 可知共节约投资额 120 万元，节约投资率为 30.7%。计算中未考虑交纳城市建设费用，若以 200 元 /m² 计，则尚需交纳城市建设费用 87.78 万元，最终节约金额为 207.78 万元，节约投资率为 53.14%。

25. 纺织厂厂房的窗子为何都朝北开？

（对话）

　　小明的学校组织去纺织厂参观了一次，回来后，他老是想着一个问题，为什么车间里的窗子都是朝北开的，而不是朝南开的。刚好他家隔壁的李叔叔就是建筑公司的工程师，于是他就去问问这是什么道理。

　　明：李叔叔，我来向你请教一件事。

　　李：别客气，请说吧！

　　明：今天老师组织我们去参观了纺织厂，这个厂真大，前面棉花进去，后面布就织成了，从棉花到布全部是机械化操作。参观中我还注意了车间里的窗子，怎么都是朝北开的，而不是朝南开的？请你跟我讲讲这是什么道理？

　　李：好啊，小明同志，你很爱动脑筋，是个好习惯，也能多学很多知识。要求朝北开窗的车间，除了纺织车间外，还有些机械厂的金加工车间、化工厂的某些化工车间等，也要求朝北开窗。咳，小明同志，你可知道造一幢房子，为什么要开窗呢？

　　明：是为了房间里光亮呗。还可以使房间里空气流通，对吗？

　　李：你说得很对。开窗子的目的，是为了使房间里光亮些，用我们建筑上的话说叫"采光"。对于一幢房子来讲，东、南、西、北四个方向都能开窗采光。还有在屋顶上也能开窗采光，不过开在屋顶上的窗叫天窗。不知道你有没有注意到；一天之中，四个方向的窗子，还有天窗，它们的采光情况有什么变化吗？

明：有变化啊，有太阳的时候，房间里的光线就亮些，没有太阳的时候，房间里光线就暗些。这种变化情况，好像东、南、西三面的窗子和天窗的变化大些，北面的窗子照不到阳光，变化就小一些。

李：你讲得很好，看来你平时还挺注意观察。这正是朝北开窗的第一个优点。

光线使房间光亮的程度，叫做照度。朝南的窗子，或者说受阳光照射的窗子，一天之中照度变化比较大，这对于宿舍、办公室等房间来讲，关系不大，但对有些生产车间来讲则是很不利的。像纺织厂的车间，要求有比较均匀而且稳定的照度。如果照度变化频繁，就要用人工照明跟着进行频繁的调节，这样不仅要增加照明费用，最主要的是操作工人的眼睛视觉也跟着频繁的调节而引起视觉疲劳，从而影响生产效率。咳，小明，你在太阳光下看书时，有什么感受吗？

明：在太阳光下看书，光线很亮，但一会儿就不舒服了，眼睛睁不开，看一会儿，眼睛就酸疼了。

李：是啊，在太阳光下看书，眼睛感到酸疼，主要是由于太阳光照射到书本上后产生反射眩光的结果。眩光对眼睛是很不利的。如果在生产车间里，太阳光直接照射到机器上或是高速转动的纱锭上，将会产生强烈的反射眩光，这对操作工人来讲，除了使眼睛感到酸疼疲劳以外，还将迅速降低视力，甚至影响身体健康。

明：这可是个大问题啊！

李：是啊，眩光除了对操作工人的视力、身体健康有较大影响外，还将影响到生产的产品质量。如对于各种颜色的色织物品，常常因眩光而难以辨别和分析着色织物的色彩，造成差错。又如机械厂车床上加工的零件，都是各式各样的立体东西，这种物体形象的真实感和光线的投射方向有很大关系，如果在太阳光下加工，由于光线投射方向每时每刻都在变化，再加上眩光影响，对零件的加工质量，将产生很不利的影响，容易造成加工偏差，增加残次品率。如果采用朝北开窗，就消除了太阳光直射生产工作面和眩光的影响，有利于提高生产效率和产品质量，这是朝北开窗的第二个优点。

明：眩光有这么大的危害性，真是生产中的一个大敌！

李：对于太阳光直射生产工作面以及眩光的影响，除了上面所说的危害性外，严重时还会造成安全事故。还有些化学物品，在太阳光照射下会迅速膨胀爆炸，所以有些化工车间也采用朝北开窗进行车间采光。

明：李叔叔，你的讲解使我懂得了很多知识，非常感谢你。我还要请问一个问题，我发现纺织厂朝北开的窗子都是固定的，那车间里的空气怎么流通呢？

李：小明你问得好，我正要想补充说明的是，纺织厂的车间里，不仅要有均匀、稳定的照度要求，而且还要有稳定的温度和湿度要求，靠开启窗子来自然通风是难以达到的，这就得靠空调系统来完成了，所以你看到的窗子都是固定不开启的。

明：李叔叔，今天向你学习了很多知识，真要好好谢谢你了。

李：别客气，以后有什么问题，欢迎你再来。

26. 您会堆放东西吗?

初看这个题目,似乎有点荒谬,谁不会堆放东西!但到建筑工地上去走一走,你就会发现,很多材料、构件的堆放是很不合理的,有的已造成了严重的质量和工伤事故。人们从一些教训中得到一条经验,堆放东西也得讲究科学道理。

例1:围墙边堆料不当,把围墙当成挡土墙,造成围墙倾倒,人员伤亡。

这是发生在浙江省庆元县某小学的一场悲剧,某建筑队正在围墙外边给学校施工教学大楼,他们把 10t 生石灰紧靠着围墙边堆放,使围墙成了挡土墙。由于前几天生石灰遭到雨淋,体积逐渐膨胀,对围墙的侧压力也逐渐增大。一天下午,一段高 2m、长 7m 的围墙突然倒塌,在围墙边正玩得兴奋的一群小学生,来不及躲闪,其中 6 个学生被埋在砖砾和滚烫的石灰下面,虽经抢救,最终造成了 2 人死亡、2 人重伤、2 人轻伤的悲惨事故。

紧靠围墙堆放土、砂子、石子等散料物体,这在建筑工地是很常见的事,但也是很危险的事。

围墙,从结构上讲,属于悬臂式自由结构,它仅承受自身的垂直荷载和一定的侧向风荷载,如在围墙边堆料,围墙就成了挡土墙。我们知道,任何散料物体都有一定的自然止息角度,如图 7-35 所示,材料如紧靠围墙堆放,自然止息角以上的部分物料将对围墙产生一定的侧向压力,如图 7-36 所示。

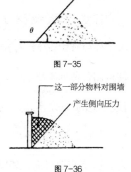

图 7-35

这一部分物料对围墙
产生侧向压力

图 7-36

当物料堆放到一定高度时，即当其侧压力值大到一定程度，围墙承受不住时，围墙将立即倒塌。

施工中应加强技术交底工作，避免紧靠围墙堆放材料，以免造成不必要的损失。

例2：楼板上堆料不当，超载过多，板断人亡。

这是发生在黑龙江省哈尔滨市南岗区的一幕悲剧。某公司土建施工队进行旧楼房拆除施工作业，将三楼顶层水箱房拆下的近 $4m^3$ 的残土堆积在三楼楼板上，由于楼板负荷过重，使楼板断裂并逐层塌落，把正在地下室研究工作的队长、副队长、施工员、安技员等 8 人砸在里面，造成 6 人死亡、2 人轻伤的重大伤亡事故。

看来，在楼板上堆放材料或构件等东西，也有很多科学道理。

首先，在楼板上堆放东西，要注意楼板的设计负荷量值。楼面，不像地面，堆放多一点无所谓。各种楼板的设计负荷量，根据国家规范要求，有一定的限值，它既要考虑使用安全，又要避免过于保守，造成浪费。例如宿舍工程，楼面的设计负荷量值为每平方米 150kg，学校教室、会议室的楼面设计负荷量值为每平方米 200kg。楼面堆放的东西重量如超过限值，就形成超载，当超载到一定程度，楼板承受不了时，就会发生裂缝，甚至断裂塌落事故。在质量、安全工作检查中，经常看到一些砖混结构工程，在砌墙阶段，楼面堆放很多红砖，使楼面负荷处于严重的超载状态，如以满铺二层侧砖计算，每平方米的红砖数量就达 150 块之多，其重量每平方米达 400kg 左右，危险性是显而易见的。

其次，要注意堆放的位置，同样的重量，集中堆放与分散堆放，对楼板内力的影响差别很大，如图 7-37 所示。同样 1000kg 重的东西，堆放在一块 4m

长的楼板上，图 7-37（1）表示集中堆放于板
的跨中；图 7-37（2）表示分开堆放于两边 1/4
处；图 7-37（3）表示均匀分散于板面。根据
力学计算可知，图 7-37（1）使楼板产生的内
应力将比图 7-37（2）、图 7-37（3）大 1 倍。

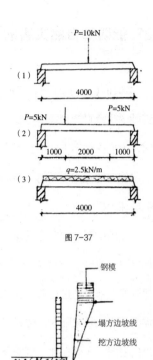

图 7-37

例 3：基坑放坡不当，又在坑边堆放钢模，
造成土塌人亡。

这件事发生在某市的一个地下室工地上。
深 3m 多的地下室底板基础混凝土已浇捣完
毕，钢筋工正在坑内绑扎钢筋，运往工地的钢
模，为了减少二次搬运，就堆放在基坑边，如
图 7-38 所示。时值梅雨季节，沥沥小雨连续
下了几天。一天下午，基坑边坡突然塌方，瞬
间钢模和土方劈天盖地扑向基坑，下面三名

图 7-38

钢筋工连头都来不及抬，就被埋压在下面，等到从土堆里扒出来人已停止了
呼吸。

分析原因，其一是基坑边土方未按规定放坡，根据土层性质，基坑边阴影
部分的三角形土体是一块不稳定土体，按操作规程和施工验收规范要求，挖土
时应做放坡处理，这种不稳定土体，有时挖土时并不马上塌落，但一旦受到外
来的压力或振动、浸水等影响，即有下滑的可能。其二是在上面堆放钢模不当，
钢模重量和堆放时的振动力，加速了不稳定土体的塌落现象。

27. 能防御自然灾害的"生命建筑"

2016年6月23日，江苏省盐城地区突然遭遇了一场龙卷风袭击，给当地百姓的生命财产和经济造成了巨大的损失，引发一片唏嘘。都说在自然灾害面前，人们往往不堪一击。龙卷风是大气中最强烈的涡旋现象，它是从雷雨区的云层伸向地面或水面的一种范围很小但风力极大的强风旋涡，虽影响范围较小，但破坏力极大。

美国中西部地区遭受龙卷风和洪水灾害的次数也较多，为此，建筑界为该地区量身设计、定做了一种防御性房屋，并被称为"生命建筑"。该房子的一部分或全部为通过建筑物底部的一组液压杠杆能自由上下地面，以避免遭受其灾害。当风暴来临时，传感器就会激活液压杠杆将房子拉入地下，屋顶则由防水门密封，人们在地下可安全地进行工作和学习。当暴风雨过去后，房子即上升冒出地面，正常享受阳光日照和通风对流，这是传统建筑（包括地下建筑）所缺失的。

"生命建筑"是十多年前来自十五个国家的科学家在美国讨论时提出的，在此之前，已有不少科学家在努力研究、实验过了，并取得了令人振奋的结果。美国一位教授把光纤维直接埋在建筑材料中作为建筑物的"神经"，通过感知光信号的相对变化特征，来反映建筑物的变形和振动情况。美国南加州大学的一个研究小组则在框架结构建筑物的合成梁中埋植记忆合金（SMA）纤维。由电热控制的SMA纤维像人体的肌肉纤维一样会产生形状和张力变化，从而根据建筑物受到的振动，改变梁的刚性和自动振动频率，减少振幅，从而使框架结构的寿命大大延缓。

生命建筑还具有像人的"大脑"一样的机构设置,有自动调节和控制功能,让埋设在建筑物内的无数光纤维传感器和驱动执行器有条不紊地进行工作,科学家们为它们设置了一种计算程序,这种程序能模仿一个真实的神经细胞,它能在突变的建筑事故中具有判断能力,并由神经网络作出相应的处理。同时,生命建筑还设置了自动适应系统,以便在必要时,自动接换各自的传感器,以达到防御灾害的目的。

由于地震和风灾会造成建筑物大幅度振动,并导致崩塌和摧毁,因此,生命建筑有极好的保护功能。日本科技界开发成功的智能化主动质量阻尼技术就有显著作用。当地震发生时,生命建筑中的驱动器和控制系统就会迅速改变建筑物内的阻尼物质量,从而改变阻尼物的振动频率,以此来抵消建筑物的振动。美国则有人研究在地震发生时如何让生命建筑之间能自动伸出驱动阻尼器,并相互连接在一起,就像人在摇晃的航船甲板上手拉手一样不易跌倒。至于生命建筑受损后的自我康复,美国科学家也已找到了好办法,它的执行元件是充有异丁烯酸中酯黏结剂和硝酸钙抗蚀剂的水管。当生命建筑有裂缝时,水管会自动断裂,管内物质流出,形成不治自愈的混凝土结构。

八、古建筑杂谈

建筑是人类的栖息之所，不仅反映着不同时期的政治、经济状况和社会习俗，而且也凝聚着丰富的文化传统内涵。我国古代建筑就是古人审美理想和道德伦理的集中体现。

建筑是人类的栖息之所，不仅反映着不同时期的政治、经济状况和社会习俗，而且也凝聚着丰富的文化传统内涵。我国古代建筑就是古人审美理想和道德伦理的集中体现。

1. 我国古建筑的代表作——紫禁城

紫禁城——又名故宫，是我国现在最完整的、也是最有代表性的古建筑群，红墙黄瓦金碧辉煌，是我国古代建筑艺术的典型之作，也是世界上规模最大保存最完整的皇宫，永乐四年（1406 年）始建，占地 72 万多平方米，建筑面积 15.5 万 m^2，位于北京城中心，是明、清两代的皇宫，在 500 多年历史中有 24 位皇帝在此登基。内有 180 万件文物藏品，最高单日旅客流量超过 18 万人次，1987 年 12 月被列入《世界遗产名录》。上述一串十分显眼的数字说明，用一个"宫"字已难以将其概之，而用"城"字——紫禁城则其蕴涵更丰富、更确切了。

环视全球，就其同样有名的世界"五大宫"而言，其他四宫建筑特色容易让人定位，美国的白宫可谓典雅，俄罗斯的克里姆林宫算得上精巧，英国的白金汉宫足够华丽，法国的凡尔赛宫气势磅礴，而我国的故宫呢？该用什么样的词语来形容它的气韵呢？最确当的要算"震撼"了。

紫禁城的建筑有许多独特之处：

（1）儒家中庸思想的充分反映

我国古代的建筑受儒家思想的影响极为深刻，尤其是中庸思想，因此，在各种古建筑中给予了充分的反映。

第一是"执用两中",注重中轴线的院落式布局。在中轴上布置主要建筑，左右两侧布置次要建筑或四周围以高墙。紫禁城的宫殿沿着一条南北向中轴线排列，并向两旁展开，南北取直，左右对称。这条中轴线不仅贯穿于紫禁城内，而且南达永定门，北到鼓楼、钟楼，贯穿了整个城市，气魄宏伟，规划严整，极为壮观。宫城南北长961m，东西宽753m，呈长方形，占地72万多平方米，建筑面积15.5万 m^2。

紫禁城中最吸引人的建筑是位于前半部分政治活动区的三座大殿——太和殿、中和殿和保和殿，它们都位于中轴线上。而且都建在用汉白玉砌成的8m高的台基上。太和殿——是最高权力的物化象征，是最富丽堂皇的建筑，俗称"金銮殿"，位于宫城中央，是皇帝举行大典的地方。殿高28m，东西长63m，南北宽35m，有直径达1m的大柱子92根，其中6根围绕御座的是沥粉全漆的蟠龙柱。中和殿是皇帝去太和殿举行大典前稍事休息和演习礼仪的地方，保和殿是每年除夕皇帝赐宴外藩王公的场所。

第二是在"中和"思想指导下，强调建筑与人、建筑与自然以及主次建筑之间的和谐统一。

第三是院落式布局实现了仁、礼的完美统一。长辈、尊者居于中轴线的正房，偏房则是晚辈、卑长幼秩序和名分等级之别，而又尊卑、长幼、男女、主仆生活在一起，使亲善、仁爱得到了充分体现。

（2）紫禁城建筑的房间总数为9999间半，而不是1万间。据说玉皇大帝才可以享受1万间整数。地上的皇帝只是天子，绝不能与玉皇大帝一样，于是，只好修建成9999间半，比玉皇大帝少半间。那半间指的是文渊阁楼下西端只能容个楼梯的小屋。实际上，这间小屋建得特别小，是从布局美观协调考虑的，可人们为了给帝王披上一层神秘色彩，便编出了这样一个传说。

（3）是有名的"龙"宫。故宫真正让人震撼的除了数量众多的、高大的古建群外，很重要的是蕴含在雕梁画栋间的文化底蕴和融入每一个细节中的中华文化之精魂——龙。

四下打量，跃跃欲飞的雨花阁屋顶的鎏金飞龙、精巧亮滑的犀角雕云龙纹杯口沿的二龙、浑然天成的大玉龙、精雕细琢的端石双龙砚、气象庄严的太和殿金漆龙纹屏风、宝座、触目惊心的太和殿大吻、太和殿内天花和太和殿内檐彩画上栩栩如生的群龙、气势恢宏的保和殿后巨大的云龙纹石雕御路、九龙壁上活灵活现的彩龙、正大光明匾上呼之欲出的金龙、三希堂匾额上若隐若现的金龙……从庄严的大门、殿堂、屋脊、石雕，到香炉、仪仗兵甲、日常生活用具等，龙的影子无处不在。渗透在这座令中华民族无比骄傲的古建筑的细微脉络中，立体地诠释着华夏民族的图腾。若非如此，故宫还会有如此穿越时空、经久不衰的魅力吗？

故宫究竟有多少条龙呢？有人曾做过粗略的统计，太和殿顶屋脊、滴水、瓦当等处共有龙纹 2632 条，外檐额枋及门窗彩绘包括饰件共有龙纹 5732 条，殿内檐及殿内梁枋天花上共有龙纹 4037 条，殿中金柱、藻井、宝座、屏风及陈设上共有龙纹 609 条，殿内墙壁及暖阁门罩等共有龙纹 542 条。仅太和殿内外的龙雕、龙纹等各种形式的龙就有 13844 条之多。故宫宫殿超过 8000 间，加上所有建筑装饰和一切御用品上的龙，可谓数不胜数。就此而言，故宫或许改名"龙"宫更为贴切。

在中国古代的哲学经典《周易》中，"乾"是第一卦，代表"天"，而乾卦中最盛的，九五爻，寓意"飞龙在天"，"九五之尊"因此而成了帝位的代名词，五爪金龙也就成为紫禁城中占主宰地位的图案。紫禁城既是真龙天子的宫殿，也理所当然地成了神秘莫测的"龙"的世界。

（4）紫禁城建筑的另外一奇是，城内有四处实心房。从外面看是整齐的房屋，可里面却全是石头砌成。不知内情的人感到奇怪。据说，这是建筑故宫时，建筑家们特意设计的为消防安全用的防火墙。

（5）紫禁城还有一个奇特的现象，就是许多地主放有大缸，大缸有青铜铸的，也有铁铸的，制作精美，青铜缸油光锃亮，非常雅致，铁铸缸则古朴素雅。缸非常大，放在太和殿的鎏金铜缸，每口高 1.2m，直径 1.63m。据史料记载，紫禁城原有这种大缸 308 口，现存 200 口。紫禁城里为什么要安放这么多大缸呢？原来，这是用来防火的，是消火水缸，每口缸可蓄水 3000 多升，人们给这种大缸起了一个名字叫"门海"，即"门前大海"的意思。有了这样的"大海"，紫禁城的防火就有保障了；这些大缸由专门的太监负责管理，每天打满水；冬天要外包棉套，特别冷的时候，还要把缸架在特制的石圈上，石圈内点燃炭火，以防缸中的水冻结。

（6）紫禁城三大殿铺设的地砖也很特殊，据说它们是用上好的坯料，倒入糯米汁，经过千百回翻、捣、摔、揉，制成坯后，放入专门的房中，关门窗，经 5 个月的阴干，然后再经近百天的避免直接受火的烧制完成的。烧成的砖，细腻如脂，重如金，明如镜，叩击有金石之声，故称之为"金砖"。烧制金砖，一般是从春天取土，到元宵节才能出窑，用近一年时间才能制成。据史料记载，明嘉靖年间，烧制 5 万块金砖，用了 3 年时间。一块金砖的造价，相当于一石米的价格。据考证，烧制金砖的地方，在苏州北部、大运河畔的陆墓乡御窑村。每一块金砖上都打有印记和题款，经官吏验收合格后，用黄纸包封，通过大运河船运北京。墁铺时，还要经过细磨加工、浸泡生桐油等处理。用这样的金砖铺出的地面，其精美程度可想而知。

（7）紫金城有较大完善的排水设施系统，今年（2016年）7月中旬，北京市下了一场强降雨，引发了一片城市"看海"声，但紫禁城"笑傲江湖"，虽暂有积水，但没有被淹。这完全归功于紫禁城完善的排水系统，城外设有三道防线，城内设有1142个龙头排水口，有着瞬间较强的排水功能。按照现代城市对于"积水"的定义，紫禁城500多年来从未发生过。这样大的建筑群，排水沟道是与地上建筑物整体规划起来的，有干线、有支线、有分水线、有汇合线，最后水出"巽方"，与北京市水道合为一流。它的干沟，是用大砖垒砌沟帮，工字铁活对面支顶，沟底青石铺筑，在过去是每年春季淘挖一次，要求是"起挖淤泥，通顺到底"八个字，还有专司此事的沟董世家，这些沟道已是五百多年的工程了。

在紫禁城内有长12000m的河流，它从西北城角引入紫禁城的护城河，水从城下涵洞流入，顺西城墙南流，由武英殿前东行迤逦出东南城角与外金水河汇合。这道河流对于紫禁城内千株松柏起了灌溉的作用。在调节空气和消防利用上都有好处。在夏季又是全宫城中雨水排泄的去处，故宫中雨水排泄管道，在开始设计全宫规划时有一个整体的下水系统安排。它的原设计图虽然已看不见了，可是现存的沟渠管道，除被地上建筑物变革而被破坏一部分外，经实际疏通调查发现它的干道、支道、宽度、深度都是比较科学的。遇有暴雨各殿院庭雨水都能循着排水系统导入紫禁城中的河流里，然后迂回出城汇入外金水河东出达于通县运河流域。因此在宫中无积水之患。明代开凿的筒子河宽52m，深6m，长3.8km。不但增加了宫城防御，而且主要功能是排水干渠和调蓄水库两重功能。蓄水量可达 118 万 m³，相当一个小水库。即使紫禁城内出现极大暴雨，日降雨量达 225mm，同时城外洪水围城，筒子河水无法排出城外，紫禁城内水全部流入筒子河，也只使筒子河水位升高 1m 左右。

（8）紫禁城中的取暖设备有两种，一是炭盆，二是地下火道。火道又名火炕，是和建筑连在一起，在殿内地面下砌筑火道，火口在殿外廊上。入火道斜坡上升处烧特种木炭，烟灰不大。火道有蜈蚣式及金钱式，即主干坡道两旁伸出支道若干，这样使热力分散两旁，全室地面均可温暖；火道尽头有出气孔，烟气由台基下出气洞散出。这种办法在皇宫中一直使用了四五百年。在殿内地面上则利用炭盆供热。由于宫殿高大，为了冬季居住得舒适，凡是寝宫都利用装修隔扇阁楼将室内高度降低，将殿内空间缩小，即所谓暖殿暖阁之类。

2. 天安门城楼的设计师和建造师

天安门城楼可以说是故宫建筑的点睛之笔，原是明、清两代皇城的正门，始建于 1417 年，原名为承天门，清顺治八年（1651 年）经改建后改名为"天安门"，城门面阔九间，进深五间，通高 33.7m，座落于两千余平方米雕刻精美的汉白玉须弥座上，是高 10 余米的红色墩台。天安门城楼重檐飞翘，雕梁画栋，黄瓦红墙，异常壮丽。城楼下是碧波粼粼的金水河，河上有 5 座雕琢精美的汉白玉金水桥。城楼前两对雄健的石狮子和挺秀的华表巧妙地相结合，使天安门成为一座完整的建筑艺术杰作。天安门现在是新中国的象征，庄严肃穆的天安门图形是我国国徽的组成部分。

天安门东面和西面原来各有一个门，东面的门叫"长安左门"，也叫"龙门"，西面的门是"长安右门",也称"虎门"。人们之所以将这两个门称"龙门"和"虎门",其实是因为科举考试的缘故。

明清时期,每次科举考试结束后,朝廷都会将金榜题名的名单经过天安门,送出"长安左门",然后公布于众。凡是经殿试考中状元金榜题名的考生"一登龙门,身价百倍",许多好运接踵而来。所以,人们就把"长安左门"称为"龙门"。

但是,对"长安右门"的使用却恰恰同"长安左门"相反。每年一到秋风扫落叶之时,就是朝廷处决死刑犯的时候。这时,朝廷就要把那些胆敢侵犯朝廷王法的重犯,押进"长安右门"之内,验明正身,进行正法。于是,人们把"长安右门"比作冷森森的虎口,意思是一旦进入长安右门这个犹如虎口的地方,必定再难生还。所以,渐渐地,人们就将"长安右门"和"长安左门"对应起来称呼,将其称为"虎门"。

"龙门"和"虎门"虽然都是门,却是一左一右,一荣一亡,实则有着天壤之别。

据史料记载,天安门是明朝一位杰出的工匠——名叫蒯祥设计并负责建造的。蒯祥系苏州吴县香山人,出生于 1380 年的一个工匠世家,从小聪慧好学,20 岁不到就开始带徒,并当了领班师傅,不久便成为江苏苏州吴中一个香山帮建筑学派的一代帮主。香山帮是吴中的胥口和光福一带能工巧匠的总称,是一个集木作、水作、砖雕、木雕等多个工种的建筑群体。他们之间仅以师徒相称,看似松散,实际上又有一呼百应的"集体作战"的强大力量。这个香山是苏州西边毗邻浩渺太湖的一座小山,这里盛产能工巧匠。因此,香山帮是地域文化的产物,它善于园林建设和工程建筑,是建筑界人人都知道的一个建筑学派。明朝初，朱元璋征召天下工匠20多万建设都城南京，蒯祥随文应征全程参加了建设过程。朱元璋死后，接位的燕王为了应对北方的军事威胁，迁都北京。1417年，蒯祥又同大批能工巧匠被征召到北京，承担皇宫建筑的施工任务。这时他还不到四十岁，年富力强，身手不凡，不久被提升为工部左侍郎。燕王为了标榜自己的正统，要求工程一律遵照南京城的样式建造，在午门前要设端门，端门前设承天门。承天门就是天安门，蒯祥技艺高超，负责工程设计兼施工监造。他设计的图样完全符合皇帝的要求，因而极受信任，获得很大荣耀。

1465年，80多岁的蒯祥还参加了天安门的第二次建造，在工程建筑中起指导、顾问作用，并被尊称为"蒯鲁班"。

关于蒯祥，《吴县专》里是这样记载的：

蒯祥，吴县香山木工也。能主大营缮，永乐十五，建北京宫殿。正统中，重作三殿及文武诸司。天顺末，作裕陵。皆其营度。能以两手握笔画双龙，合之如一。每宫中有所修缮，中使导以入，祥略用尺准度，若不经意，及造成以置所原，不差毫厘。指使群工，有违其教者，辄不称旨。初授职营缮所丞，累官至工部左侍郎，食从一品俸。至宪宗时，年八十余，仍执技供奉。上每以蒯鲁班呼之。

一介匠人，能享这般待遇，实在令人羡慕。

3. 古建筑中的伦理原则和等级规范

随着原始社会的解体，阶级社会有了等级差别，这些差别不断的被统治者强化、神化，说成是天经地义，渐渐形成了一种社会道德观，并不断以礼仪、法律等形式把差别制度化、程序化。在建筑方面，早在先秦时期就开始制定了等级制度。

在中国古代，九为阳数的极数，即单数最大的数，因而多用九数附会帝王，常以九五之尊称帝王之位。天安门城楼建筑格局，取九五之数，其意就在这里。君之门以九重，京师置九门，亦即此意。

明朝永乐年间建造北京城即设置九门，紫禁城房屋总间数9999间半，天安门城楼面阔九间，紫禁城以及皇家园林、行宫大门，装饰用"九路铜钉"，每扇门的门钉纵、横各九路，共九九八十一个钉。

古建筑中的伦理原则和等级规范极为明确而又严格的，主要从形体尺度、建筑规模和建筑色彩以及建筑附件上体现和反映出来。

（1）建筑形体方面：主次建筑在形体尺度上有明显要求，主要建筑的上部结构尺度及下部台基尺度都较高大，次要建筑的上部结构及台基尺度则按等级要降低和缩小，目的是推崇和突出主体。

在建筑形体方面，还重点表现在屋顶的形式差别，按规定，尊卑等级的顺序是：重檐庑殿，重檐歇山，重檐攒尖，单檐庑殿，单檐歇山，单檐攒尖，悬山，硬山。

（2）建筑规模方面：建筑开间最多为九间（清代太和殿曾扩为十一间），以下依次为七间、五间、三间各级。又如建筑居室方面，有"天子之堂（高）9尺、诸侯7尺，大夫5尺，士3尺"等规定。还有"一品二品厅堂5间9架，三品五品厅堂5间7架，……六品至九品厅堂3间7架……"不许在宅前后多占地，构亭馆，开池塘。遮民序舍不过3间5架。不许用斗拱饰彩色等规定。

（3）建筑色彩方面：早在《春秋谷梁传》中对建筑物的装饰色彩就有了等

级划分。在历史变迁中虽有些变化，但总的说色彩以黄为最尊，黄色与金色接近，最为明亮耀眼。其下依次为赤、绿、青、蓝、黑、灰。宫殿多用金黄、赤色调，而民舍则只能用黑、灰、白色调了。旧时北京民居灰鸦鸦一片，也是一种原则、制度的体现。

（4）建筑附件方面：斗拱、藻井、门楼、门墩、影（照）壁等都有相应的使用要求和等级规范。

4. 古建筑中的数字色彩

我国古建筑在数字应用上也很讲究，常赋予数字神秘的色彩。在古代，奇数是阳数，也是天数，而偶数则为阴数，是地数，其中"9"字为最高级，因为"9"是阳数中的最大数字。

最典型的例子要算北京天坛的圜丘坛，因为皇帝冬至日在此举行祭天典礼时要与天"对话"，所以此建筑是露天的，由三层圆形的石坛构成。为了突出"天"的尊贵与伟大，所以凡涉及数字的，都离不开"9"字。例如台阶，登上每层台面，都需上 9 级台阶。台面上汉白玉石栏板数，上层每面栏板 18 块（2×9），四面共 72 块；中层每面栏板 27 块（3×9），四面共 108 块；下层每面栏板 45 块（5×9），四面共 180 块。三层栏板相加，总数为 360 块，正合历法中一"周天"的 360°。台面石数，上层台面中央为圆形"太极石"，外围逐圈砌以扇形石块，第一圈为 1×9 块，第二圈为 2×9 块……直到第九圈 9×9 块；中层和下层台面也各有九圈 9 的倍数的石块。上层九圈石块寓意九重天，是皇天上帝居住的地方。台面直径：上层台面直径 9 丈（3×3），中层台面直径 15 丈（3×5），下层台面直径 21 丈（3×7），三层直径把所有的阳数用进去了，三层直径相加为 45 丈（5×9），取"九五"两个阳数，正符合"周易"所说的"九五，飞龙在天，利见大人"的祥瑞之兆，"九五"之尊在古代代表着帝王之尊。

我国古塔的建筑也非常讲究数，塔的层数都为奇数，即天数，因塔高耸入天；塔平面的多边形多为偶数，即地数，因塔矗立于天地。

北京天坛的祈年殿，是明、清皇帝每年亲自到此祈祷风调雨顺、五谷丰登的地方。殿呈圆形，高 38m，直径 32.72m，全靠 28 根巨大的楠木柱支撑着。中央内圈四根柱代表一年四季，中圈 12 根柱象征一年十二个月份，外圈 12 根柱象征一天十二个时辰，中圈和外圈二十四根柱象征一年二十四个节气，再加上内圈共二十八根柱象征天上的二十八星宿。

5. 北京古城设"九门"各有所用

明朝永乐时建筑的北京城即设置"龙门"，其各门名称历代略有变化，但各门的用途基本是明确而不变的：

正阳门：走"龙车"，只有皇帝及其交通工具可以经此门出入。

朝阳门：走粮车，旧时南方的粮食水运至通县后，装车由此门进京，门洞刻有一谷穗。

阜成门：走煤车，旧时京西门头沟之煤由此门进京，门洞刻有一枝花。

东直门：走砖车，旧时砖窑大都在此门以外。木材车亦从此门进出。

西直门：走水车，旧时每天由玉泉山拉水由此入宫，门洞刻有水波门。

崇文门：走酒车，旧时卖酒的均到此处上税。

宣武门:走"囚车",菜市口是旧刑场,在此门外,门洞刻有三字,"后悔迟"。

德胜门:出兵时兵走此门。有出兵打仗必胜之意。

安定门:收兵时兵转此门,表示打胜后安邦定国之意。运粪车亦由此门进出。

6.古建筑用的"金砖"和"糯米"砂浆

（1）金砖

古代的时候,到了明清时期北京的紫禁城里才开始采用金砖,至今已有500多年历史了。当时,北京紫禁城里的太和、中和、保和三个大殿的地上铺墁用的是一种光润平整、踏上去不滑不涩的大方砖,这就是所谓的"金砖"。

其实,紫禁城里的金砖并非是用金子做的砖,称之为"金砖",只是对于砖的一种雅称。紫禁城里的大方砖被称为金砖,有两种说法,一种说法是这种砖是应皇宫要求专门烧制的一种细料方砖,因其颗粒细腻、质地密实、敲起来有金石之声,故名"金砖"。另一种说法是在明、清时期,这种砖只能运到北京供皇宫专用,因此叫"京砖",后来,"京砖"被讹传成了"金砖"。

明朝永乐年间,明成祖朱棣建造北京紫禁城时,城砖是由山东临清的窑里烧制的,皇宫里的细料方砖则是江苏五个府县烧制的。当时,人们发现江苏苏州的齐门外元和镇御窑村的土质细腻坚硬、黏性好、含胶体多、澄浆容易,适宜制成上等的地砖,而且这里地处运河边上,交通便利,水路可直达北京,于是,该御窑村就被指定为专为皇家烧砖的场所。从此,苏州齐门外元和镇御窑村就开始为北京紫禁城生产所谓的"金砖"了。

明、清时期,国家对于金砖的制造有着严格的规定。首先,金砖不能私造,否则是要杀头的。当时，必须有京城的工部这个主管建筑的政府部门根据国家需要下达制造金砖的任务后，当地主管这项工作的官员才能去找窑工具体落实这件事。而且，官府要与窑工签约，签约内容除了规定双方的权利和义务外，政府部门还须预付给窑工六成左右的工钱，相当于现在预付部分工程款，这是因为烧制金砖的时间很长，若是政府部门不提前预付一些工钱给窑工，窑工吃饭的问题没有保障，就没有力气去生产金砖了。

金砖的制造工艺非常讲究，首先是要选出优质的泥土，接着往泥堆里加适量的水，再将牛赶进去，将泥土踏成稠泥。这道工序称为"练泥"。然后窑工将练好的泥填满砖模，在上面撒一些草木灰盖面，人开始站在上面进行研转，使其密实而坚固。接着，再用铁弓戈钩表面，制成坯后，放在室内通风处晾约60天左右，然后装入大窑里焙烧。前后需要20多道工序，焙烧用的燃料是麦秸和木柴，以文火熏烤一个月，使砖坯脱水，再用片柴烧一个月、松柴烧40天，烧制100天后，才能窨水出窑。窨水后，砖块颜色由红色变成纯青色。窨水出窑大约需要4天的时间，窨水后还需再用3天时间，砖才能自然冷却。这时，窑工可以进窑搬出成品。

窑工们制成的金砖是否合格，先要经过地方官员的认真检验。出窑的金砖必须颜色纯青、声音响亮、端正完整、毫无斑驳才行。接下来，金砖要装船运输，经大运河北上。运输金砖的时候，前面是一条官船，坐着押运官员，后面的货船顺序排好，每条船上插着皇龙旗，挂上红灯笼，也都有兵卒守护。运输金砖要选好黄道吉日，然后鸣炮开船，沿途地方文武官员还都要到码头上迎送。金砖运到京城后，还要由工部官员进行严格的验收。所以，制作金砖的窑工必须随行，负责到底。

在紫禁城里铺墁金砖的施工要求也特别严格，先是要对每块砖进行研磨加工，也就是将金砖进行打滑，打滑后的金砖墁在地上后，表面严丝合缝而又光亮似镜，谓之"磨丝对缝"；然后进行抄平、铺浆、弹线试铺，最后再墁好、浸以桐油，以增加其耐磨力和光泽度，才算完工。

明、清时期紫禁城里金砖的规格有三种，一种是二尺二见方的，一种是二尺见方的，一种是一尺七见方的。由于金砖是专为北京紫禁城而烧制的，所有成品金砖都要运往紫禁城，所以，留存在民间的金砖几乎没有。近年来曾在拍卖市场出现过，说明尚有极少数散落在民间。一块明代嘉靖年间的金砖拍卖价达2.2万元。

（2）"糯米砂浆"使古建筑千年不倒

最新一项研究显示，如今已成为亚洲人饮食重要组成部分的美味糯米，是使中国古代一种砂浆性能超强的根本原因。这种砂浆仍然是现在修复古代建筑的最好材料。

砂浆是一种用于填充砖块、石块和其他建筑材料之间缝隙的糊状物。中国科学院专家研究发现，距今天约1500年前，古代中国的建筑工人通过将糯米与标准砂浆混合，发明了超强度的"糯米砂浆"。标准的砂浆成分是熟石灰，即经过煅烧或加热至高温，然后放入水中化解的石灰岩。糯米砂浆比纯石灰砂浆强度更大，更具耐水性。建筑工人利用糯米砂浆去修建墓穴、宝塔、城墙，其中一些建筑保存至今。有些古建筑物非常坚固，甚至现代推土机都难以推倒，还能承受强度很大的地震灾害。

最新研究还发现了一种名为支链淀粉的"秘密原料"，似乎是赋予糯米砂浆传奇性强度的主要原因。支链淀粉是发现于稻米和其他含淀粉食物中的一种多糖物或复杂的碳水化合物。

建筑专家说:"分析研究表明,古代砌筑砂浆是一种特殊的有机与无机合成材料。无机成分是碳酸钙,有机成分则是支链淀粉。支链淀粉来自于添加至砂浆中的糯米汤,起到了抑制剂的作用:一方面控制碳酸钙晶体的增长,另一方面生成紧密的微观结构,而后者应该是令这种有机与无机砂浆强度如此之大的原因。"

7. 北京的四合院建筑

说起北京的四合院建筑,人们都知道它是北京民居建筑的代表之作。四合院建筑,国内外建筑界早有公认,是最适合于人居住的建筑,因为它使人与自然能达到最大限度的和谐生活。《纽约日报》一驻京记者曾说:"四合院是最先进的居住方式,太聪明了,可以和自然保持联系,不像高楼大厦。"四合院独门独院,四世同堂,是旧时代北京人对生活的最高理想。据说只有在那样的境界里,才知道什么叫天伦之乐,以及什么叫大隐隐于市。现在北京人有一种说法,住高楼容易,住四合院难。还说,没在四合院里住过,就不能算真正地了解北京。老北京常夸耀的"顶棚、鱼缸、石榴树",这种风景大概只能在四合院才能找到了。

北京现存的四合院,多是明、清两代的遗物。住在四合院里,就是住在一种历史感里,等于守护着老祖宗的遗产。但随着城市建设和改造步伐的不断进展,四合院建筑一片片的消失了。住户为了保护四合院建筑,曾多次与开发商发生过激烈的冲突,但最终在推土机的轰鸣声中,四合院被夷为了平地。

四合院建筑，早在西周时期就已经形成基本格局了。四合院大多分内、外两院，内院用于居住，由正房、耳房及东西厢房组成，外院则用作门房、客厅和客房。还有些大型的住宅，前后向纵深发展，增加几进院落，或向横向发展，增加几组平行的跨院，虽然都叫四合院，但其中可明显的区分出贫富差距。有的建造得很简洁，有的则建造得很繁复乃至豪华。

四合院建筑大多是严格按照一条中轴线前后、左右进行对称建造的。中轴线上的堂屋位置与规模最为尊贵，用于接待宾客。堂屋左右的耳房是长辈居住，晚辈则居住左右厢房。四合院建筑还有很多附属设施，如景壁、垂花门（或屏门）、抄手廊、南山墙、后罩楼等等。有些四合院门外至今还保存着已失去原形的拴马柱、上马石，记录着住户主人曾经的荣华。但也有些四合院虽然至今还在那里挺着，但房屋已经很残破了，可谓西风残照，衰草离披，满目苍凉……

在人们眼中，特别是外乡人眼中，北京四合院建筑是很美的，也很有神秘感。读小说《红楼梦》时，大观园也是一套活生生的四合院建筑，一座风花雪月的大四合院建筑，演绎着人间的悲欢离合的喜、怒、哀、乐。紫禁城，其实也是四合院建筑的翻版和扩张，那不过是供皇帝居住的四合院，也是中国规模最大的一座四合院，体现了古典建筑的精髓。再推而广之，清初的整个北京城，本身就如同一座巨大的四合院，坐北朝南，自成方圆。

上面说了，虽然都是四合院，其贫富差距还是很明显的。首先反映在它的门楼上。四合院的门楼，类别繁多，名称各异，譬如有"清水脊"、"道士帽"、"花墙子门"、"洋门"等等，其建筑形式分为墙垣门和屋宇门两种，前者较为单薄，大多属于贫民的，大户人家的门楼多采用屋宇门，其空间更富于立体感（相当于盖一间房的面积），还有聊樘、门簪、门礅、石阶等具有装饰意味的附件。如果你发现哪座四合院建筑的门前，还保存着上马石什么的，那它原先的主人肯定是当官的。上马石不仅仅自用，还可以方便前来做客的同僚、武官在此上马，文官在此坐轿。

其次，四合院建筑的贫富还区分在大门的门磴上，门磴又名门枕或门鼓，有长方形的，也有鼓形的，通常都是石制的。门磴在四合院建筑中充当着一个十分有用的角色，它原本的功能只是用来支撑正门或中门的门槛、门框和门扇的脚基石，后来人们渐渐的把安居、幸福、荣耀等诸多理想寄托到了门磴上面，并成为房屋主人拥有某种地位、身份的象征性标志了。门磴上面还雕有形形色色的图案、花纹。一对小小的门磴，把人们对富贵荣华、益寿延年、夫妻美满、家庭幸福、子孙兴旺、驱邪去魔等充满希望的心愿淋漓尽致地展现了出来。

门磴除了在图案、功能等方面不断发展与丰富外，在选料方面也由一般的石料逐步转为大理石、汉白玉，越来越考究。

偶尔能见到雕有石狮的门枕，说明这是昔日的王府。没有爵位的人家哪怕再有万贯金钱，也不敢请石狮守门的，那叫"越制"，会受到严厉惩罚的，轻则抄家，重则杀头。

现在有的北京人口头上称四合院建筑为"大宅门"，（早几年曾有一部很红火的电视连续剧就叫"大宅门"），这不能简单地理解为"大户人家的宅门。""宅门"还有特定的意义，是指具有垂花门等多进院落的住宅，即复合式的高级四合院，与只有东西南北房的一般的四合院具有明显区别的。

大宅门至少可分为前、后院，甚至更多的院落，豪华一点的还有后园，住在大宅门里的，通常都是人丁兴旺的大家族了，很多是"四世同堂"，少数还有"五世同堂"的呢!

大宅门要比一般的四合院讲究多了。除了垂花门之外,四隅还有抄手廊曲折相连,雨雪天气也不影响主客通行。有的增加了好几组向纵深发展的跨院,最后面还盖有两层的后罩楼。加上鱼塘假山等设施,真是重峦叠嶂,别有洞天。

图 8-1 为几幅古建筑的门楼和门墩照片。

(a)

(b)

(c)

(d)

图 8-1　古建筑的门楼及门墩石
(a)门楼内景;(b)门楼外景;(c)门墩石;(d)门墩石

8. 古代木结构建筑的抗震秘诀

1976 年 7 月 28 日，我国唐山发生 7.8 级大地震，几秒钟内，大地被撕裂，千万间房屋顷刻之间变成了瓦砾堆。各种类型结构的建筑物经受了一次严酷的考验。但是，面对强烈的地震波，也有不少古代木结构建筑傲然挺立。烈度为 8 度的蓟县，有一座辽代（公元 984 年）建造的、高达 20 多米的观音阁却完整无损。同样，1975 年 2 月 4 日辽宁海城地震中，一些水泥砂浆砌筑的砖混结构多数被震塌，但三学寺和关帝庙等古建筑只是外墙和部分屋顶略有损伤，整座建筑基本完整。

古代木结构建筑抗震的秘诀究竟在哪里呢?

榫卯连接——是木结构建筑抗震的灵魂。榫卯，是我国古代劳动人民在长期的生产劳动中掌握木材加工特性、创造出来的巧妙的连接方法。榫卯的功能，在于使千百件独立、松散的构件紧密结合成为一个符合设计和使用要求的，具有承受各种荷载能力的完整结构体。木材本身是一种柔性材料，在外力的作用下，既有容易变形的特性，又有外力消除后，容易恢复变形能力的特性。木构架用榫卯连接，不仅使整个构架具有整体刚度，同时，也具有一定的柔性，每一个榫接点，就像一个小弹簧，在强烈的地震波的颠簸中能消失掉一部分地震能量，可使整个构架减轻破坏程度。在强烈的地震中，尽管木构件会发生大幅度摇晃，并有一定变形，但只要木构架不折榫、不拔榫，就会"晃而不散，摇而不倒"，当地震波消失后，整个构架仍能恢复原状。即使墙体被震倒（古代木结构建筑的墙体属围护墙,不承受上部荷载),也不会影响整个木构架的安全。

"墙倒柱立屋不塌"这句谚语，形象而生动地说明了这一道理。

榫卯技术在我国有着悠久的应用历史，北宋崇宁二年颁行的《营造法式》一书，是我国古代历史上一部最完整的建筑专著，其中对榫卯的施工工艺、质量要求等作了明确规定。这一时期是我国木结构榫卯技术发展的高峰阶段。

斗拱，也是我国古代木结构建筑的一大特点，大量震害调查情况表明，有斗拱的大式建筑比无斗拱的小式建筑要耐震，而斗拱层数多的比斗拱层数少的要耐震。这是因为斗拱是由许多纵横构件靠榫卯连接成为整体的，每组斗拱好似一个大弹簧，又像汽车的减震器一样，在强烈颠簸中吸收和消除地震能量起了良好的作用。

在山西省的应县，有一座我国现存最古的大型木塔——应县佛宫寺释迦木塔，俗称应州木塔或应县木塔，该塔建于公元 1056 年，平面为八角形，九层，自地面到刹顶全高 67m 多，全部木作骨架采用榫卯连接，不用一钉一栓，塔的上下、内外，共用了 57 种不同的斗拱构件，木塔虽经多次地震考验，至今仍是翘首挺立，威武壮观，如图 8-2 所示。

侧脚和生起——是木结构建筑抗震的支柱。侧脚者，即建筑物的檐柱竖立时上口适当向里倾斜一点（前后柱倾斜度为 10/1000，角柱倾斜度为 8/1000，两个方向都有）。生起者，即柱子由中间向两边排列时，逐步升高一点，使屋面和屋脊由中间向两边逐步起翘。这种做法，使建筑物的水平和垂直构件的结合更加牢固，整座房屋的重心更加稳定，同时，使木构架由四周向中间产生一定的挤压力，成为抗震的预加应力。在地震波强烈的颠簸之后，使整个构架保持稳定，不易产生歪斜现象。四川省北部山区的平武县城内，有一组明代古建筑群——报恩寺。五百多年来，经历了多次地震，特别是 1976 年曾遭受了两次 7.2 级的大地震，可谓历经沧桑，但寺内的全部建筑却安然无恙。

夯土台基——是古代木结构建筑抗震的基础。我国古代建筑的基础，大多采用夯土台基，使基础成为一块坚硬的板块结构，用现代结构语言来描述，堪称"整体浮筏式基础"，它好比一艘大船载着上部建筑物漂浮在地震形成的"惊涛骇浪"中，能够有效地避免建筑的基础被剪切破坏，减少地震波对上部建筑结构的冲击。

有的夯土台基完成后表面还用火烤，使基础坚硬无比，既有很好的整体性能，又能起到防水作用。

附：山西省应县木塔"明五暗四"刚柔结合

应县木塔（图 8-2）位于山西省应县城西北佛宫寺内，建于辽清宁二年（1056 年），应县木塔处于大同盆地地震带，建成近千年来，经历过多次大地震的考验。据史书记载，在木塔建成 200 多年之时，当地曾发生过 6.5 级大地震，余震连续 7 天，木塔附近的房屋全部倒塌，只有木塔岿然不动。20 世纪初军阀混战的时候，木塔曾被 200 多发炮弹击中，除打断了两根柱子外，别无损伤。

应县木塔之所以有如此强的抗震能力，其奥妙也在于独特的木结构设计。木塔除了石头基础外，全部用松木和榆

图 8-2　山西省应县木塔

木建造，而且构架中所有的关节点都是榫卯结合，具有一定的柔性；木塔从外表看是五层六檐，但每层都设有一暗层，明五暗四，实际是九层，明层通过柱、斗拱、梁枋的连接形成一个柔性层，各暗层则在内柱之间和内外角柱之间加设多种斜撑梁，加强了塔的结构刚度。这样一刚一柔，能有效抵御地震和炮弹的破坏力。

九、建筑与桥

桥梁是人类根据生活与生产发展的需要而兴建的一种公共建筑，它以自身的实用性、艺术性而极大地影响着人类的生活。桥梁也塑造着一个城市或区域的形象，往往会成为一座地标性建筑。

1. 先有桥还是先有河——觅渡桥的建设启示

先有桥还是先有河？这个问题似乎提得有些荒谬。桥建在河上，肯定是先有河后有桥啦，这是通常观念上桥与河的关系。但也有先建桥后开河的，例如，苏州市东面葑门外有一座觅渡桥，它的原名叫灭渡桥，是指消灭了渡船的一座桥。原来该处有一段河流，河道弯曲，河面宽阔，水流湍急，造桥困难。于是就在此河两岸设置了渡船，以方便两岸百姓来往。但渡船总

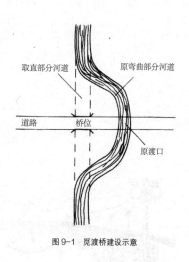

图 9-1 觅渡桥建设示意

不方便，一旦碰上风雨天气，渡船只得停开。也有顶风冒雨作业者造成船翻人亡的悲剧。元朝时，有人献计，建议先在连接两岸道路的部位进行陆地造桥，待桥建成后再在桥下开挖成河，把挖出的土方填塞原来弯曲部分的河道，如图9-1所示。这样做，既可把原来弯曲的河道截弯取直，便于水上行船，又增加了耕地面积。由于陆地造桥，大大减小了造桥难度，加快了建桥速度。桥建成后，极大地方便了过河的百姓。实践证明了这一计谋的正确：觅渡桥为石拱桥，美丽坚固，颇为壮观。

觅渡桥的建设，充分反映了我国古代工匠的聪明才智，这在当时称为干修方案。这种施工方法，至今在道路及河道的截弯取直工程改造中也常采用。

2.神州第一桥——赵州桥

在河北省石家庄市赵县城外
500m 的胶河上，有一座敞肩式
（即空腹式）单孔圆弧弓形石拱
桥，凡读过书的人都知道，它的
名字叫赵州桥，又名安济桥、大
石桥（图 9-2）。

赵州桥建于隋朝大业年间
（公元 594 ～ 605 年），由著名工

图 9-2 赵州桥

匠李春、李通等设计并主持建造的，至今已有 1400 多年了。是当今世界上现
存最早、保存最完善的古代石拱桥。桥面石板上被车轮铁箍辗压出的一道道深
浅不一的车道沟，向人们诉说着它的沧桑身世。像赵州桥那样的敞肩拱桥，欧
洲到十九世纪中叶才出现，比我国晚了 1200 多年。赵州桥被人们称之为神州
第一桥或天下第一桥，一点也不为夸张。

赵州桥净跨 37.02m，拱矢高度 7.23m，桥身连同南北桥墩，共长 50.82m。
在大拱的两肩对称地踞伏着四个小拱，靠桥墩的两个较大，平均净跨约 4m，
中间的两个小拱平均净跨 2.72m。桥面宽约 10m，两边行人，中间走车。桥侧
四十二块栏板上，刻有"龙兽之状"的浮雕，形态逼真，若飞若动，四十四根
望柱，大多数形如竹节，中间数根顶上雕塑着狮首石像，十分精致秀丽。在仰
天石（现称帽石）和龙门石（现称镇口石）上，分别装饰着栩栩如生的莲花和

龙头，整个桥型稳重又轻盈，雄伟又秀丽，是一座高度的科学性和完美的艺术性相结合的精品建筑，一再受到古今中外广大人士的赞美和颂扬，被列为第一批全国重点文物保护单位。

人们在赞美赵州桥雄伟秀丽的同时，也一直在认真的研究它千年不坠的原因，并从中吸取其宝贵的经验。

（1）绝妙的桥型构思，既有效的减轻了桥体本身的重量，又减少了水流对桥体的冲击力，这是它千年不坠的基本原因。

赵县在隋朝时称栾州，是南北交通大道上的要邑，号称"四通之域"，北上可通涿群（今北京西南），南下直达隋朝皇都洛阳。大道上大板车、独轮车、骡马大车以及不同装束的行人南来北往，川流不息，十分繁忙，而大道在栾州城外被由西向东的胶河拦腰截断，那时，胶河全年水量甚为丰富，舟舸航运，西上东下，终年不断。要水陆交通畅通无阻，建造桥梁是唯一的办法。

建造桥梁是建造梁式桥呢还是建造拱式桥呢？李春等匠师根据现场情况作了深入的比较分析后，决定采用单跨圆弧弓形石拱桥。

①若建跨度在 10m 以下的多跨木、石梁桥，不适应属季风区气候区的胶河排泄洪水，胶河一年中水位涨落十分明显，每逢夏秋季时，大雨时行，伏水迅发，建瓴而下，势不可遏。同时，梁式桥也难于满足水运的需要。

②建石拱桥能增大跨度，也有利于河道排洪和水运，但建多跨还是建单跨呢？在建造赵州桥前，虽然已建造过许多石拱桥，但从相关资料看，大多是单孔石拱桥，还未建造过多跨石拱桥。分析其原因，可能一是多跨拱桥的桥墩承受不了拱桥在施工中可能产生的单边水平推力；其二是在水中筑桥墩，特别是在水量丰富的河道中筑桥墩，是件十分困难的事。

通过反复比较分析，李春他们最后决定采用单跨石拱桥的设计方案。在决定采用单跨石拱桥方案后，还需面对两个问题，一是若用半圆形石拱桥，则桥的高度将距地面（从拱脚处）有约 20m 的高差，桥高坡陡，使车辆难以通行，以陆路交通为主的赵州桥就失去了建桥的作用了。二是若用半圆形石拱桥，桥体本身的自重量又很大，此处下面土层是经多年冲积而成的粗砂层，桥台下面的地基土的承载力将难以满足要求。

经过反复琢磨和苦苦思考，李春他们最终大胆创新，决定采用单跨圆弧形弓形敞肩式石拱桥，此桥型方案的优点很多：一是一跨过河，中间没有桥墩，有利于河道排泄洪水；二是有利于水上舟舸航行；三是避免了在水中筑桥墩的烦恼；四是桥梁的总高度仅 7m 多高，桥的坡度约为 6.5%，不仅有利于车辆通行，而且大大减轻了桥体自身的重量，使桥台基础稳稳的座落于天然的粗砂地基上，使桥台水平位移值和垂直沉降值都极其甚微。这是赵州桥千年不坠的一个基本的、也是最重要的原因。

在决定采用单跨圆弧形弓形敞肩式石拱桥后，又在拱圈的两肩上挖出了四个小拱形，不仅进一步减轻了桥体自身重量 15.3%，约 500t，也相应使桥的安全度增加了 11.4%。同时使流水面积增加了 16.5%，不仅有利于排泄洪水，也大大减轻了洪水对桥体的冲击力，进一步增加了桥体的安全性。

（2）睿智的构造措施，使桥体始终处于安全、稳定的受力状态。

赵州桥不但桥型构思绝妙，在构造措施上也显示出了极大的聪明智慧。经用现代力学原理（十九世纪才形成的弹性拱原理）对赵州桥进行计算和核验，发现由于在拱肩上开挖了四个小拱和采用三十厘米厚的拱顶薄填石层等多次措施后，使拱轴线（一般就是拱圈的中心线）和恒载压力线甚为接近，使得拱圈各个拱截面上基本均承受压力，受到的拉力极为甚微。众所周知拱石的抗拉强度极低，而抗压强度很高（砌筑赵州桥的石灰岩拱石，其抗压强度每平方厘米平均达 1000kg），石拱圈受压是压不坏的。很多石拱桥的破坏，其中一个重要原因是桥台基础出现水平位移或垂直沉降后，使桥体拱圈产生变形出现拉应力所致。赵州桥的桥台后座又较长、基础比较稳定，使桥台基础的变形、变位极其甚微，从而保证了桥体的常年稳定。

赵州桥纵向（沿轴线方向）是由 28 道并列的石拱券（整个一个拱用"圈"字，拱的一部分用"券"字）组成的承重拱板，采用纵向并列砌筑法，大拱每圈由 43 块，重约 1t 左右的拱石砌成，每块拱石高度为 1.02m，长度从 70cm 到 109cm 不等，宽由 25cm 到 40cm 不同。拱石各面砌筑前均凿成斜纹，相当细密，在砌筑砂浆的粘合下，相互之间有很强的结合力。此外，在拱石的水平方向和纵向间均安放了"腰铁"（图 9-3），使每道拱券形成一个坚实的整体。同时，在主拱圈的跨中拱背上和四个小拱圈的拱顶上，各安放了一道铁拉杆，借助拉力使整个拱圈形成了一个坚强的整体，用心之细密，考虑之周全，令人惊叹，这是赵州桥千年不坠的另一个重要原因。

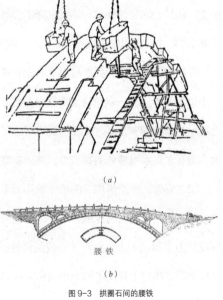

（a）

腰铁

（b）

图 9-3 拱圈石间的腰铁

（a）拱圈石间的水平腰铁；（b）拱圈石间的纵向腰铁

（3）赵州桥的桥址和孔径选得非常合理，也是它千年挺立不坠的又一个重要原因。

胶河河道历年变化不小，河道改道也较为厉害，如离赵州桥只有十多里地的一座济美桥，它建于公元 1594 年，形式类似于赵州桥，由于河道改道，它早已成了陆地桥而失去了作用。赵州桥址选在赵县城外 500m 的河段上，此处地势平坦，河岸较为平直，千余年来，河道基本未动，水流比较平稳，水速不湍，对河岸的冲刷作用也很小。又传说桥的两岸曾是水陆交通码头，对河岸进行过相应加固，因而对稳定河床大为有利。赵州桥的跨径大小也选得很合适，使桥下的河床在水流作用下基本上不冲不淤。修缮时，发现千余年来，起拱石仅在河床下 1m 处，使桥梁基础避免了河道冲淤下的损坏可能。

（4）日后的认真养护和及时维修，保证了赵州桥的长治久安。

桥建成后，要使它发挥作用而不毁坏，建造时的质量固然重要，日后的养护和维修也是十分重要的。在唐宋时期，赵州桥曾是军事、运输要道上的咽喉，水陆交通十分繁忙，历代当局为了赵州桥的安全使用，对桥进行了必要的养护和维修。

根据修缮时从河中打捞出来的碑碣和大量志书记载，赵州桥首次修理是在唐贞观九年（公元 793 年），桥已建成使用了近 200 年，原因是上一年受大水冲击后，造成北岸桥台脚下略微下沉、少量桥岸大石崩落，维修后又平安度过了二、三百年，到了北宋治平三年（公元 1066 年），由于腰铁等铁件的腐蚀脱落以及被盗等，当局又进行了一次认真修理。自此，又过了近 500 年。到明朝嘉靖己未年（公元 1559 年）开始，又对桥面、腰铁、拱石、栏杆柱脚等作了全面维修。到清朝乾隆年间（公元 1736 ~ 1795 年）以及清朝光绪年间（公元

1900 前后），对损坏塌落的部分拱券又作了修复。

新中国成立后，在 1953 ～ 1958 年间，在中央政府有关部门保持原状和不改变外形的原则下，花费巨资对赵州桥进行了精心的修缮，使赵州桥获得了新生，又精神焕发地挺立在胶河上，笑迎着南来北往的车流、行人和桥下川流不息的往来舟舸。

3. 历经沧桑的宝带桥

苏州宝带桥（图 9-4），又名小长桥，它始建于公元 816 ～ 819 年（元和十一至十四年）的唐代，是驰名中外的多孔古石拱桥，被列为江苏省一级文物保护单位。

（1）"漕运"催生的宝带桥

宝带桥在苏州市东南葑门外六里的大运河西侧的澹台湖口上，与南北走向的运河平行，是过去苏州至杭、嘉、湖陆路的必经要道，又是太湖通往运河及吴松口的一个溢口，全桥总长约 317m，有 53 个桥孔。南端砌驳引道 43.8m，北端砌驳引道 23.2m。桥面宽 4.1m，桥端宽 6.1m，桥墩为喇叭形。

隋皇朝时代，为了保证及时"漕运"粮食至都城，于公元 610 年（大业 6 年）开凿了运河南段，自镇江经苏州至杭州，全长八百多里，名江南河。当时"漕粮"产地，主要在江

图 9-4　苏州宝带桥

浙地区，即今江苏南部和浙江全省。但由于当时军阀之乱，"漕运"时常受到地方军阀割据势力的阻挠，不能畅通，太仓（皇家仓库）粮食经常告急。再者，由于苏州至嘉兴一带的一段运河是呈南北走向的，满载粮食的漕船，在秋冬季节要顶着西北风行进，不背牵是很困难的。唐朝设都长安，地处号称沃野的关中，然而耕地有限，所产粮食不足以供应京师庞大的皇室和官僚集团的需要，必须依靠"漕运"来解决。但沿运河的 道在澹台湖与运河交接处出现一段三、四百米的缺口，开始时用填土作堤，以作为挽舟之路，但这样切断了西边湖水经运河至吴松口入海的通路，常造成湖水水患。同时，路堤又常被汹涌湍急的湖水所冲决。在此形势下，以桥代堤就势在必行，宝带桥正是适应这种需要而兴建的。此桥因唐刺史王仲舒捐玉带资助而得名。

作为运河"挽道"的宝带桥，不宜建成江南常见的如驼峰隆起的石拱桥，宜采用跨径小的、多孔和平坦的桥型，为了汛期能及时宣泄西边的湖水，桥墩也筑得较为狭窄。这样，一座玉带浮水之姿、又如长虹卧波之态的宝带桥就呈现在水乡的河面上了。

宝带桥共有 53 个桥孔，为考虑到湖——河之间舟舸通行需要，又将中间三个桥孔做得稍大一点。为了桥的使用安全，又将从桥北端起的第 27 号桥墩做成两个桥墩并立而成的刚性桥墩（图 9-5），它充分体现了我国古代建桥工匠的惊人智慧。

（2）历经沧桑话"宝带"

宝带桥建成后，不仅成为一条重要的纤道，也是重要的驿道，

图 9-5　刚性桥墩

故为历代当政者的重视。但由于它地处要冲，夹在湖水与河水之间，风雨的侵蚀和破坏作用很强，过桥的行人和车辆，也常有覆溺之患。桥上纤夫络绎不绝，纤歌此起彼伏，有的低沉，有的嘹亮，显现出一派繁忙的水运景象。

宝带桥建成后，正常使用了四百余年，到南宋末年的绍定五年（公元1232年）才作了一次全面修建。又经一百多年后，进行了再次修建。到了明朝正统七年（公元1442年）再度进行修建。到清代康熙九年（公元1670年）为大水冲垮，经3年全面修复。到道光十一年（公元1831年）由林则徐主持进行了一次全面修理。到了同治二年（公元1863年），又被英国侵略者戈登毁掉北部27跨桥孔，到同治十一年才得于重建。抗日战争初期，南端一段六孔被日本侵略者飞机炸毁。新中国成立前，宝带桥已破旧不堪。1956年春由苏州市人民政府进行了全面修复，从而使石桥面貌焕然一新。宝带桥的兴废，从一个侧面反映了我国历史的变迁。

（3）一段被颠倒的史实应重新颠倒过来

公元1863年9月29日，突然一声巨响，闻名中外的苏州宝带桥一拱接一拱地崩塌了。这是怎么回事呢？公元1831年由林则徐主持对它进行过一次大修。然而仅隔30余年，怎么会突然崩塌呢？

原来这是清朝封建统治者勾结外国侵略者镇压太平天国农民革命军的一个铁的罪证。

公元1860年6月初，太平天国农民革命军从无锡挥戈东下，势如破竹，大败清军，一举占领苏州，引起了清皇朝的极大震惊，当时的江苏巡抚李鸿章派他的军阀武装，勾结英国侵略者戈登所统领的洋枪队，向苏州一带的太平军反扑过来。太平军为了加强防卫，在苏州外围修筑了许多营垒，宝带桥附近就是当时一组重要营垒所在地。

公元 1863 年 9 月 28 日凌晨，中外反动派合伙对宝带桥的太平军营垒发起了突然袭击，他们兵分五路，水陆合攻，先集中攻打宝带桥以东的太平军营垒。太平军官兵顽强作战，英勇抗击，但终因寡不敌众，被迫西撤。

戈登这个曾在公元 1860 年参与英、法联军进攻北京，干过焚劫圆明园勾当的英国强盗，凶神恶煞般地坐在"飞而复来"号轮船上指挥着洋枪队作战。为了使他坐的"飞轮"得以通过宝带桥去进攻桥西的太平军营垒，悍然于 9 月 28 日下令将桥的大孔拆去，结果造成全桥一半桥孔的连续倒塌。

倦圃野志的《庚癸纪略》对此事有明文记载："（农历八月）十九日，捉民夫拆宝带桥两拱，坍去二十五拱，压死兵勇五人。又令打捞水草，开河道，通火轮船。"

腐朽没落的清朝封建统治者对于外国侵略者的这一罪行，不仅有意隐瞒，而且还存心嫁祸于太平军。《苏州府志》、《吴县志》对公元 1863 年宝带桥被毁一事只字不提，却这样写道："……咸丰十年毁，同治十一年工程局重建。"重建不同于一般的修理，只有桥梁受到严重破坏后才有这个需要。而咸丰十年正是太平军占领苏州的时期，含沙射影地将此事归罪到了太平军头上。

关于宝带桥塌倒的事，戈登在公元 1863 年 9 月 30 日寄回英国的报功信中不打自招地写道："宝带桥是一座长 300 码、有 53 个孔洞的大桥，可惜这桥的 26 个拱洞突然在昨天崩塌了……桥崩塌时发出震人的响声，我的小船险些被碎片击沉……这桥的崩塌恐怕应归咎于我，因为我曾拆去它的一个拱洞，让轮船驶入太湖。"这桥的拱洞是一个重叠在另一个上面，拆去一个拱洞，自然其余的便随之倒塌了。戈登的自供和《庚癸纪略》的记载，其基本事实是一致的。戈登害怕自己在中国犯下的滔天罪行被揭露，严嘱家人不要把他写的有关太平天国的信件向外公布。戈登想将他的罪行长期隐而不彰，但最终还是被人揪了出来，这样，被颠倒的史实重新的被颠倒了过来。

（4）宝带桥的崩塌提醒人们应重视拱形结构的力学特性

各种拱形结构，与梁式结构有一个显著的不同点，就是在拱脚处除了有向下的垂直压力外，还有一定的横向水平推力，如图9-6所示。横向推力的大小与拱的高跨比，即跨高和跨度之比有关。拱的高跨比值越小，推力就越大。单跨的拱，常用拉杆来抵抗这种横向推力，如图9-7所示。对于拱桥，常用坚固的桥台来作抗推结构。对于多跨连续拱，在均布荷载作用下，中间拱脚处两边的横向推力相互抵消，只是到了尽头处，需设置抵抗横向推力的结构。图9-8为常见的采用连续拱屋面的建筑外形，在两端各设置一开间平屋面，以抵抗横向水平推力。多跨的连拱桥，尽头的横向推力将由桥台来承担，如图9-9所示。

对于拱形结构的这种横向推力，在施工中应予高度重视，不然，会造成严重的质量或安全事故。这在砌筑工程和钢筋混凝土工程的施工及验收规范中以及在操作规程中，都有明确规定。如原《砖石工程施工及验收规范》第4.4.3条第三款规定：多跨连续拱的相邻各跨，如不能同时施工，应采取抵消横向推力的措施。对于筒拱拆模，

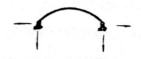

图9-6　拱形结构在拱脚处的受力情况

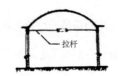

图9-7　设有拉杆的拱形结构

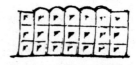

图9-8　连续拱屋面外形

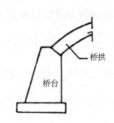

图9-9　桥台承受拱的水平推力

第4.4.6条也提出了具体要求：应在
保证横向推力不产生有害影响的条件
下，方可拆移。有拉杆的筒拱，应在
拆移模板前，将拉杆按设计要求拉紧。

第 27 号桥墩

图 9-10　第 27 号桥墩为刚性桥墩

对这些规定应认真理解和执行。

上面所说的宝带桥北端 26 孔的突然崩塌，正是拆除了其中的一孔后，拱桥的
横向推力失去平衡的结果。

可是，南端 26 孔为什么却安然无恙呢？原来，宝带桥的设计别具匠心，
为了不阻碍大水时泄洪，同时也为了节约建桥的人工、材料以及减轻对地基的
压力，建桥者采用了断面尺寸较小的桥墩。但是，从北端起数的第 27 号桥墩，
砌筑成又宽又厚的刚性桥墩，如图 9-10 所示。这种桥墩能抵抗一定的横向推
力。戈登拆去了宝带桥位于刚性桥墩北边的一孔，结果使北端 26 个拱洞全部
崩塌，但刚性桥墩以南的 26 个拱洞却完好无损。这充分可以看出，刚性桥墩
的重大功能。这种设置刚性桥墩的做法，在建造现代的连拱桥时，也常常被采
用。将一个或数个桥墩修筑得比其他各桥墩坚强得多，在发生意外当某些孔倒
塌时，这些桥墩能抵抗横向推力，对其他拱洞能起保护作用。极为难能可贵的
是在 1000 多年以前，建造宝带桥的古代工匠，已经掌握了这种连拱特性，充
分显示了我国古代工匠的惊人智慧。

4. 钱塘江大桥建设轶事

由工程泰斗、建桥巨匠茅以升主持设计和建造的钱塘江大桥，结束了我

国现代化大桥都由"洋人"操纵修建的历史，也是我国首次采用铁路、公路双层联合桥形式，成为我国近代建桥史上划时代的光辉篇章。

钱塘江有无底江之说，江水汹涌，波涛险恶，江底泥沙层厚，水流冲刷后又变幻莫测，造桥难度很大。当时杭州地区人有句口头语，叫"钱塘江上造桥"，言下之意是说钱塘江上造桥是不可能办到的事，别空想瞎吹了。

钱塘江大桥于1935年4月6日正式开工，1937年9月26日通车，其间历经磨难和沧桑。本文采撷建设过程中的几件轶事，以飨读者。

（1）沉箱如脱缰的野马上下乱跑

钱塘江大桥的桥墩由3部分构成，下面是30m长的木桩基础，打至江底岩石，木桩上面是钢筋混凝土沉箱，沉箱上面浇筑墩身。沉箱像一只长方形的箱子，长18m、宽11m、高6m、重600多吨，像一座楼房一样，它上无盖，下无底，只在箱壁半腰中有一层板，上半部分口朝天，下半部分口朝地，预先在岸边预制好，待木桩基础打完后，用浮运方法运至江中桥墩位置，前后左右用6个3t重的铁锚稳住，缓缓沉入江底，与木桩基础吻合后浇筑成一体。沉箱上口部分就浇筑桥墩墩身，直至设计标高。

开始浮运和下沉沉箱时，缺乏经验，历经艰险。有一个沉箱才浮运到桥址，因未控制好系索，就一下子飘流到下游闸口电灯厂附近。设法拉回到桥址后，在即将沉到江底时，又遇上大潮，锚固的铁链被切断，沉箱浮起，又飘流到上游的之江大学，而且退潮时，陷入泥沙中。费尽周折再拖回桥址，装上设备，再次下沉，不料又遇狂风暴雨，沉箱竟拖带铁锚，一直被江水冲到下游离桥位4000m处的南星桥，最后动员了江上24只汽轮，齐力协助，才把沉箱又拖回到桥位。不久又遇大潮，捆箱的铁链再次被挣断，沉箱又浮起漂动，一直漂流到上游 10000m 处的闻家堰,落潮后又深深地陷入泥沙层,又用了许多方法才使沉箱浮出,拖回桥址。前后 14 个月,沉箱像脱缰的野马一样,在上下游四处乱窜。这时谣言四起,认为有鬼,甚至要承包商烧香拜佛。茅以升这时想起了母亲对他建造钱塘江大桥时说过的鼓励他的话:"唐僧取经,八十一难,唐臣(茅以升的号)造桥,也是八十一难。"他头脑冷静地组织工程技术人员和工人进行讨论、分析,提出改进意见,后来改进了技术,改用 10t 重的钢筋混凝土大锚代替铁锚,沉箱从此就很听话,不再乱跑了。

(2)建桥总指挥在 30 多米深的江底沉箱中度过了黑暗的半个多小时

钱塘江大桥每个桥墩下打有 160 根木桩,沉箱沉下后,能否与木桩吻合,保证每根桩都能受力,这是桥墩质量之关键,也一直成为建桥总指挥茅以升心头上的一个疙瘩。尽管有工程师、监工人员层层把关,但茅以升还是经常深入施工第一线实地察看。1937 年 8 月 14 日,茅以升和工程师、监工人员来到从北岸数起的第六号桥墩的沉箱里面检查质量,这是在江水面以下 30 多米深的沉箱里面,检查不久,电灯突然灭了,里面漆黑一团,大家心中一阵恐慌,岂非大难临头。后来发现高压空气仍然工作着,大家才放心。原来沉箱里的电灯照明和高压空气是两条线路控制的。在黑暗中静候、煎熬了半个多小时后,电灯又亮了,大家重见光明,喜难言喻。随后有人下沉箱来送信,说是电灯发生过故障,现在没事了,叫大家照常工作。茅以升检查结束后到上面一看,到处看不见人,整个江面寂静无声。只有一个守护沉箱气闸出入口的工人在那里。原来半小时前,有空袭警报,日本飞机要来炸桥,叫把各处电灯都关掉,工人都往山里躲避。茅以升问他自己为何不躲开?这位工人说:"这么多人在下面,我管闸门,怎么好走开呢?"这位工人坚守岗位,临危不惧的忘我精神,深受大家的赞扬和感激。

（3）建桥者亲手毁桥

日本飞机 8 月 14 日炸桥后，就常来骚扰。这时，上海方面掀起了抗日浪潮，大桥建设者们同仇敌忾，工程日夜兼程，早日建成为抗战出力，终于於 1937 年 9 月 26 日凌晨 4 时，第一列火车驶过了钱塘江，大家欢声雷动，相互庆祝。

11 月 16 日，国民党南京军方为阻止日本侵略者越过大桥侵入我东南腹地，派人携带一车炸药、电线、雷管，命令立即炸毁五跨钢梁，使其坠入江中。后会同浙江省政府共同商议，根据战事势态，炸桥时间可略稍推迟，但炸药应立即埋设。茅以升痛苦地告诉军方人员，光炸五跨钢梁，修复还较容易，要使敌人一时难以修复，还必须同时炸毁一个桥墩，这在大桥设计时已在靠南岸的第二个桥墩里，特别准备了一个放炸药的长方形空洞。茅以升还告诉军方人员，炸毁钢梁时，炸药应放在钢梁的要害杆件部位。军方人员於 16 日晚上将炸药、电线、雷管在一个桥墩、五跨钢梁上埋设完毕。

11 月 17 日，浙江省政府命令尚未完全完工的公路桥开放通车。这天过桥人员有十多万人，桥上拥挤得水泄不通。也有很多人在桥上走个来回，以长志气。殊不知，火车、汽车、人群都是在埋设的炸药包上经过的。开桥的第一天，桥里就装上了炸药，这在古今中外的桥梁史上，要算是空前的了。

12 月 22 日，战火逼近杭州，沪宁铁路已不能通行，钱塘江大桥成为撤退的惟一后路。这一天撤退过桥的机车有 300 多辆，客货车有 2000 多辆。

12 月 23 日下午 1 时，炸桥命令到达，但桥上难民如潮，一时无法下手。等到五点钟，隐约看见敌人骑兵来到桥头，才断然禁止通行，茅以升挥泪开动启爆器，一声巨响，满天烟雾，通车不到两个月的钱塘江大桥，就此中断。第二天，杭州沦陷。建桥者亲手毁桥，成为古今中外建桥史上的罕事。

建桥期间，总工程师罗英曾出过一个上联，征求下联，文为"钱塘江桥，五行缺火，"前面四个字的偏旁分别为金、土、水、木，始终无人应征，不料如今"火"来了，五行是不缺了，桥却断了。

5. 转体造桥新工艺

在江苏省苏南运河整治工程施工中，有多座桥梁采用了桥体在岸边预制后转体合拢的施工新工艺，取得了很好的技术经济效果。这种造桥施工新工艺设计构思新颖独特，它彻底改变了造桥水上作业的习惯工艺和艰苦环境，开创了陆地造桥的崭新局面。现将有关情况介绍如下：

（1）转体造桥工艺

转体造桥工艺通常应用于河中不设桥墩，跨河主孔的跨度又较大的桥梁工程。施工中，将桥梁跨河的主孔桥体一分为二，分别在河流两岸的陆地桥墩上，顺着河岸立架浇筑桥体结构混凝土。在浇筑桥体结构混凝土前，应在桥墩顶面设置供转体用的磨盘，即在桥墩上表面设置磨心，上部桥体结构的下表面设置磨盖，与下面的磨心吻合，成为磨盘，待上部桥体结构的混凝土达到设计强度等级标准值后，按设计要求进行预应力筋穿束、张拉，然后用千斤顶在磨盘处作用外部动力，使上部桥体缓缓旋转，到达设计位置。在两岸桥体旋转完成后，最后处理中间接头部位，桥梁就合龙贯通。整个工艺可概括为"岸边造桥，转体合龙"两句话。平面布置如图9-11所示。转体造桥的桥形结构较多，有箱

形连续梁、空腹式拱梁组合连续
梁和单空腹拱梁组合体等。

图 9-12 所示为苏南运河苏州
段某桥梁结构示意图，该桥桥形
结构为空腹式拱梁组合连续梁，
主跨 145m，上部结构为三跨连
续拱梁组合体系，跨河主孔跨度
为 75m，两边辅孔跨度各 35m。
该桥采用转体施工新工艺，将桥
梁上部结构一分为二，左右各带
一辅跨为一个转体，转体宽度为
17.5m，纵向长度为 71.5m，分别
在河流两岸的陆地上浇筑混凝土
后转体合拢。

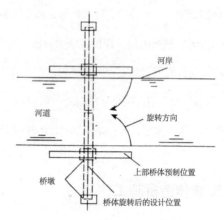

图 9-11 转体造桥工艺示意

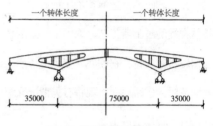

图 9-12 苏州段某桥梁结构示意图

（2）转体造桥的磨盘形式

采用转体施工工艺时，磨盘的设计和施工质量至关重要。目前采用的磨盘
有两种构造形式。

图 9-13 为在桥墩上设置一个现浇混凝土球形铰的构造示意图。该球形混
凝土铰也称磨盘的磨心，上部桥体的旋转部分设置相应的磨盖，周边还对称
设置数个钢筋混凝土支撑脚，用于控制转动时转体不平衡引起的倾斜，并用
作转体驱动力的传力杆。转体所需的驱动力由千斤顶提供，在支撑脚所在的环
形道上设置若干个缺口，用于设置千斤顶后座。磨心顶面涂有润滑油脂，转

动时起润滑作用，以减小摩擦阻力。如某桥一转体，上部总重量达 1200t，转体施工时旋转 83°，共用 3h，充分显示了转体造桥新工艺施工方便、工艺简单和安全可靠的特点。

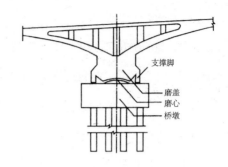

图 9-13 磨盘构造形式之一

图 9-14 为另一种平面型磨盘形式，磨心由钢板和四氟乙烯板组合成一个滑动平面，凹于桥墩中 1.5cm。磨盖由不锈钢板和普通钢板粘合而成，中间设有定位圆杆，磨盖与墩帽连接而成。这种

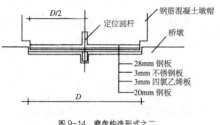

图 9-14 磨盘构造形式之二

磨盘的优点是转体过程比较平稳，同时在桥梁使用阶段可代替固定盘式支座及活动盘式支座的作用，使拱梁组合体系的受力和变形更趋合理。

施工实践证明，对于恒载偏心方面的影响，球面型磨盘较容易调整转体时发生的倾斜度，而平面型磨盘调整比较困难。因此，对平面型磨盘而言，一方面要严格控制磨心平面的水平精度，另一方面应尽量使转体结构恒载重心相对于磨盘中心不偏心或少偏心，以便减小转体中悬臂端的高程误差（即倾斜度）。

对转体时的摩擦系数而言，采用四氟乙烯板加不锈钢板的平面型磨盘更小一些，使用润滑油作润滑剂更优良。某桥采用平面型磨盘形式，顺利完成了上部桥体结构总重量 1940t 的转体施工。贵州省贵阳市一转体桥重达 7100t。

（3）技术经济效果

①在通航的航道上，采用转体施工工艺，可基本上达到不断航施工的要求，具有明显的社会效益。对船舶流量大、断航困难的河段造桥尤其适宜。

②由于上部桥体在陆地上施工，施工设备简单，施工方便，质量容易控制，安全也较有保障。

③对于连续体系的箱梁结构，采用转体工艺与通常所用的挂篮施工相比，具有结构合理、施工荷载小、节约施工用料和降低造价等优点，据有关资料显示，钢材可节省 15% ~ 25%，造价可降低 15% ~ 20%。

附：

图 9-15 为北京亦庄轨道交通工程跨五环路转体桥转体施工情况。该工程是连接北京市中心和亦庄新城的轨道交通线，全长 23.2km。其中，跨五环路转体桥是整个工程的难点。该桥总长 150m。桥体重 2000t，采用"悬浇转体施工技术"，即首先进行墩柱和箱梁的浇筑施工，再进行转体实现对接，最后浇筑合龙段完成整座桥体施工。图 9-16 为 2008 年全国首例铁路 V 形墩转体桥实现转体对接的施工情况。单个转体部分长 78m，高 15m，总重量达 3860t。图 9-17 为 2008 年石家庄市环城公路跨石太铁路转体斜拉桥正进行转体对接的施工情况。斜拉桥转体重

图 9-15　北京亦庄轨道交通工程跨五环路转体桥转体施工情况

量 16500t，转体角度 75.74°。两项指标均居世界同类桥梁之最。

图 9-16　铁路 V 形墩转体桥实现转体对接情况

图 9-17　转体斜拉桥进行转体对接的施工情况

6.用吊桥连接的跨洲城市——伊斯坦布尔

在土耳其国家的西部、马尔马拉海的北岸，有一座世界上唯一地跨欧、亚两洲，并用吊桥连接起来的城市——伊斯坦布尔。

伊斯坦布尔是一座历史悠久的古老城市，它始建于公元前 660 年，希腊人曾称为"拜占庭"。公元 324 年，罗马帝国君士坦丁大帝从罗马迁都于此，并将其重建后，改名为"君士坦丁堡"。公元 395 年，罗马帝国分裂后，成为东罗马的首都。公元 1453 年，奥斯曼帝国攻占此城，消灭东罗马，又被改名为伊斯坦布尔。从那时起，该城一直是土耳其帝国的首都。1923 年，土耳其共和国首都迁至安卡拉。但至今伊斯坦布尔仍是土耳其国家最大的城市，也是土耳其国家的政治、经济、文化、交通、商贸中心，拥有约 700 多万人口。

伊斯坦布尔被连接马尔马拉海和黑海的博斯普鲁斯海峡分割成东、西两部分，东面部分在亚洲，西面部分在欧洲，它扼黑海的咽喉，既是欧亚两大洲的交叉点，又是连接欧亚两大洲的重要通道，其战略地位极为重要，因而在历史上一直成为兵家的常争之地。

由于伊斯坦布尔独特的地理位置，不仅其风景优美，而且集欧、亚两洲文化于一身，在占地 20 多万平方米的旧市区，遍布着象征民族、宗教盛衰和文化变迁的托普卡普宫、布鲁清真寺和索菲亚寺院等历史性建筑。在建筑风格上，既有基督教风格，又具有伊斯兰教独特的风格。

为了解决城市交通问题，1973 年土耳其政府曾耗资 20 多亿美元，建成了欧洲和土耳其的第一座大吊桥——博斯普鲁斯海峡大吊桥，从而形成了横跨欧、亚两大洲的洲际公路。从此结束了渡船往来海峡两岸的历史。这座公路桥全长1560m，跨越海峡水面 1074m，桥面宽 33m，可并排行驶 6 辆汽车。桥身高出水面 64m，水下不设桥墩，整个桥身仅用两根直径为 58cm 的钢索从两岸高达165m 的两座桥塔牵引支撑。桥的两端还有分别为 255m 的引桥，桥下可通行各种类型的船只。大桥将伊斯坦布尔市东、西两部分水、陆交通有机地连接在一起，使这座古老的城市充满了生机，又焕发了青春，也越来越引人注目。

7. 能开启的桥

江河上建桥，解决了江、河水阻隔陆路交通的问题，即使大江大河，只要一桥飞架，也就成了天堑变通途了。

桥梁建设，首先解决的是陆路交通问题，根据来往行人和车辆的数量、品种，确定桥梁的宽度和高度。如果仅考虑陆路交通问题，则桥应建得平坦一点，即桥面尽量与路面相平，桥的纵向坡度不能过大，免得给来往行人和车辆带来过桥的不便和困难，同时，过陡的桥坡也增加了过桥车辆和行人的不安全因素。

但建桥也不能忽视水上交通的问题。当桥下需有体型庞大、船体高度较高的船只通行时，则桥面下的净空高度应能满足相应要求。这种水、陆交通不同的需求，常常是矛盾的，很多时候只能兼顾彼此，求同存异，难以达到理想的境界。当水、陆交通的需求矛盾难以协调时，就得采取相应的技术措施了，最常见的技术措施就是建设成能开启的桥了。平时桥面到水面的净空较小，满足陆路交通和一般中、小型船只的通行需要，当桥下有大船通过时，桥面临时断开并开启，待大船通过后再恢复桥面通行。这种开启桥，建设时的建桥成本相对较省，但日常使用和维修成本则相对较高。

世界上最著名的能开启的桥，要算英国的伦敦塔桥（图9-18）了，伦敦塔桥是英国宏伟、壮观的建筑之一，建成于1894年，距今已有120多年历史了。它位于孕育了伦敦和大不列颠历史和文明的泰晤士河上，两边的桥墩是两座用花岗岩石建造的哥特式的五层方形塔楼，主塔高42.7m，塔楼顶端分别耸立着用大理石建造的五座小尖塔。整个塔桥有上下两层，上层是两条走廊通道，人们可以透过玻璃窗欣赏伦敦和泰晤士河上旖旎的风光。下层的活动桥平时供行人和车辆通行，如有大船通行，两块各重1.5t的桥面便缓慢断开，竖直立起，待大船通过后便恢复原样。两座桥墩分别与两岸的钢缆吊桥相连接。20世纪以后，英国将原来设在泰晤士河内处的码头、仓库陆续迁至泰晤士河河口，这样来往于世界各地的大商船就很少经过伦敦

图9-18 伦敦塔桥

塔桥了，伦敦塔桥的开启次数也大
为减少，开启功能逐渐消失。但作
为旅游景点的伦敦塔桥，则依然游
客盈门。

图 9-19 为 2010 年 7 月 1 日通
车的我国天津滨海新区响螺湾的海
河开启桥雄姿。该桥的建成通车，
大大缓解了海河两岸的交通压力，
进一步改善了滨海新区的区域交通
环境，也完善了塘沽城市载体服务
功能。

图 9-19 天津海河开启桥

图 9-20 彼得大帝大桥桥梁开启时的姿态照片

海河开启大桥全长 868.8m，为
双向四车道。主桥结构为立转式钢
结构悬臂梁，净跨 68m，转运半径 38m，梁端最大转运角度 85°，该桥也是亚
洲同类开启桥梁中，规模和跨径最大的双叶主转式开启桥之一。

图 9-20 为彼得大帝大桥桥梁开启让船只通过时的姿态照片。

8.一种特殊的桥梁——过水渡桥

在很多丘陵山区，有一种跨越峡谷、河流、洼地铁路或公路的立体交叉
式建筑物——称之谓渡槽，是一种过水的桥梁，人们一般都称它为渡桥或水
桥，它由上部的槽身、两端的进出口段和下部的支承体三部分组成。支承体

形式有拱式和排架式两种，槽身犹如桥面，其结构形式与一般的桥梁相同。图 9-21 为湖南洙津渡渡槽，槽身内都是水，不仅能过水，而且能行船。

据史料记载，我国在金代天德二年（公元 1150 年）在山西省洪洞县宝庆西南修建的惠远桥，就把过水的渠道砌在桥上。新中国成立后，全国各地大力兴修水利，促进农业增产。山区和丘陵地区兴建了大量渡槽，除了钢筋混凝土渡槽外，还因地制宜的建造了很多木渡槽、石渡槽。如河北省子牙新河穿越大运河渡槽，流量达 180m³/s，槽宽 30m，可容船队对开。广东省电白县七迳渡槽，选用富有民

图 9-21　湖南洙津渡渡槽

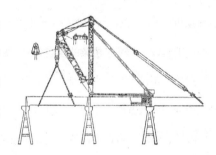

图 9-22　移动式变幅扒杆吊装槽身

族特色的双曲拱支承 U 形渡槽，长达 8.2km，犹如一道美丽的人间彩虹。福建省利用丰富的石料资源，大量建造水平较高的石砌渡槽。

湖南韶山灌区的"飞涟灌万顷"渡槽高达 24m，全长 530m，跨河部分为六跨预制装配式钢筋混凝土无铰肋拱槽身，拱的跨径为 32m，拱矢高度 9m，每跨由两片变断面拱肋组成。拱顶断面为 70cm×80cm（宽×高），拱脚断面为 70cm×120.4cm。槽身为肋板结构，每跨有四个 U 形肋，U 形肋搁置于拱肋排架上。渡槽过水流量为 31.81m³/s，过水断面为 5.553.77m（宽×水深），

可通航二十吨的船只。

预制的钢筋混凝土渡槽每段最大重量达 120t，采用如图 9-22 所示的吊装设备和方法，将其架到高达 15m 的 A 字形钢筋混凝土支撑排架上。

9. 城市立交桥

在庞大的桥梁家族中，城市立交桥无疑是资历最浅的"小字辈"，在《现代汉语词典》中，对于桥梁的释义是这样的："架在河面上，把两岸接通的建筑物".现代文学家许慎在《说文解字》中,对"桥梁"分别作了如下注解:"桥，水梁也……""梁，水桥也……"即桥和梁都是一种跨于水面上的建筑物。立交桥的建设，颠覆了桥梁的古老含义，从水上建筑移居到了陆上建筑，但它的交通功能不仅没有缩小，而是更扩大了。立交桥不仅是一条条城乡交通大动脉上沟通四面八方的重要枢纽，也是中华大地上一道道靓丽的风景。繁复、流畅的线路，精巧、合理的设计，宛如画家笔下的线条，勾画出无限美感。若在空中俯瞰立交桥，自然又是一番别样的情致，如图 9-23 ~ 图 9-25 所示。

自从出现了立交桥以后，在民间语言上也渐渐形成了一句常用的歇后语："立交桥——东、西、南、北中，各走各的路。"意即各走一方，互不影响。

以往在道路交叉口，为了交通安全和交通通畅，都要设置红绿灯交通标志，行人和车辆都要遵守其相应规则。"红灯停、绿灯行"是人们从小被大人们灌输的交通安全知识，一旦疏忽大意，其后果是不堪设想的。自从有了立交桥之后，红绿灯就消失了，不但通畅无阻了，而且交通安全事故也大大减少了。立交桥，这是时代交通的一个特大进步。

最早的城市立交桥是架设于主干道上的人行天桥，大多是钢梁结构的，构造比较简单。比较壮观一点的是十字交叉路口的人行天桥，桥面是环向的，桥的四个方向（有的八个方向）都可以上、下行人。白天交通繁忙之际，上、下行人络绎不绝，有的人还专门停留在桥面中央，欣赏脚下川流不息的过往车辆，甚为风趣。经济实力较强的城市，还给人行天桥安装了自动扶梯，这是对老、幼、病、疾者的人性化服务，往往广受行人的赞扬。

图 9-23

我们在去新加坡进行学习活动考察时，留意了新加坡的人行天桥，发现不仅数量较多，而且装扮得都华丽，整桥上下用鲜花盆景装点着，成为一座很漂亮的花桥，看上去赏心悦目。

图 9-24

图 9-25

中国风景园林学会、中国城市规划学会和中国城市科学研究会早几年前曾联合举办过"立交桥——城市一景"专家座谈会，参会专家经过讨论曾形成很多共识，其中之一是城市立交桥应进行景观设计，应考虑综合景观，要与环境景观相协调，立交桥的绿化要实现自然化，既不可太单调也不宜大量堆砌。立交桥的标志性要强。2016 年 6 月 30 日，杭州市位于市区新塘路与庆春路交叉口的首座异形景观天桥正式建成并投入使用。这是杭城首座仿生态学原理的异形天桥，安装有上下自动扶梯及残疾人专用垂直升降电梯，桥面上设置立体空中花园、行人休息区、降湿、喷雾设备等，如图 9-26 所示。

图 9-26　杭州首座异形景观天桥开通

2016 年空中鸟瞰杭州首座异形景观人行天桥。当日，位于杭州市区新塘路与庆春路交叉口的异形景观人行天桥建成并投入使用。这是杭城首座仿生态学原理的异形天桥，安装有上下自动扶梯及残疾人专用垂直升降电梯，桥面上设置立体空中花园、行人休息区、降温喷雾设备等。

很多城市立交桥成了一个城市的标志性建筑。

十、建筑与塔

塔，美丽壮观，古老文明的象征，是建筑中的一朵奇葩，也是人们最欣赏的建筑物之一。古城自有古塔伴，名城大多有名塔。塔，已经从古代宗教建筑的象征，发展成为现代建筑的特征之一，它有着强大的生命力，伴随着人类走向美好的未来。

1. 佛塔——建筑中一朵晚开的奇葩

塔作为一种佛教建筑，原先产生于印度，是用土、石聚集起来保存或埋葬佛教创始人释迦牟尼的"舍利"用的建筑物，是古印度梵文"窣堵波（STUPA）"缩简了的音译词语，也有译成"浮屠"、"浮图"、"佛图"等名称的。公元一世纪的东汉末年，才随着佛教传入我国，并与我国原有的建筑形式相结合，形成了一种具有中华民族传统特色的新的建筑类型，故被建筑学家们称为我国传统建筑中一朵晚开的奇葩。

我国早期的古代建筑这个大家族中有楼有阁，有台有亭、有轩有榭，有廊有庑，有民居，有桥梁，也有陵墓，唯独没有塔。

从我国的语言文字发展历史来看，早期的汉字中没有"塔"这个字。以后人们根据梵文"佛"字的音韵"布达，布达"造出了一个"荅"字，并加上一个土字旁，以表示坟冢的意思。这样，"塔"这个字既确切地表达了它固有的埋藏佛舍利的功能，又从音韵上表示它是古印度的原有建筑，显得非常准确、恰当。

相传佛祖释迦牟尼的弟子从毗舍曾问释迦牟尼，怎样才能表示对他虔诚，释迦牟尼听罢，将身上的方袍脱下平铺于地，再将化缘钵倒扣在袍上，然后把锡杖竖立在覆钵之上。于是，一座"窣堵波"的基本雏形便出现在弟子面前。释迦牟尼去世后，根据他的遗愿，有八国国王分取舍利（指火化后的残余骨烬），建塔供奉。此后每当高僧故去，佛门弟子就在寺院旁选一块"风水宝地"，将这位高僧的舍利、袈裟、佛经或其他珍贵的佛教文物埋藏起来，"窣堵波"也就成为这类佛教建筑的专用名词了。

东汉时期，汉明帝派人到印度取经，回来后在京城洛阳按印度寺院式样建造起了我国第一座佛寺——白马寺，依院而建的塔即成为我国最早的楼阁式塔。从此，塔、寺带有佛教内容的建筑就在我国出现了，并迅速推广开来。据记载，早期中国佛寺的平面布局大都仿照印度那样，因塔内藏舍利，是教徒崇拜的对象，所以塔的位置一般都位于寺院中央，塔的后面建佛殿。后来在佛殿内供奉佛像，供信徒膜拜，于是塔与殿并重，而塔 在佛殿之前。唐宋时期，供奉佛像的佛殿逐渐成为寺院的主体，大多在寺旁另建塔院。到宋代时，又出现了塔院建于佛殿后面的做法。古印度的"窣堵波"大多由台基、覆钵、宝匣和相轮四部分所构成的实心建筑物，中国的塔虽然也藏舍利，但塔的功能、结构和形式都有所变化。古印度"窣堵波"的前前后后的附属建筑很少，也很简单。而在中国，在古塔的周围或旁边，都有规模宏大的建筑群。中国的楼阁式木塔，塔内不但供奉佛像，还可以让人登高远眺。中国塔的塔下一般都建有地宫，以埋藏或供奉舍利。从塔的建筑平面上说，印度的"窣堵波"大多是方形或八角形的，而我国的塔，不仅有方形和八角形的，还有圆形、六边形、十二边形等等。从建塔的材质上看，我国的塔不仅像印度的"窣堵波"那样大都是土塔、石塔和砖塔，还有金、银、铜、铁、木料、珐琅、陶瓷等材料筑成，有的砖塔整个外表全用玻璃瓦饰面，显得富丽堂皇，人称"琉璃塔"。图 10-1 为江苏省镇江市内几座不同材料的名塔，图 10-1（a）为金山寺慈寿木塔；图 10-1（b）为北固山甘露寺卫公铁塔；图 10-1（c）为西津渡观音洞昭关石塔；图 10-1（d）为鼎石山僧伽砖塔。它们都已被列入文物保护单位。

图 10-1　江苏省镇江市的四座名塔

（a）金山寺慈寿木塔；（b）北固山卫公铁塔；（c）西津渡昭关石塔；（d）鼎石山僧伽砖塔

2. 现代塔建筑

　　塔以其高度和历史悠久，一直成为人们最为欣赏的建筑物之一。在科学技术迅猛发展的今天，丰富多彩的现代塔以新颖、美观、多功能的建筑形式，使得塔建筑大放异彩。古代塔建筑大多是纪念性质的建筑，如佛教的塔，而现代的塔实用性则大大加强了。如观察天气用的气象塔，给航海指示方向的灯塔，收集太阳能的聚能塔，向远处输送高压电的输电塔，贮存自来水并提高水压的蓄水塔，转播电视节目的电视塔等等。

现代塔建筑的基本特点是高度高，已远远超过了古代塔的高度。埃及金字塔的高度为146m，距今已有五千多年历史了，它的高度一直保持世界冠军记录达四千多年，直到中世纪，欧洲修建了一些教堂，其中德国的乌尔姆市的一座哥德式教堂的尖顶，达到161m，才使金字塔退居到了第二位。此后又经过500多年，法国巴黎的埃菲尔铁塔达到了第三个高度里程碑，高328m，这是一座完全用钢建造的塔，是近代塔建筑的代表作，至今仍是世界著名的风景游览景点，吸引着世界上成千上万的观光游客。

随着电视的发展，为了使播送的范围更大，电视转播塔的高度也愈建愈高，终于成为现代最高的建筑物，塔的实用性从此占据了重要地位。图10-2为上海"东方明珠"广播电视塔雄姿，秀丽挺拔，威震一方。目前，世界上最高的电视转播塔高度已超过600m，比巴黎的埃菲尔铁塔高出一倍以上。1974年建成的波兰华尔扎那电视塔，高度达645m，也是一座钢结构的塔，塔的中部有旋转餐厅，供游客用餐、参观。世界上最高的钢筋混凝土结构的电视塔是加拿大多伦多的电视转播塔，高553m，建成于1976年，塔上的旋转餐厅每65min旋转一圈。

科威特的水塔建筑，要数最华丽精致的塔建筑了，三座形式各不相同的水塔组合在一起，一座单纯是一个尖顶，像一根巨大

图10-2 上海"东方明珠"广播电视塔雄姿

的朝天针，另一座像教堂尖顶串着一个圆球，还有一座有两个球串在一起，它们都是水塔，上面也都有餐厅，都能上去观光眺望。

2010年1月4日，阿拉伯联合酋长国宣布，2009年在迪拜建成竣工的，建筑层数为162层、高828m的哈利法塔投入使用，它的建设高度大幅度的超过了昔日的世界最高建筑的记录，稳稳的座上了世界最高建筑的宝座（见前文城市"摩天大楼谈"一章图6-4）。

现在，很多摩天高楼也给予美名为"塔"，如美国芝加哥的一座443m高的摩天高楼被叫作"西尔斯塔"，美国洛杉矶的一座高203层、610m的建筑，也被叫作"和平之塔"。马来西亚吉隆坡的标志性建筑——两座同为88层、高452m的塔楼被叫作"吉隆坡双子塔"，它巍峨壮观，气势雄伟，曾一度被戴上世界最高建筑的桂冠。

3. 埃菲尔铁塔——时间将证明一切

建筑界有句名言："一座建筑诞生初期的评价没有太大的实际意义，时间将证明一切。"因1889年巴黎世博会催生的埃菲尔铁塔，可以说是这句名言最经典、最生动的诠释。

为纪念法国大革命100周年，1889年的世界博览会选址巴黎，组织者决定建设一座特殊的建筑物以作纪念，并公开招标设计方案。投送的很多设计方案虽然都很有功力，也很巧妙，但都没有反映出一个工业化的新时代已经到来。时年54岁的机械工程师古斯塔夫·埃菲尔设计的一座钢铁结构的拱门高塔方案有幸中标。组织者选中这一方案的理由是："这个世纪即将结束，我们有理由、有信心把全局和机械作为胜利的标志。"但出乎组织者未曾想到的是，这一中标方案竟遭到了社会舆论的猛烈抨击。300多名法国著名艺术家和建筑师联名向报社发去抗议书："我们深爱巴黎之美，十分珍惜巴黎形象，现在以法国色彩被蔑视、法国历史遭威胁的名义，义正词严地抗议这座修建在我们美丽首都的心脏位置的荒谬的怪物。"

反对者大声疾呼的说："请诸位设想一下，巴黎的美丽建筑怎么能与一个使人头晕目眩、怪异可笑的黑色大烟囱放在一起？黑铁塔一定会用它的野蛮破坏整个巴黎的建筑氛围，会给巴黎建筑蒙羞，巴黎之美将在一场噩梦中彻底丧失。这是滴在纯净白纸上的一滴肮脏的墨水，是魔鬼强涂在巴黎美丽脸庞上的可怕污点。"著名小说家莫泊桑甚至说："巴黎如果建成铁塔，我将永远离开这座城市。"一位大学的数学教授煞有介事的说："通过精确计算，铁塔建至228m时，仅凭自重就会自动倒塌。"以致吓跑了铁塔周围的一部分居民，一些居民还联名起诉艾菲威胁了他们的生命安全。

埃菲尔铁塔的建设高度一开始就确定必须超过300m，因为只有达到这个高度，才能超过巴黎当时一批伟大建筑的高度总和：巴黎圣母院高68m，歌剧院高54m，圣雅克塔高52m，凯旋门高49m，七月纪念柱高47m，古埃及方尖碑高27m，这些著名建筑的高度总和为297m。

为了解救铁塔免于停建及遭到拆除的厄运，埃菲尔除了极力为铁塔的美学形式进行辩护外，同时也将铁塔变成一座实验室，加强其科学上的功能与价值，组织了著名的自由落体空气阻力、空气动力学实验，也进行了电波发射等实验，将铁塔转变成电波发射塔。铁塔最终的建设高度为328m，没有因自重而倒塌，给了反对者一个有力的反击，而且在巍峨壮观中尽显优美轻盈。1889年巴黎世博会期间，铁塔吸引了 200 多万人次的参观者，成为世博会历史上最经典的一座建筑，埃菲尔铁塔不仅成为巴黎的象征，重要的观光建筑，也成为巴黎当局赚钱的"摇钱树"，而且诠释了"时间将证明一切"的经典名言。

1889 年建成的铁塔至今已 120 逾年，其结构仍然十分坚固。当年铁塔的施工顺序是先在铸铁工厂铸造成部件后，再运送至施工现场进行组装施工，正是现在高科技建筑所使用的施工方法，至今

图 10-3 铁塔的夜景照片

仍有很好的借鉴作用。铁塔是座精准的"建筑机器"，共用 3.66 万 t 钢材，仅使用 17 个月就装配完成。施工中使用沙盒等微调装置，从而保证了施工质量和施工精度。1964 年铁塔被巴黎政府列为古迹予以保护。图 10-3 为铁塔的夜景照片。

4. 比萨斜塔——马拉松式的建筑 马拉松式的加固

在意大利西海岸的古城比萨市，有一座闻名于世的比萨斜塔。16 世纪末，著名物理学家伽利略曾经在这里做过自由落体运动实验。比萨斜塔被誉为"世界七大奇观之一"，每年吸引着世界上成千上万的游客，多少文人墨客也为之讴歌吟诵，如图 10-4 所示。

比萨斜塔的倾斜是如何引起的呢？是中世纪的建筑大师为了游戏而故意使之倾斜的呢，还是由于选错塔址或是建筑上的失误而造成的呢？经过几个世纪的激烈争论，如今，"地基论"代替了"人为论"，认为是由于建筑学家在设计建筑时，对当地的软弱地基勘察不够，塔基支撑不住塔身的庞大重量而使塔身倾斜的。

（a）

建于比萨城内教堂广场上的比萨斜塔，为八层圆形柱廊联拱式建筑，它原属于比萨大教堂的钟塔，顶层为钟楼，塔内建螺旋式楼梯，塔高54.5m。全塔自重14500多吨。

该塔始建于1174年，由建筑师博纳诺·比萨诺设计并建造。开工五年之后，发现建成的三层塔身开始向南倾斜，该项目被迫停工。99年之后即1273年，另一

（b）

图10-4　比萨斜塔全景和夜景
（a）全景，后面是比萨大教堂；（b）夜景

位建筑师焦旺尼·迪·西蒙内雄心勃勃，试图校正已偏离中心90cm的塔身，在他的主持下又建了三层。可是变本加厉的倾斜受到一些人的责备，建塔工作不得不于1278年再度中止。西蒙内郁郁寡欢，度日如年。

72年后即1350年，第三位建筑师托马斯·比萨诺将顶层房屋的重心向北移动，以平衡南倾。由他负责建了第七和第八层，1370年最终完工。从1174

年建塔开始到 1370 年最后竣工，建建停停，历时近两个世纪，一场马拉松式的建塔工作终告结束。因为后建部分都是以调整倾斜的形式加上去的，所以仔细一看，成了一个向南挺着肚子的不合规则的建筑物。斜塔全部由大理石筑成，总重量达 14453t。斜塔完工后，游人如梭，精力旺盛者喜欢沿塔内 294 级阶梯拾级而上，登高远眺。

比萨斜塔竣工并未给比萨人带来欢颜。全塔落成后，塔顶中心点偏离中垂线 2.1m。关于比萨斜塔的倾斜原因，根据地质学家的详细勘察认为，主要是该地区地层是由河流冲积而成的淤泥质土，土质比较松软，地基承载力较低，而且南部比北部土质更差，造成南北方向不均匀沉降，直接引起塔身的倾斜。

比萨斜塔每年都有倾斜，并且以一定的速度继续向南倾斜着。据有关记载，比萨斜塔过去的倾斜记录是：1829 ~ 1910 年，平均每年倾斜 3.8mm；1918 ~ 1958 年，平均每年倾斜 1.1mm；1959 ~ 1969 年这十年间，平均每年倾斜 1.26mm；1980 年又倾斜了 1.6mm。斜塔的倾斜度正在出现逐步加速的趋势。按此速度有人曾作出了斜塔到不了 21 世纪就会倒塌的悲观估计，这一令人震惊的消息立即引起了意大利政府的高度重视。为此，对比萨斜塔进行马拉松式的加固工作接连不断。1982 年，意政府宣布，今后四年将拨款 1200 万美元用来加固塔基。1990 年 1 月，当局鉴于塔的倾斜度已偏离中心线 4.8m，遂下令关闭。1992 年 4 月，意政府成立了比萨斜塔加固工作专家委员会，拨款 2400 万美元，分三期进行施工，历时 4 载，于 1996 年 4 月完成。

1997 年 3 月 10 日，意大利参议院批准一项法律，决定由比萨市长弗洛里亚尼负责成立一个 13 人组成的科学委员会，负责制订修复方案和实施计划。

1998 年新年伊始，拯救比萨斜塔专家委员会决定采用一项新的保护措施——给斜塔系上两条"安全带",并就此方案进行招标。"安全带"由长103m、直径10cm的钢绞线组成,外面加塑料套保护。钢绞线的一端系在离地面22m高的斜塔第三层楼面上,另一端固定在教堂广场北侧文物管理处后面的两个底座上。"安全带"工程完成之后,开始实施另一个叫"扎根"的工程,即在斜塔北侧地面垂直向下钻10个深55m,直径为50cm的孔,每个孔里穿入20cm粗54m长的钢索,钢索下端拴上100t的配重,钢索上端与原来加固时悬挂的750t重的铅块相连接,全部加固费用约120亿意大利里拉。专家们认为,通过上述加固措施,预计目前塔顶中心已偏离中垂线5m的斜塔将仅倾斜25mm。这一工程完成后,给比萨斜塔马拉松式的倾斜、马拉松式的加固画上了一个圆满的句号。

斜塔的拯救,历经了很多的方案,但都未见效。最终拯救比萨斜塔的,是一项看似简单的新技术——地基应力解除法。其原理是,在斜塔倾斜的反方向(北侧)塔基下面掏土,利用地基的沉降,使塔体的重心后移,从而减小倾斜幅度。该方法于1962年由意大利一位工程师针对比萨斜塔的倾斜恶化问题提出,当时称为掏土法,由于显得不够深奥而遭到长期搁置,直到该法在墨西哥城主教堂的纠偏中成功应用,又被重新得到认识和采纳:比萨斜塔拯救工程于1999年10月开始,采用斜向钻孔方式,从斜塔北侧的地基下缓慢向外抽取土壤,使北侧地基高度缓缓下降,斜塔重心在重力的作用下逐渐向北侧移动。2001年6月,倾斜角度回到安全范围之内,关闭了10年的比萨斜塔又重新开放,一个世纪的愿望终于实现了。

比萨斜塔的拯救,作为经典范例,也使地基应力解除法摆脱了偏见,得到了一致认可和广泛应用,目前已成为建筑界最常规的纠偏方法。在比萨斜塔的拯救过程中，我国建筑专家曾多次向比萨斜塔拯救委员会建议采用地基应力解除法，起到了积极的作用。

5. 神奇的应县木塔

在山西省应县城区的佛官寺内，矗立着一座建于辽代清宁二年（公元1056年）的木塔——应县木塔。这是一座驰名中外的木塔，国务院首批公布的全国重点文物保护单位。它是我国现存最大，也是世界上最古老的木塔（图10-5）。

木塔又名释迦塔，平面呈八角形，外观五层，夹有暗层四级，实为九层，总高67.13m，底层直径30m，建于4m高的两层石砌台基上。内外两层立柱，构成双层套筒式结构。柱头间有栏额和普柏枋等水平构件，内外槽之间有梁枋相连，使双层套筒紧密结合。暗层中还设有大量斜撑，在结构上起到了圈梁作用，加强了木塔结构的整体性。

应县木塔位于大同盆地地震带，在木塔建成200多年的元顺帝时，应县曾发生6.5级大地震，余震连续7天，木塔附近的房屋全部倒塌，只有木塔巍然不动，因而在民间流传着很多神秘的传说。木塔建成近千年来，它经历了无数的地震、雷击、自然侵蚀、地基下沉以及炮火袭击等重大灾

图 10-5　应县木塔

害和人祸，仍安好无恙，成为难解的历史之谜，也一直是建筑学家、考古学家关注的焦点。

据建筑结构专家研究，应县木塔所以有很强的抗震能力，其奥妙在于独特的木结构设计。木塔除了下面坚实的两层石砌台基外，其余全部用松木和榆木建造，而且构架中所有的关节点都是榫卯结合，具有很好的柔性。木塔明五暗四，明层通过柱、斗拱、梁枋的连接形成一个柔性层，各暗层则在内柱之间和内外角柱之间加设多种斜撑梁，加强了塔的结构刚度，这样一柔一刚的结构对抵抗地震应力及其他外力侵袭是极为有利的。此外，塔的平面呈八角形，对抵抗由地震产生的扭曲力也是极为有利的。

前面说了，塔是随佛教传入我国的，早期的塔都为木塔，如我国第一座塔——洛阳的白马寺塔就是木塔，可惜在建成几十年后被雷击造成的大火焚毁，留下了千古遗憾。

木结构建筑，特别是高耸的木塔建筑，遭遇雷击起火是最大的安全隐患，历史上好多木塔都被毁于雷击后的大火，而应县木塔的避雷防火能力也特别强，也可说是很神奇。应县木塔的四周在雷雨天常有雷击现象，20世纪的50年代，离塔100m的地方曾有过两次特大雷击，但木塔最终安全脱险，巍然挺立。1926年山西军阀混战，木塔遭遇200余发炮弹袭击，其中有十几发炮弹击中塔身后引起燃烧起火，可是火很快自熄灭了。另外，早几年在木塔周围曾进行过滥开滥采地下水资源，导致地下水位骤降，地面下沉，但木塔安全也未受到太大影响。

据近年来最新研究成果资料显示，木塔不受雷击之灾与它顶部的高达10m多的金属塔刹有关。塔刹全为铁件制成，中心还有一根铁轴插入梁架之内，周围设有 8 根铁链系紧，迄今完好无损。塔刹的构造十分符合 20 世纪 70 年代发明的防雷装置——现代消雷器的原理，从而使木塔在遭受雷击方面的灾害自然降低到了最低限度了。至于起火后为何能自行熄灭，至今原因仍然不明，还须进一步探索研究，揭开其秘密。

6. 华夏大地怪塔、斜塔知多少

自公元一世纪前后，塔随佛教自古印度传入中国，经与中国传统文化和建筑风格融合后，得以迅速发展，并呈现出崭新的姿态，塔的形式也起了很大变化，形成了楼阁式、亭阁式、密檐式、覆钵式、金刚宝塔式以及过街式、门式等结构形式和艺术造型，华夏大地建造了数以万计的木塔、砖塔、砖木塔、铜塔、铁塔、陶塔、琉璃塔等，为中华子孙留下了一份珍贵的艺术财富。与此同时，也留下了众多的怪塔和斜塔，本篇摘录几座典型的怪塔和斜塔，以飨读者。

（1）蛙鸣之塔

在河南省洛阳市的齐云塔，如果你在塔的东、南、北三面用力击掌，都会听到由此塔发出的清晰的蛙鸣声。其实，这蛙鸣是人们击掌的回声，这回声是每层塔檐一连串回声的叠加和延续。

（2）树中之塔

在云南省普洱县东北 20 多公里处，有座 3、4m 高、砖木结构的塔，远望可见塔尖，近看塔被一棵大榕树包围了。据考证，这座佛塔 100 多年前建成后，有棵小榕树紧贴塔身破土而出，后逐渐长大，最后终于将整座塔包围了起来。

（3）常新之塔

广东德庆城东白沙山上有座建于明代万历年间的三元古塔，抗日战争期间遭受火焚，塔的每层楼板均被大火烧尽，但塔身内外却依然鲜艳如新。据考古专家考察，塔身全部采用银朱材料，而银朱是一种既不溶于水又不易氧化的矿物颜料，因而能经久不褪色。

（4）塔上叠塔

在鲁西南交通枢纽的兖州有座兴隆塔（图10-6），建于隋仁寿二年，是一座八角形楼阁式空心砖木结构的塔，内设木架为骨，计13层，高54层。各层用砖叠涩出檐，做出简单的斗拱。塔七层以下粗大浑厚，内设踏步，可以供游人顺梯回旋攀登。第七层上周围砌出两米宽的平台，平台周围安有灵芝花瓶式石雕栏杆，既是装饰，又是扶手，供游人凭栏远眺。平台以上又建了较细又轻巧的六层空心砖塔。塔刹莲台宝相为三彩琉璃烧成，给人以优美诱人的感觉。

（5）虎丘斜塔

坐落于江苏省苏州市虎丘山上的云岩寺塔，又名虎丘塔，建于五代周显德六年（公元959年）落成于北宋建隆二年（公元961年），塔身平面为八角形，七层，砖建仿楼阁式，塔身由底向上逐层收小，外部轮廓有微微膨出的曲线。

图10-6 塔上叠塔

外壁每层转角处砌圆倚柱。经过千年岁月的磨难，塔身逐渐倾斜，到20世纪中，塔身上下偏斜达2.82m，国内、外一些建筑学家称它为"中国的比萨斜塔"。上个世纪末，塔基用钢筋混凝土树根桩形式进行了加固固定，从而使斜塔保持了稳定。

（6）绥中斜塔

在辽宁省的绥中县，为辽代所建的砖塔，共计8层，高10m。30年前经测量，塔身倾斜已达12°，超过比萨斜塔两倍多，一直坚持着挺立不倒。

（7）护珠斜塔

护珠斜塔位于上海松江区天马山中峰，如图10-7所示，该塔建于北宋元丰一年（公元1079年）。塔身平面为八角形，七层，砖结构塔。向东南方向倾斜，倾斜度超过比萨斜塔1.5°。建筑专家研究认为，护珠塔倾斜千年不倒的原因是使用了十分牢固的石灰糯米浆作砌筑材料，其牢固程度相当于现存的钢筋混凝土。20世纪80年代初，上海市文物管理部门成立了天马山护珠塔研究修缮组，经组织专家、学者研究，确定按现状加固，保持斜而不倒的修缮方案。施工时先搭建竹木支架撑住塔身，再在每层腰檐加上铁箍，然后从塔顶到塔基上下贯穿打下8根钢筋，钢筋直到塔基后，如蟹爪般向四面八方横向伸出；连结地下岩石，再灌以高强度混凝土固定，以保持护珠塔斜而不倒的姿态。整个修缮历经4年，到1987年的12月，工程全部完工。现在，

图10-7　护珠斜塔

存世已近千年的上海护珠宝塔，依然以它特有风姿立在松江天马山上，迎送着八方游客前来一睹世界第一斜塔之芳容。

（8）归龙斜塔

该塔位于广西崇左市左江的江心右岛上，平面为六角形，五层，高 25m，塔身倾斜 1m 左右。据专家考证，这是筑塔匠师在筑塔时，考虑到江心负力及地基等因素而有意筑斜的。

（9）玉泉斜塔

该塔原名如来舍利塔，位于湖北省当阳市玉泉山上，建于北宋嘉祐六年（公元 1061 年）。塔基为特制的青砖砌成，塔身全部为生铁铸造，共 18 层，高 21m，现倾斜度为 1.5°。

（10）灵感斜塔

其实世界上最早的斜塔要算我国北宋时代东京城（今河南省开封市）开宝寺的灵感塔，它比萨斜塔早建近四百年。

灵感塔是古代能工巧匠喻皓设计并组织施工的。它是一座真正的斜塔。喻皓是我国五代末和宋代初的民间工匠，擅长建造木塔和木构建筑。灵感塔是北宋太宗皇帝赵光义执政年间建造的一座木塔，平面呈八角形，高 360 尺（相当于 88m 高，宋代 1 尺 = 0.245 米），共 11 层，远在 20km 外就能看到。喻皓详细研究了当地的主导风向和周围地基状况，提出了一个大胆的设想，使木塔微向西北倾斜，以承受猛烈的西北风。他精心设计了木塔的图样，并预计在 100 年内可以被风吹正。

工程动工后，他每天亲临工地，及时解决施工中的问题。每建一层，他都要亲自测量塔的重心，核对斜度。对于每个卯眼相接处，他都反复检查，

从而既保证了工程质量，又加快了工程进度，平均一个月建成一层。公元
989 年（即端拱二年），一座空前宏伟、壮丽的木塔——灵感塔建成了。此事
轰动京城内外，男女老少纷纷前往观看，人们赞誉喻皓为"造塔鲁班"。可
惜的是，灵感塔于庆历四年（公元 1044 年），被大火烧毁了，仅存 55 年，
也未留下任何相应资料。

主要参考文献

[1] 江苏省建设厅、江苏省防震抗震领导小组抗震办公室主编.房屋抗震安全百姓问与答 江苏省建设厅编印 2009.

[2] 乐嘉龙主编 中外著名建筑 1000 例.杭州：浙江科学技术出版社 1991.

[3] 方华 牛明星编著.灾难降临美利坚.北京：知识产权出版社 2001.

[4] 《中国名胜词典》编委会.中国名胜词典.上海：上海辞书出版社 1981.

[5] 刘敦桢主编.中国古代建筑史（第二版）北京：中国建筑工业出版社 1984.

[6] 杜仙洲主编.中国古建筑修缮技术.北京：中国建筑工业出版社 1983.

[7] 《桥梁史话》编写组.桥梁史话.上海：上海科学技术出版社 1979.

[8] 黄选能主编.桥梁专家茅以升.北京：中国文史出版社 1990.

[9] 邓学才编著.建筑工程拆除施工人员培训教材.北京：中国建筑工业出版社 2009.

[10] 邓学才主编.建筑施工现场力学知识 100 例（第二版）.北京：中国建筑工业出版社 2015.

[11] 洪烛.四合院，中国的盒子.中华民居，2010（4）.

[12] 《梦溪笔谈》译注（自然科学部分）.合肥：安徽科学技术出版社，1979.

[13] 《建筑施工手册》（第四版）编写组.《建筑施工手册》（第四版）.北京：中国建筑工业出版社，2003.

[14] 江正荣编著.《建筑施工工程师手册》（第三版）.北京：中国建筑工业出版社，2009.

[15] 胡世德主编.《高层建筑施工》.北京：中国建筑工业出版社，1991.

[16]　文化部文物局主编.《中国名胜词典（第二版）》.上海：上海辞书出版社，1986.

[17]　王维敏.自然灾害与建筑选址.中华建筑报，2010.11.16.

[18]　芄锐.绿色建筑瞄准养生需求.中华民居，2010（4）.

[19]　《悬砌拱桥》三结合编写组.《悬砌拱桥》.北京：人民交通出版社，1976.